U0060268

植物認識我

簡易植物辨識法

潘富俊／著

楊麗瑛／繪圖

自 序

　　高等植物（維管束植物）是指具有維管束組織的植物，這類植物的組織有特化的構造，在植物體內能快速的運輸水分和養分。此類植物包括蕨類植物、裸子植物和被子植物。被子植物是高等植物的主體，在綠色世界最常見到的植物，大多是被子植物。蕨類植物是低等的維管束植物，靠孢子繁殖；裸子植物種子裸露缺乏保護，由木質鱗片組成的毬果，不形成常見的果實。兩類型植物種類較少，形態特徵均有別於被子植物。本書內容不包含蕨類植物、裸子植物，僅論及被子植物。

　　全世界被子植物的種數，估計有 29 至 40 萬種，一般人要累計數年工夫才能認識上千種植物，無人能窮一輩子光陰分辨上萬種至數十萬種植物。生物學家因此創立分類群（taxa）概念，將生物由大至小分成 22 個分類階層，從界、門、綱、目、科，以至屬、種、型等。其中又以科的階層最為重要，植物學家將數十萬種被子植物分成約 400 科左右。不同植物學家，所認可的科的總數有差異，從德國恩格勒（A. Engler）系統的 304科，到前蘇聯塔克他間（Takhtajan）系統的 533 科，其他新舊分類系統的被子植物科數都在兩者之間。認識植物科的歸屬，植物的分類才能有清晰的概念。知道植物的科別，再加以適當的訓練，就能夠從植物誌中查出植物的種屬類別，假以時日即能成為出色的植物專家。因此，學習植物必須從辨識植物科別下手。

　　欲辨識植物所屬科別，必先認識植物的形態構造，諸如葉、莖、根等營養器官；花、果實、種子等繁殖器官。其中花序、花器構造、果實等，辨識植物科別的最重要特徵。認識植物的科別種類，最終還要是依靠花和果的形態作最後的確定，因為每種物的花和果在形態結構上比較穩定，最能代表科的特色。唯實際而言，大多數植物花果期都很短暫，如完全依賴花果形態認識植物，困難度很大。本書嘗試用極易觀察的葉、托葉、莖或表皮形態等，鑑識植物科別。

本書提供簡易的辨識植物科別的方法，是植物學入門的書，目的是以簡單的特徵辨別植物，享受進入植物世界的快樂，並不論及植物科之間的親緣關係。被子植物包括雙子葉植物和單子葉植物，前者占 4/5 後者占 1/5。本書選擇其中最常見的植物科，依植物生活型、具乳汁與否、複葉類型、具托葉與否、星狀毛、具稜小枝等極易鑑識的形態特徵，作爲鑑別植物科別的根據。本書共引述雙子葉植物 111 科，單子葉植物 27 科，合計 138 科，在野外可鑑識 80% 以上的被子植物種類之科別，對初學者而言，應能建立其研究植物、認識植物的信心和興趣。

　　植物分類學（Plant taxonomy）是研究植物類群的分類，探索植物親緣關係，闡明植物界自然系統的科學。植物分類學的內容包括鑑定（Identification）、命名（Nomenclature）和分類（Classification）三部分。眞正的植物分類，還是要從重視親緣關係的分類系統下功夫。

　　現代植物學家應用分子技術，探討植物分類群之間的親緣關係，得到很大的進展。由被子植物系統發生學組（Angiosperm Phylogeny Group，縮寫 APG）創立的現代分類法，稱 APG 系統或 APG 分類法，許多植物科屬歸類及分類和傳統分類法比較，有很大的差異。但此系統尚未穩定，每隔一段期間都會有新的看法出現，也一直在修改。該系統從 1998 年開始，至今已有第四版，植物科別系統每一版都有變動。在實際植物的辨識上，此系統尚未達到可用階段。本書的科級分類多採用美國克朗奎斯特（Cronquist）系統，僅在變動比較大的主要科敍述中，說明該科 APG 系統的處理結果。

　　本書手繪圖部分，第一篇各圖由曲璽齡小姐提供，第三篇第一章由楊佳穎小姐執筆，其餘各章圖均由楊麗瑛小姐完成，特此致謝。

目　錄

Part 1

第一篇

認識植物的形態

第一部分　葉的形態

一、葉的組成

　　葉可區分為三部分，即葉片
（leaf blade）、葉柄（petiole）
和托葉（stipules）（照片 A-1）。
大多數葉片是一片薄薄的扁平體，
是葉的主要組成構造；葉柄是表面
略有凹槽的柄狀體。有些植物葉柄
的基部微微有些膨大，落葉時葉柄
在此斷裂，在枝條上留下硬質凸起，
稱作**葉枕**（**pulvinus**）（照片 A-2）；
葉柄的性狀、長短、顏色、毛茸，
及有無葉枕、葉翅和腺體等都可作
為識別植物類別的依據。

　　大多植物的葉都具葉柄，只
有極少數沒有葉柄，沒有葉柄或
葉柄極短的葉叫作**無柄葉**（**sessile
leaf**）。葉柄的基部延生成片狀或半
透明薄片狀包圍著莖，形成鞘狀構
造，如繖形科植物，稱**葉鞘**（**leaf
sheath**）（照片 A-3）。多數單子
葉植物的葉都具葉鞘：禾本科植物
的葉鞘具有保護莖和機械支持的機
能；芭蕉科和薑科植物的葉鞘層層

上：照片 A-1 完全葉具有葉片、葉炳和托葉。
下：照片 A-2 金虎尾科植物小枝條上的葉枕。

　植物認識我：簡易植物辨識法

包被，形成莖狀構造，稱假莖（**pseudostem**）（照片 A-4）。禾本科植物的葉片和葉鞘的連接處還生有一片很小的膜狀突起，叫做葉舌（ligule）。多數禾本科植物葉片的基部向外伸出形成兩片耳狀突起，叫做葉耳（auricle）。

照片 A-3 繖形科植物葉柄的基部延生成片狀的葉鞘。　照片 A-4 芭蕉科植物的假莖由層層包被的葉鞘所組成。

二、托葉

有些植物的葉具有托葉。托葉是從葉柄基部的兩側生出，或葉柄基部附近莖節上生出的附屬物。蓼科植物的托葉包圍莖，並且彼此連接起來形成一種鞘狀構造，叫做托葉鞘或葉鞘（ocrea）（照片 A-5）。托葉有各種不同的形狀：有線形、披針形、三角形、長橢圓形、針刺形、捲鬚形等等不同形狀，常可作為鑑別科別的特徵（照片 A-6 至 A-11）。

照片 A-5 蓼科植物何首烏莖節的鞘狀托葉。　照片 A-6 茜草科植物雞屎藤三角形托葉。

照片 A-7 含羞草科植物的刺狀托葉。　　照片 A-8 菝葜科長在葉柄上的卷鬚狀托葉。

　　托葉的機能因植物種類的不同而不同，但一般而言，多數植物的托葉都具有保護正在發育幼葉或幼芽的機能，如木蘭科植物的托葉；有的具有保護植物體的機能，如刺槐針刺形的托葉；有的具有攀緣的功能，如菝葜屬植物卷鬚形的托葉；還有的具有光合作用的機能，如豌豆的大托葉。

　　大多數植物托葉的壽命很短，葉子長成後不久就會脫落，稱為**早落型托葉**，如木蘭科、殼斗科、榆科植物。有些種類的托葉卻永存在莖節上或葉柄基部，稱為**永存型托葉**，如大部分的茜草科植物，和五加科植物等。植物有無托葉，以及托葉的早落性或永存性，也是鑑識植物科別的重要依據。

照片 A-9 桑科麵包樹保護頂芽的巨型托葉。

照片 A-10 楊柳科植物的不規則小葉形托葉。　照片 A-11 薔薇科懸鉤子屬植物的羽狀托葉。

  植物認識我：簡易植物辨識法

三、單葉和複葉

葉可以分爲單葉（simple leaf）
和複葉（compound leaf）兩類。單
葉只有一片葉片，葉片可以進行不同程
度的分裂，但所分裂的深度並不足以使
各個裂片成爲互相分離的葉片。複葉含
有 3 片或 3 片以上的葉片。

複葉又可分爲三出複葉、掌狀複
葉和羽狀複葉三類。複葉由三片小葉
片組成的，叫做三出複葉（**ternately**

照片 A-12 蝶形花科千斤拔的三出葉。

compound leaf）（照片 A-12），如千斤拔、茄苳；小葉片在 3 片以上，每一小
葉片都著生在葉柄的頂端，排列成掌狀，稱爲掌狀複葉（palmately compound
leaf）（照片 A-13），如掌葉蘋婆、鵝掌藤；各小葉片平行地排列在葉軸（rachis）
的兩側形成羽狀，稱作羽狀複葉（pinnately compound leaf）（照片 A-14），
如香椿、桃花心木等。羽狀複葉的頂端只有一片小葉片的，叫做奇數羽狀複葉
（odd-pinnately compound leaf），有兩片小葉片的，叫做偶數羽狀複葉
（even-pinnately compound leaf）。羽狀複葉只有一個主軸（葉軸），由主
軸生出小葉者，稱爲一回羽狀複葉；主軸（葉軸）第一次分枝，稱羽軸，由羽軸
再生出小葉者，叫做二回羽狀複葉（bipinnately compound leaf），如合歡；

照片 A-13 梧桐科掌葉蘋婆的掌狀複葉。

照片 A-14 楝科香椿樹的一回羽狀複葉。

少數植物的複葉有主軸、羽軸，再從羽軸分枝形成小羽軸，由小羽軸長小葉者，稱三回羽狀複葉（tripinnately compound leaf），如南天竹、唐松草等。羽狀複葉的小葉片都排列在一個平面上，葉軸的頂端沒有頂芽，各小葉片的腋部也沒有腋芽。

　　複葉是從單葉演化來的，單葉的葉片依羽狀側脈分裂為互相分離的葉狀物，就形成了羽狀複葉（圖A-1）。同理，掌狀複葉是由單葉的三至多出掌狀脈演化而成。組成複葉的每一片葉狀物叫做小葉片（**leaflet**）。

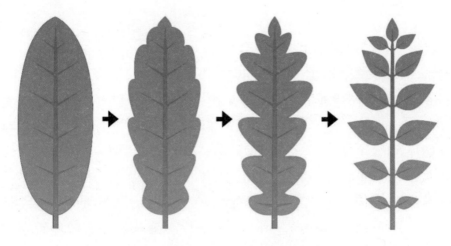

圖A-1 葉從單葉演化成羽狀複葉的過程。

四、葉的排列

　　葉在莖上有一定的排列方式，叫做葉序（**phyllotaxy**）。如每一莖節上只著生一片葉，相鄰節的葉長在不同側，稱互生（alternate）；每莖節上有兩片相對而生的葉，稱對生（opposite）；每一莖節上著生 3 片或 3 片以上的葉就是輪生（whorled）；葉不規則密集互生在節間枝條上端或末端者，謂叢生（fascicled），又叫簇生，如欖仁、樟科新木薑子屬植物；在節間枝條上疏鬆，不規則而散亂生長的葉片，稱散生（asymmetrical）；由下端沿著莖軸按一定間隔斜上繞莖著生葉片者，就是螺旋狀著生（spiral arrangement）。

  植物認識我：簡易植物辨識法

對生葉序又有兩種不同的類型：一種是對生的葉在莖上排列成二直列，叫做疊生對生（opposite suuperposed）；一種是對生的葉在莖上排列成四直列，這叫做十字對生（opposite decussate）。

上述的葉序中以互生葉序最為常見，不是識別植物的好特徵。而對生、輪生葉的植物相對較少；葉叢生、散生、螺旋狀著生的植物更少，都可用來鑑識植物的科別。

五、葉片形狀和葉緣

葉片形狀可根據葉片的長度與寬度的比值描述定義之，圖 A-2 中 a、b、c 分別代表葉片從上到下不同部位的寬度，x 代表葉片的長軸長度。葉片的形狀可分述如下：葉片長度約為寬度的 10 倍以上，兩邊葉緣平行或近乎平行，英文字母代號關係為 a=b=c<<<x 者，為線型（linear）；葉片長度約為寬度的 3 倍或更多，中部以下最寬，漸上漸狹，英文字母代號關係 a<b<<x 者，為披針形（lanceolate）；葉片長度約為寬度的 3 倍或更多，中部以上最寬，漸下漸狹，英文字母代號關係為 b<a<<x 者，倒披針形（oblanceolate）；葉片長度約為寬度的 2 倍或更少，中部以下最寬，以上漸狹，英文字母代號關係

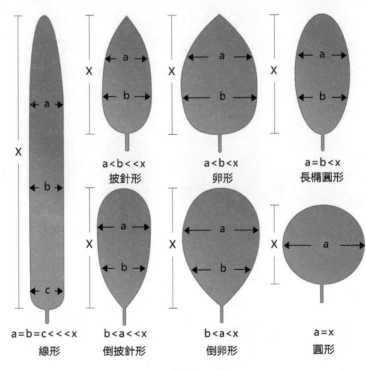

圖 A-2 葉片的形狀

a<b<x 者，爲卵形（ovate）；卵形葉倒過來，長度約爲寬度的 2 倍會更少，中部以上最寬，以下漸狹，英文字母代號關係 b<a<x 者，就是倒卵形（obovate）；葉片長度約爲寬度的 2-3 倍，葉緣近乎平行，英文字母代號關係爲 a=b<<x 者，屬長圓形（oblong）；葉片長度約爲寬度的 2 倍或更少，中部較寬，兩端較狹且爲等圓，英文字母代號關係 a=b<x 者，稱橢圓形（elliptic）；葉片長寬相等，英文字母代號關係 a=x 者，叫圓形（orbicular）（圖 A-2）。

葉片的頂端有不同的形狀（圖 A-3）：

急尖（acute）：葉片先端呈銳角，前端兩側葉緣弧線向內凹。

漸尖（acuminate）：葉片先端呈銳角，前端兩側葉緣弧線向外凸。

鈍形（obtuse）：葉片先端呈鈍角者。

微凹（emarginate）：葉片頂端渾圓，中央處稍微陷下者。

深凹（concave）：葉片頂端中央處深深陷下者。

微凸（mucronate）：葉片頂端渾圓，中央處由中肋延生小尖端者。

短尖（cuspidate）：葉片頂端渾圓，中央處突出短尾尖端者。

長尾尖（caudate）：葉片先端爲細長尾狀。

截形（truncate）：葉片先端如刀切般平闊者。

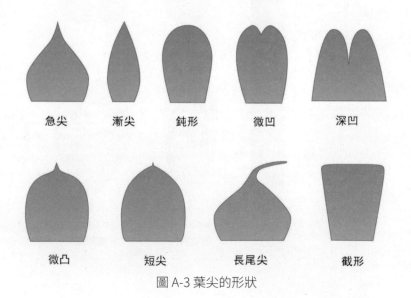

急尖　　漸尖　　鈍形　　微凹　　深凹

微凸　　短尖　　長尾尖　　截形

圖 A-3 葉尖的形狀

植物認識我：簡易植物辨識法

葉片的基部也有不同的形狀（圖 A-4）：

銳形（acute）：基部呈銳角。

鈍形（obtuse）：基部呈鈍角至近圓形。

楔形（cuneate）：基部兩側有如刀切，上方寬闊，向下漸呈尖形。

歪形（oblique）：基部兩側大小不等、不對稱。

心形（cordate）：基部向內凹，有如心臟形者。

腎形（kidney-shaped）：基部向內凹，有如腎臟形者。

耳形（auriculate）：葉基兩側先端圓鈍，向下延伸，形如耳垂者。

箭形（sagitate）：基部中央凹入，兩側葉基向下延伸，形如箭簇者。

戟形（hastate）：基部中央凹入，兩側葉基向外延伸，形如戟端者。

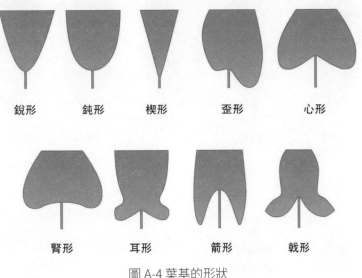

圖 A-4 葉基的形狀

葉片的邊緣叫做**葉緣**（**leaf margin**），常見的葉緣形狀如下（圖 A-5）：

全緣（entire）：葉緣平整，不具鋸齒或缺刻者。

鋸齒緣（serrate）：葉緣具有尖銳的齒，齒兩緣的長度不等，後緣較前緣長，所以齒端向前。

重鋸齒緣（double serrate）：鋸齒緣的每一個齒上又有若干小鋸齒。

牙齒緣（dentate）：葉緣具有尖銳的齒，齒兩緣的長度幾乎相等，所以齒端向外。

鈍齒緣（crenate）：葉緣的齒端鈍形。

刺緣（spinose）：鋸齒緣的齒端針刺狀。

淺波緣（undulate）：葉緣具有較淺的波紋。

深波緣（sinuate）：葉緣具有較深的波紋。

具缺刻的（incised）：葉緣切刻成參差不齊的尖銳裂片，突出和凹入的程度較大而且深。

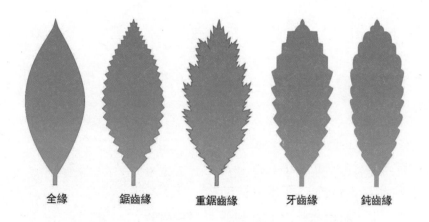

全緣　　　鋸齒緣　　　重鋸齒緣　　　牙齒緣　　　鈍齒緣

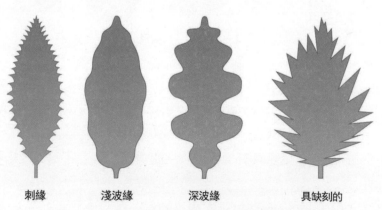

刺緣　　　淺波緣　　　深波緣　　　具缺刻的

圖 A-5 葉緣的形狀

 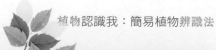 植物認識我：簡易植物辨識法

葉片的分裂程度如下：

葉片的缺刻（incision）（即葉片的缺口）較深，超過到葉的中脈或至葉柄頂端的 1/4 以上，叫做分裂葉（lobing）；分裂葉的缺刻尚未到葉的中脈或至葉柄頂端的一半，叫做淺裂（lobed）葉；缺刻幾乎到達葉的中脈或葉柄的頂端，這類葉叫做深裂（parted）葉；缺刻已達到葉的中脈或葉柄的頂端，叫做全裂（divided）葉。

六、葉的變態

葉的可塑性很大，是植物器官中最容易因環境不同而發生形態構造改變的器官。變態葉形狀特殊，常成為辨識植物的重要特徵。

1. 葉刺

仙人掌科植物的葉變態成針刺形，叫做葉刺（leaf thorn）。葉刺是這類植物對於乾旱環境條件的一種適應形式。另外，葉刺還具有保護植物體免被動物吞食的作用。小蘗屬的葉變態成針刺形、刺槐的托葉變態成針刺形、十大功勞葉緣的齒特別發達，變態成針刺形，這些都是葉刺（照片 A-15）。

照片 A-15 小蘗科植物的葉刺。

2. 卷鬚

某些攀緣植物的葉片或托葉，或複葉的一部分小葉片能夠變成卷鬚（leaf tendril）。卷鬚攀緣在附近植物體或物體上藉以使自身直立起來，如菝葜（土茯苓）托葉變態成卷鬚、蝶形花科豌豆的複葉頂端小葉片變態成為鬚、或西番蓮科植物的卷鬚（照片 A-16）。

照片 A-16 西番蓮科植物由葉變態而成的卷鬚。

3. 葉狀柄

含羞草科相思樹類葉的葉片退化，葉柄扁平化成葉片狀，叫做**葉狀柄**（**phyllode**）（照片 A-17），執行葉片的功能。這類植物是生育在熱帶乾旱地區的演化結果。

4. 捕蟲葉

食蟲植物生有一種特殊的變態葉能捕捉小動物，並且還能分泌消化液把捕捉的小動物分解消化後加以吸收。以獲取所缺乏的氮元素。這種能夠捕捉小動物的變態葉叫做捕蟲葉（insect catching leaf）（照片 A-18）。

茅膏菜（*Dorsera spp.*）的捕蟲葉具有一長柄，葉片近乎匙形。葉片的上表面和邊緣處生腺毛。腺毛能夠分泌一種有光澤的黏液，昆蟲被這種有光澤的黏液所引誘，被黏著的昆蟲盡力掙扎時，邊緣處的腺毛能迅速地把昆蟲包住，隨即分泌消化液分解消化，然後吸收。

狸藻是一種生長在池沼中的沉水植物，也具有捕蟲葉。狸藻的葉的一些裂片變態成為橢圓形的小囊狀體，此小囊狀體就是捕蟲結構。

照片 A-17 相思樹類由葉炳演化而成的葉狀炳。

照片 A-18 食蟲植物茅膏菜的食蟲葉。

植物認識我：簡易植物辨識法

第二部分　莖的形態

一、莖的形態

　　草本植物（herbaceous plants）的莖內只含有少量的木質成分，植物體較為柔軟，莖的支持力量不大，所以植物體的高度一般都在 2m 以下。植物學上，常根據植物壽命的長短將草本植物分為一年生植物（annuals）、二年生植物（biennials）和多年生植物（perennials）三類。一年生的草本植物，只能活一年甚至不到一年，有的只活幾星期，開花結果後植物死去，如昭和草、狗尾草等；二年生的植物，第一年進行營養器官的生長以積累營養物質，第二年開花結果後死去，如濱排草、蘿蔔等；多年生的植物，可以活兩年以上。有些多年生草本植物的地上部的莖葉冬季雖枯死，但能以地下器官，如根狀莖、鱗莖等越冬，春暖時從地下器官萌發新植株，稱為宿根草本（perennial root plants），如百合、芍藥等。

　　植物的莖內含有大量的木質成分，較為堅硬，莖的支持力量很大，植物體能長的比較高大，稱**木本植物**（woody plants）。木本植物的壽命比較長，均為多年生。木本植物的地上器官冬季並不死亡，有些植物的形態不受嚴寒影響，冬季綠葉翁鬱，如紅楠、山茶花等，稱常綠性植物；有些植物則以落葉現象越過冬天，如梧桐、無患子等，稱落葉性植物。

　　木本植物莖內有發達之木質部，有明顯冷暖或乾溼季節地區的木本植物的莖幹會形成年輪；而草本植物則相反，木質部不發達，不會形成年輪。木本植物莖因細胞木質化而變為堅硬，可生存多年；而草本植物莖細胞沒木質化使莖質柔軟而富含水分，一、二或多年生。雙子葉植物草本與木本都有，但單子葉植物則大部分都是草本，只有少數是木本（例如禾本科的竹子及棕櫚科的椰子都是木本）。木本植物依莖幹的形態外形又分成以下數類：

（一）喬木（tree）：凡具有明顯主幹、形體比較高大的木本植物稱之，如柳樹、楊樹、榆樹等。

（二）灌木（shrub）：凡沒有主幹或主幹不明顯、形體較爲矮小，差不多從地面就開始分枝（通常是指低於 1m 以下就會形成分枝）的木本植物，如夾竹桃、茶梅等。

（三）亞灌木（suffrutex），多指比灌木矮，高度在 1m 以下，初年生枝條柔軟如草本植物，過生長季以後枝條才木質化的植物，或稱其植物體半木質化的種類，如九層塔、長穗木等。

（四）藤本植物（vine）：莖不能直立，僅能倚附他物生長的植物。有莖呈柔軟草質的草質藤本（herbaceous climber），和莖木質化呈硬質的木質藤本（lianas）。

二、非直立莖植物

非直立莖則指莖幹細長，不能直立生長，必須依附他物向上攀緣的藤本植物（liana 或 vine）。

非直立莖的類別如下：

1. 纏繞植物（**twining plants**）：莖柔軟，以莖本身纏繞其他植物體或物體上升，如何首烏、馬兜鈴等。

2. 攀緣植物（**climbing plants**）：莖細長柔弱，生出特別的結構，如卷鬚、倒鉤刺或不定根等，攀緣他物上升，豌豆、葡萄、絲瓜、黃藤等屬此類。攀緣植物和纏繞植物又有木本和草本之分。

3. 蔓性植物（**trailing plants**）：又稱蔓性灌木。莖較柔弱，幼苗期或植株較小時，尚能直立生長，但植物成長後枝條伸展時，莖幹柔軟下垂，需攀附他物支撐或上升的植物，如茉莉、玫瑰類。

4. 匍匐植物（**runner plants**）：利用匍匐莖（stolon）平臥在地面上生長、蔓延之植物。有匍匐莖和平臥莖之分：匍匐莖（creeping stems），莖平臥在地面上，莖節上可產生不定根，如馬鞍藤、草莓等；平臥莖（procumbent stems），莖平臥在地面上，莖上不產生不定根，如蒺藜等。

植物認識我：簡易植物辨識法

上述的非直立莖植物，不論是草本的或木本的，都叫做藤本植物（vine）。草本的如絲瓜、牽牛花等，木本的如葡萄、炮仗花等。

三、莖的變態

莖的變態有植物生育地土壤以下的地下莖變態，和生育地土壤以上的地上莖變態。

（一）地下莖變態

有些多年生草本植物的常有生在地下的莖，借助地下莖度過嚴酷的冬季氣候。地下莖有各種變態，用以貯藏大量營養物質，供給來年植物萌芽生長的需要。地下變態莖可以分為根狀莖、球莖、塊莖、鱗莖四類。

1. 根狀莖（rhizome）

匍匐在土壤中、能四處蔓延的莖叫做根狀莖（照片 B-1）。根狀莖有節與節間，節上生有許多不定根。根狀莖的頂端生有頂芽，莖體上常著生有無色或褐色的退化葉，叫做鱗葉（scale leaf），鱗葉的腋部生有腋芽。有的根狀莖細長，節間也比較長，如蘆葦；有的根狀莖體和節間都短而肥厚，如薑。多數根狀莖內貯藏著大量營養物質，如日常食用之蓮的根狀莖蓮藕，薑黃的根狀莖薑黃等。

照片 B-1 薑科薑的根狀莖。

2. 塊莖（corm）

　　塊莖為短而肥大的肉質地下莖，節間非常短，形成於地下枝的頂端，如馬鈴薯、荸薺等（照片 B-2）。馬鈴薯在夏末時植株基部的腋芽開始發育，形成為地下枝。地下枝長到一定長度後，頂端膨大形成塊莖。

3. 球莖（stem tuber）

　　球莖為圓球型或扁圓球型的肉質地下莖（照片 B-3），很多百合科、石蒜科、天南星科的植物生有球莖。球莖是由植物主莖的基部膨大而成，非由枝莖的頂端膨大而成。芋的球莖稱芋頭，為一圓型球狀體，表面長有腋芽，常有纖維質的鞘狀鱗葉。球莖上的芽可形成新苗。

4. 鱗莖（bulb）

　　鱗莖膨大、肉質的部分不是莖，而是一種變態的葉，稱作鱗葉。鱗葉著生在一種節間非常短、半圓球形或圓錐形的變態莖上，此變態莖即鱗莖（照片 B-4）。

（二）地上莖變態

　　植物的莖大都長在地面上，這種莖叫做地上莖。地上莖為適應環境變化，

上：照片 B-2 馬鈴薯的塊莖。
中：照片 B-3 芋的球莖。
下：照片 B-4 洋蔥的鱗莖（中央底側）。

植物認識我：簡易植物辨識法

或保護植物體不受傷害而演化的生存策略，產生不同的地上莖變態類型。

1. 卷鬚

攀緣植物的莖細而無法直立，一部分莖變成卷鬚，攀緣附近的植物體或物體上，藉以往上攀升爭取陽光，幫助植物生長、發育、開花、結實。例如葡萄科植物大多具有與葉對生的卷鬚，此卷鬚即莖變態而成（照片 B-5）。

2. 枝刺

莖的幼枝可以變成堅硬的刺狀物，叫做枝刺。火刺木（狀元紅）、皂莢樹等都生有枝刺（照片 B-6）。枝刺具有保護植物體免被動物侵害的作用。

3. 葉狀枝

有些植物的葉退化成鱗片，失去了葉的功能，莖變態成葉的形狀，既扁又平，又含有葉綠素，可行光合作用執行葉的機能，這類變態莖叫做葉狀枝。例如天門冬、曇花等都生有葉狀枝（照片 B-7）。

上：照片 B-5 葡萄科植物莖變態的卷鬚。
中：照片 B-6 皂莢的枝刺。
下：照片 B-7 曇花的葉狀枝。

4.肉質莖

　　莖的葉片已退化或是成針葉狀，莖膨大而柔軟多肉，莖內薄壁組織發達，可以貯藏大量的水分及養分；莖成綠色，能行光合作用（照片 B-8）。肉質莖植物適合生長於乾旱地帶，例如仙人掌、火龍果等。

照片 B-8 仙人掌的肉質莖。

第三部分　根的形態

一、根的類型和根系

　　按照根發生部位的不同，根可以分為主根（**main root**）、側根（**lateral root**）和不定根（**adventitious root**）三類。主根是植物最早出現的根，種子的下胚軸在種子萌發成苗時生成主根。側根是從主根上生出的分枝根，從側根上也可以再生出更細的分枝根，從側根的細分枝根上還可以生出更細的分枝根，形成各級側根。主根和各級的側根共同組成了植物的根系（root system）。不定根是從地上部的莖幹、枝條或葉上生出來的根系，例如榕樹枝條垂下的氣根就是一種不定根。

　　植物的根系有兩大類型：一種是有明顯的主根，和各級側根，而各級側根的長短粗細明顯地小於主根，這種根系叫做**直根系**（**tap root system**）。直根系入土較深，裸子植物和大多數雙子葉植物都具有直根系。另一種類型是主根不發育，根系由下部的莖節上生長出來，長短粗細和形狀都很相似，這種根系叫做**鬚根系**（**fibrous root system**），單子葉植物都是鬚根系，鬚根系入土較淺。

二、根的構造

　　根在土壤中向下生長時不斷地深入土壤與岩石縫隙中，因此在根尖頂端，分生區的外面長著灰白色的帽型保護構造，叫做**根冠**（**root cap**）（圖 C-1）。根冠包被著根尖的分生區，具有保護根尖的幼嫩分生組織的機能。根冠由薄壁組織細胞所構成。根冠外層的細胞能夠分泌黏液，使根冠的表面變得潤滑，以減少根在土壤生長時所發生的摩擦，有利於根向土壤內伸入。

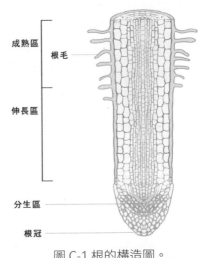

成熟區
根毛
伸長區
分生區
根冠

圖 C-1 根的構造圖。

分生區（**meristematic region**）位於根冠的上面，長度多在 0.3-1.5mm 之間，有的可達 3mm。分生區是產生新細胞的場所，由頂端分生組織構成。分生區的頂端為頂端分生組織的原分生組織。根據細胞形態的不同，頂端分生組織可以劃分為原表皮層、基本分生組織和原形成層三類。

　　分生區的上面是**伸長區**（**region of elongateon**），長度約為 2-5mm，較莖尖伸長區的長度短得多。因為根向土壤中生長，受到土壤的阻力很大，所以伸長區不能太長。太長則遇到阻力時容易彎曲，會減少根向土壤中鑽入的力量。

　　根毛多發生於根尖的成熟區（**region of maturation**），分生區和伸長區都不生長根毛。根毛是單細胞，生長時鑽入土壤顆粒間的縫隙，使根毛長成彎彎曲曲的形狀（圖 C-1）。根毛的主要機能是擴大根的吸收面積，可以擴大根的吸收面積 3-10 倍。但根毛的壽命一般並不長，通常生活數天就死亡。隨著幼根的向前生長，在新形成的成熟區又長出新的根毛來，這樣就促使根的吸收部位不斷地與新土壤相接觸。

三、根的變態

1. 肉質主根

　　由主根以及胚軸的上端等部分膨大形成肉質主根（fleshy tap root），側根不發達。肉質主根的次生木質部或次生韌皮部，含有大量薄壁組織（貯藏組織），所以質地較軟，呈肉質狀，如蘿蔔（照片 C-1）、胡蘿蔔等。肉質主根內貯存大量養料，可供植物越冬和次年生長之用，也可供動物和人類食用。

照片 C-1 蘿蔔的肉質主根。

2. 塊根

　　塊根（**tuber**）是由植物側根或不定根膨大而成，植物可以形成許多膨大的塊根，主要也是貯藏營養物質，如甘藷（照片 C-2）、紫茉莉等都生有塊根。甘藷塊根初生和次生木質部的構造和一般雙子葉植物的相同，但次生木質部中的薄壁組織特別發達，纖維質少，澱粉含量很高。

3. 支柱根

　　從莖基部的節上長出許多不定根，並向下伸入土中，能吸收水分和無機鹽，還能穩固莖幹，如玉米、林投（照片 C-3）。有些植物如榕樹，會從樹枝上生出不定根垂直向下生長，原來氣生根，到達地面後鑽入土壤內形成支柱的效果，這類具有支柱機能的不定根都叫做支柱根（**prop root**）。

4. 攀緣根

　　有些藤本植物莖細而長，但不能夠獨自直立。從莖部生出許多很短的不定根，依附牆壁或其他樹幹向上延伸植物體，如凌霄

上：照片 C-2 甘藷的塊根。
中：照片 C-3 紅茄苳的支柱根
下：照片 C-4 胡椒科蔓藤節上生攀援根。

花、常春藤、蔓藤（照片 C-4）。這類植物的根稱攀緣根（**climbing root**）。攀緣根能夠分泌一種黏液，碰著其他物體就黏在其上，藉以攀爬向上。

5. 吸器或吸根

　　雙子葉的寄生植物，直立莖的基部或纏繞莖接觸到寄主植物的各點，會生有不定根，這種不定根鑽入寄主莖中維管束組織，吸取寄主的營養物質，以維持其本身的生命，如菟絲、無根藤（照片 C-5）。這種不定根特稱**吸器或吸根**（**haustorium**）。直立莖的寄生植物如桑寄生、蛇菰；纏繞性的寄生植物如菟絲子、無根藤等，都用吸器或吸根伸入寄主維管束，吸取寄主水分和養分。

6. 氣生根

　　熱帶森林中有很多附生在樹木上的植物，如蘭科植物、榕樹等，從莖上生出很多不定根，叫做**氣生根**（**aerial root**）（照片 C-6）。氣生根生長在空氣中，沒有根毛和根冠，不能吸收養分，但能吸收空氣中的水分，也有呼吸的功能。氣生根包被在一種叫做根被（velamen）的死組織內。一般認為根被細胞具有吸收水分的能力，每當降雨時，根被細胞吸足了水分，用以供給植物平時生活的需要。有些植物如榕樹，氣生根伸入土內，有支持植物體的作用，就成了支柱根。

照片 C-5 寄生植物無根藤在與宿主接觸處生出吸根。

照片 C-6 榕樹的氣生根。

植物認識我：簡易植物辨識法

7. 呼吸根

　　在熱帶沿海沼澤地區的植物，如紅樹林植物海茄苳等，根部掩埋在淹水的淤泥裡，通氣困難。植物的一部分根能從土壤裡垂直向上生長，越過土壤和水面，伸入空氣中進行氣體交換。這種直立空氣中的根叫做**呼吸根**（**pneumatophore**），有些植物如落羽杉，突出地面

照片 C-7 落羽杉生長在沼澤的膝根。

的呼吸根，像瘤狀、膝蓋狀，又稱「膝根」（knee root）（照片 C-7）。空氣可以通過呼吸根的皮孔和通氣組織輸送到根部，供給根部進行呼吸作用的需要。

四、根瘤與菌根

　　大部分豆類植物和少數非豆類植物如赤楊，根部會長出許多小瘤狀突起物，叫做**根瘤**（**root nodule**）（照片 C-8）。根瘤是一類具有固氮能力的細菌（叫做根瘤菌，*Rhizobium* spp. 或 *Frankia* spp.），侵入根的皮層細胞內形成的瘤狀物。根瘤菌先侵入幼嫩的根毛內，然後自根毛向內侵入，最後

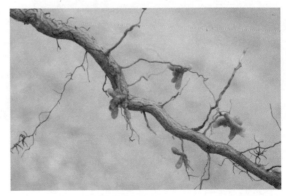

照片 C-8 豆類植物的根瘤。

到達根的皮層細胞。根瘤菌侵入皮層細胞後刺激皮層細胞進行分裂，結果形成球形或圓柱體型的瘤狀突起物，此即根瘤。生活在根瘤內的根瘤菌完全依靠所著生的宿主植物供給水分和營養，以維持其生活。但根瘤菌能夠進行固氮作用

（nitrogen fixation），將空氣中游離的氮固定成為植物可以利用的含氮物質，供給宿主植物合成蛋白質或其他含氮化合物。如此，綠色植物和非綠色植物之間建立一種彼此互有利益的共生（symbiosis）關係。

根瘤菌固氮作用所製造的含氮物質的一部分還可以從植物的根部分泌到土壤中，能被其他植物所利用。豆類植物與穀類植物（如豇豆與玉米）間作可以提高穀類植物的產量，其原因就是因為豆類植物增加土壤的含氮量的緣故。

除根瘤菌外，植物的根還經常與土壤中的真菌結合在一起，形成一種菌與根的結合體，叫做菌根（**mycorrhizae**）（圖 C-2）。根據真菌與植物根部皮層細胞之間的關係，菌根可以分為兩類：一類叫做外生菌根（ectomycorrhizae），一類叫做內生菌根（endomycorrhizae）。

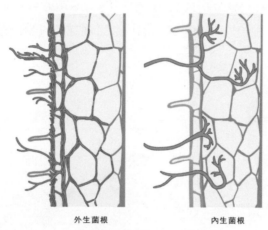

外生菌根　　　　　　　　內生菌根

圖 C-2 菌根菌和植物根共生圖。

（1）外生菌根

真菌的一部分菌絲包被在幼根的表面，形成了一個菌絲套子；一部分菌絲侵入根的皮層內，只在皮層細胞之間緊密交織但並不侵入皮層細胞的內部，這叫做外生菌根。外生菌根常呈灰白色，短而粗，通常為二叉式分枝，根毛稀少或者沒有，根被菌絲套子包被，不直接與土壤相接觸。很多森林樹種，如松柏類（特別是松屬）、櫟屬、栗屬、樺木屬等多具有外生菌根。

植物認識我：簡易植物辨識法

（2）內生菌根

　　眞菌的菌絲在幼根的表面並不顯著，但菌絲侵入皮層細胞之內，根在外表上和正常的根並沒有什麼差別，只是顏色上較暗一些，這就做內生菌根，如蘭科、杜鵑花科植物等多具有內菌根。菌根中的眞菌與植物是共生的。眞菌自土壤中吸收水分和礦質養料（特別是磷酸鹽）供給植物；植物提供碳水化合物、胺基酸、維生素和其他有機物質等供給眞菌。眞菌除形成菌根的菌絲外，其餘的大部分菌絲都分布在土壤中，在土壤中蔓延較廣，具有較大的吸收表面，因而眞菌的吸收效率遠較植物的根部爲大。據估計，生有根菌的松屬較未生菌根者其吸收表面要大數倍。在自然界中，菌根對於很多森林樹種的正常生長是十分必要的，例如某些松屬植物能夠生育在含水量較低的砂質土壤上，這就是菌根的作用。因此，在不含菌類的土壤上造林時必須要考慮菌類的接種問題。

第四部分　花的形態

一、花的組成

　　花由花萼（calyx）、花冠（corolla）、雄花器（androecium）和雌花器（gynoecium）組成。花萼在花的最外側，花冠在第二層，雄蕊器位於花冠之內，雌花器位於花的中心。雌花器會形成 1 至數個基部膨大、內部有空腔的囊狀或壺狀構造，這種構造稱做雌蕊（pistil）。

　　具有花萼、花冠、雄花器和雌花器的花，稱作完全花（**complete flower**）；缺少其中一種以上器官的花叫做不完全花（**incomplete flower**）。多數花都具有花萼與花冠，花萼與花冠合稱為花被（perianth），花被是被子植物花的特點。少數植物如玉蘭花，花萼與花冠形態、大小相似，兩者無法區分，這種花冠稱做花被片（**tepal**）。

　　有些植物的花只有一輪花被，這叫做單被花（monochlamydeous flower），如桑、朴樹等植物的花，只有花萼。有些植物的花沒有花被，稱做無被花（achlamydeous flower），無被花多半是風媒花，如楊柳、胡桃等。

　　大部分植物的花同時具有雌、雄蕊，稱為兩性花（bisexual flower）。如果花內只有雌蕊或雄蕊，就叫做單性花（unisexual flower），單性花植物種類較少，可作科別分類依據。具有繁殖能力的花，叫做孕性花或能育花（fertile flower）。有些花雌或雄蕊都退化，沒有繁殖能力，所以又叫做不孕花，或不育花（sterile flower）。兩種單性花（雌花和雄花）同時生在一個植物上，稱做雌雄同株（monoecious），如赤楊、青剛櫟等。兩種單性花生在不同植株上，稱做雌雄異株（dioecious），如桑、冬青類（*Ilex*）植物等。單性花和兩性花同時生在一個植株上，即以雌雄同株為主，雜以完全花，稱做雜性同株（polygamous），如皂莢樹。一種（雌花或雄花）和兩性花同時生在一個植物上，即以單性花雌雄異株為主，夾雜完全花，稱做雜性異株（polygamodioecious），如楊梅。

植物認識我：簡易植物辨識法

二、花各部分的形態構造

1. 花萼（calyx）

　　花萼是花的最外一輪，由數片萼片（sepals）所組成（圖D-1）。大多數植物花的萼片是綠色的，只有少數植物花的萼片具有鮮豔的顏色。具有色彩的萼片叫做花瓣狀萼片（petaloid sepals），如八仙花類、玉葉金花等。萼片一般多為葉片形，也有各種各樣的形狀。萼片可能彼此互相分離，也可能彼此或多或少地連合起來，此或多或少地連合起來的萼片叫做合萼花萼（synsepalous calyx）。有些植物的萼片（或花瓣）上生有一種管狀附屬物，叫做距（spur），距內貯有蜜汁，具有吸引昆蟲傳粉的作用，如金蓮花 、鳳仙花等。

　　花未開放以前，花萼有保護花內的器官免受機械傷害、雨水淋洗和保持花的濕度等作用；花開放以後，花瓣狀萼片的植物還具有招引授粉昆蟲的作用。花萼一般在花謝以後就脫落，但也有些植物的花萼在花謝後並不脫落，仍然保留在果實上保護著幼果，這種花萼稱做宿存萼（persistent calyx），例如番茄和柿子的果實都有宿存萼。有些植物的花萼不但宿存，且花後增大，如第倫桃（*Dillenia indica*）的宿存花萼不但增厚加大，而且將真正的果實包被在裡面。

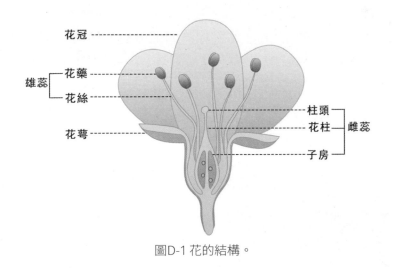

圖D-1 花的結構。

2. 花冠（corolla）

　　花冠在花萼之內，是花的第二輪，通常是由 4、5 片，有時 3 片或多片，帶有鮮艷色彩的**花瓣（petals）**所組成的（圖 D-1）。但也有些植物的花冠退化，花內沒有花瓣，這類花叫做無瓣（apetalous）花。花瓣的形狀變化很大，但通常多大於萼片，是具各種色彩的扁平葉狀物。花瓣可能是彼此互相分離的，也有可能彼此或多或少地連合起來。由分離的花瓣所組成的花冠，稱離瓣花冠（polypetalous corolla）；由或多或少連生的花瓣所組成的花冠，稱合瓣花冠（synpetalous corolla）。合瓣花冠下部連合起來的部分，稱花冠筒（corolla tube）。合瓣花冠上部可能是連合的，如牽牛花，也有可能是分離的，如丁香花，上部分離的部分叫做花冠裂片（corolla lobes）。有些植物的合瓣花連合成兩組，呈上下兩唇型，如唇形科、爵床科植物。花瓣上常生有不同形狀的附屬物，有毛狀的、有管狀的、有片狀的等。管狀的附屬物稱作距（spur），如黃菫科、毛茛科植物；片狀的附屬物通常排列成整齊的一輪，形成一種構造，稱作副花冠（corona）。西番蓮科植物的花有鮮艷的副花冠；水仙花的副花冠則呈黃色，連合成環狀，位於花冠筒的入口處。

　　白天開放的花大多具有紅、紫、藍、黃等顏色，以招引蜜蜂、蝴蝶等昆蟲前來探訪。夜間開放的花多為白色或黃綠色，由夜行性的蛾類授粉。由於花瓣的表皮細胞能夠分泌揮發性、有香味的物質，使花瓣產生出各種的香味，昆蟲能在遠處尋找香味的來源。

　　通常一朵花內花瓣的形狀都是相同的，由同型花瓣所組成的花冠叫做整齊花冠（regular corolla），又稱輻射對稱花冠，如白菜花、薔薇屬的花等。也有些花的花瓣形狀不相同，由不同形花瓣所組成，稱作不整齊花冠（irregular corolla），又稱左右對稱花冠，如蠶豆花、益母草花等。

3. 雄花

　　花冠之內為雄花器，是由 1 至無定數之雄蕊（stamens）所組成（圖 D-1）。雄蕊上端是一對囊狀物，叫做**花藥（anther）**，連接著花藥的是一根

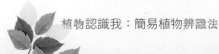

絲狀物，叫做花絲（**filament**）。囊狀物之間的組織叫做藥隔（connective），藥隔把花藥的一對囊狀物連接起來。囊狀物內的腔室叫做藥室（anther chamber），藥室內則是花粉（pollen）。

雄蕊的數目和形態，是鑑別植物科別重要的依據。較原始的科，如木蘭科植物每朵花有數百至上千枚雄蕊，蝶形花科植物有10枚雄蕊，也有8枚雄蕊的科，但通常多為5、4枚，少數科2、1枚雄蕊。雄蕊有以下類型：

照片 D-1 山茶科大頭茶的離生雄蕊。

（1）離生雄蕊（distinct stamens）：彼此之間互相分離的雄蕊，是最常見的雄蕊類型（照片 D-1）。

（2）單體雄蕊（monoadelphous stamens）：花藥完全分離而花絲聯合成 1 束，如錦葵科（照片 D-2）。

（3）二體雄蕊（diadelphous stamens）：花絲聯合成 2 束而花藥分離，如蝶形花科（照片 D-3），有 9 枚雄蕊合成 1 束而另 1 枚雄蕊單獨分離的 9+1 二體雄蕊，也有 5 枚合成 1 束而另 5 枚合成 1 束的 5+5 二體雄蕊。

照片 D-2 錦葵科扶桑的單體雄蕊。

照片 D-3 蝶形花科雞冠刺桐之二體雄蕊。

（4）多體雄蕊（polyadelphous stamens）：花絲合生爲多束，如藤黃科（照片D-4）。

（5）聚藥雄蕊（synandrous stamens）：雄蕊花絲分離而花藥互相黏合，見於菊科植物。

（6）四強雄蕊（tetradynamous stamens）：雄蕊6枚，4長2短，爲十字花科植物特有的類型。

（7）二強雄蕊（didynamous stamens）：雄蕊4枚，2長2短，常見於唇形科、玄參科、馬鞭草科、紫葳科、列當科、苦苣苔科植物（照片D-6）。

在人工栽培的條件下時常發生雄蕊轉變成爲花瓣的現象，例如野生的薔薇花只有5片花瓣，而栽培的玫瑰花則有數十片花瓣，稱重瓣花（double flower）。重瓣花的花瓣大多數是由雄蕊轉變來的。

上：照片D-4 藤黃科福木雄花之多體雄蕊。
中：照片D-5 十字花科蘿蔔之四強雄蕊。
下：照片D-6 馬鞭草科海州常山之二強雄蕊。

4. 雌花

雌花器位於花的中心部位，是由1至無定數個心皮（**carpels**）所組成（圖D-1）。心皮（**carpels**）是一種變態葉，在長時期的演化過程中，葉片向內折合，演化成心皮。由一片葉片演化形成的心皮，稱單心皮；由二片葉片演化

形成的心皮，心皮數 2；由五片葉片演化形成的心皮，心皮數 5；依此類推。有些植物由數個心皮同時各向內折合又互相連合，或數個心皮的邊緣互相連合，形成多心皮。心皮組合成一基部膨大、內部有腔室的囊狀，上部細長柱狀的構造，稱作雌蕊（pistil）。雌蕊是被子植物花的一個顯著的特點。

雌蕊基部膨大的部分叫做子房（ovary），子房上面柱狀體部分叫做花柱（style），花柱的頂端略爲膨大的部分叫做柱頭（stigma）。柱頭有各種形狀，如圓頭形、二裂、羽毛狀等等。玉米的柱頭爲鬚狀，可長達 80cm。柱頭的表面常生有表皮毛、黏液或乳頭狀突起，以便黏附和捕捉花粉。在子房室內有胚珠（ovules），胚珠受精後發育成種子。子房室內的胚珠數目 1 到多數不等，也是辨識植物重要的根據。

三、花序

單獨著生在莖的頂端或葉腋部的花，稱爲單生花。很多花依固定的方式排列在花軸，則形成花序（inflorescence）。花序可分成兩大類。一類稱無限花序（indefinite inflorescence）（圖 D-2）；一類稱有限花序（definite inflorescence）（圖 D-3）。

（一）無限花序

無限花序是花由下而上，或由外側逐漸成熟向內側綻

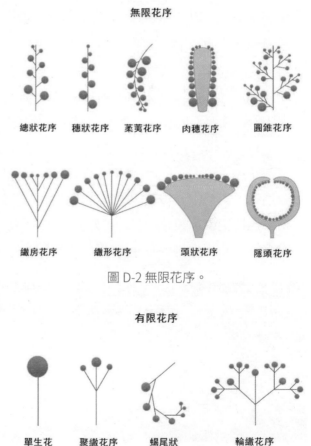

無限花序

總狀花序　穗狀花序　葇荑花序　肉穗花序　圓錐花序

繖房花序　繖形花序　頭狀花序　隱頭花序

圖 D-2 無限花序。

有限花序

單生花　聚繖花序　蝎尾狀　輪繖花序

圖 D-3 有限花序。

放，花開後花軸會繼續生長，所以可不斷開花。亦即開花以後整個花序花朵的數量，會遠多於花苞期花朵的數量。多數種子植物的花序，屬於此類（圖 D-2）。

無限花序又可以分為總狀花序、穗狀花序、柔荑花序、肉穗花序、圓錐花序、繖房花序、傘形花序、頭狀花序、隱頭花序等9類。

照片 D-7 玄參科毛地黃的總狀花序。

1. 總狀花序（**raceme**）：花序軸較長，花軸上著生許多有花梗之小花，花梗大致等長，小花由基部往上依序開放，如毛茛科、蘇木科植物（照片 D-7）。

2. 穗狀花序（**spike**）：花軸上著生許多短梗或無花梗之小花，排列較密集，狀似小花直接長在花軸上，如莧科植物、大戟科之烏桕（照片 D-8）。

3. 柔荑花序（**catkin**）：外觀像穗狀花序，花軸上密集著牲許多短梗或無花梗之單性花，花軸上非雄花即雌花；或花軸上部多為雄花，僅下部著生數朵雌花。花為無被花或單被花，多為風媒花。雄花序軸柔軟，花序常下垂；雌花序下垂或直立，如胡桃科、殼斗科植物（照片 D-9）。

照片 D-8 大戟科烏桕的穗狀花序。

照片 D-9 殼斗科台灣櫧之柔荑花序。

  植物認識我：簡易植物辨識法

照片 D-10 天南星科姑婆芋的佛燄花序（肉 照片 D-11 楝樹的圓錐花序。
穗花序）。

4. 肉穗花序（**spadix**）：花序的花軸肉質化，呈棒狀或柱狀，周圍著生許多無花柄之小花，單性花。花序外圍包覆著囊狀苞片，稱佛焰苞，故又稱「佛焰花序」，如天南星科、棕櫚科植物（照片 D-10）。

5. 圓錐花序（**panicle**）：花序軸較長，花軸有分枝，每一枝花軸上的小花，再呈現總狀花序排列，又稱「複總狀花序」。如楝科、無患子科植物（照片 **D-11**）。

6. 繖房花序（**corumb**）：花序軸上生有許多花梗不等長的花，下部花的花梗最長，越向上花梗越短，因此所有的花約略排列在一個平面上，如八仙花科及某些十字花科植物等。

7. 繖形花序（**umbel**）：花軸的先端略膨大，其上著生著許多花柄等長的小花，呈放射狀排列在一個水平面上或排列成圓頂形，如繖形科、五加科植物（照片 D-12）。

照片D-12 繖形科植物的繖形花序。

照片D-13 銀合歡的頭狀花序。　　　照片 D-14 桑科愛玉子的隱頭花序。

8. 頭狀花序（**head**）：花序軸非常短，成扁平體形或球形，其上著生許多無梗花，整個花序外觀像一朵花，如菊科、含羞草科植物（照片 D-13）。

9. 隱頭花序（**hypanthodium**）：花軸頂端膨大肉質化，中央部分凹陷呈囊狀，花著生於囊狀內壁，所有的花完全被包於肉質托內部，只留頂上一孔供授粉昆蟲出入，如桑科榕屬植物（照片 D-14）。

（二）有限花序

有限花序的花是由上而下，或自中心向外開放，花軸的生長有限，花後不再延長，所以花朵的數目固定，不能逐漸增加。亦即開花以後整個花序花朵的數量，和花苞期整個花序花朵的數量是相同的。

照片 D-15 山茶科植物多單生花。

1. 單生花（solitary）：花軸只生一朵花，通常花大而豔，如木蘭科、山茶科植物（照片 D-15）。

植物認識我：簡易植物辨識法

照片D-16 秋海棠科植物的聚繖花序。

2. 聚繖花序（cyme）：花軸的頂端生出最
   早開的花，左右兩側，再各著生次開的
   小花，如忍冬科、秋海棠科植物（照片
   D-16）。

3. 蝎尾狀聚繖花序（scorpioid cyme）：
   花軸頂生一花，在頂花下面只產生 1 個
   側軸，側軸頂端也生一花，依此方式繼
   續分枝，花序尾端捲曲如蝎尾，如紫草
   科植物（照片 D-17）。

4. 輪繖花序：聚繖花序的變形，聚繖花序生
   於對生葉的葉腋，花無梗，在外觀上似
   輪狀排列，如唇形科植物（照片 D-18）。

上：照片 D-17 紫草科植物的蝎尾狀聚
繖花序。
下：照片 D-18 唇形科植物的輪繖狀花
序。

第五部分　果實和種子

一、果實的形成

　　植物的雌花受精後，整個子房逐漸發育成為果實，胚珠發育成種子。發育過程中，花瓣首先凋萎掉落，雄蕊凋枯隨花瓣掉落或萎縮在果實基部；大部分植物的花柱和柱頭在受精以後，萎縮掉落，有少數植物的花柱卻留存在果實上，稱花柱永存。花柱永存是山欖科植物重要的鑑別特徵。大部分植物的花萼受精後留存在果實基部（子房上位的種類，如番茄）；或留在果實頂端（子房下位的種類，如蘋果、蓮霧），少數植物的花萼花後增大，包圍整個果實，成為果實的主要部分，如第倫桃，及錦葵科的棉花、洛神葵的果實。花萼花後掉落的植物反而是少數，僅罌粟科等植物雌花受精後，花萼旋即掉落。

　　大多數植物未經受精作用其雌蕊遲早枯萎脫落，不能形成果實。但也有很多栽培植物未經受精作用便可形成果實。這種未經受精作用就形成果實的現象叫做單性結實或單性生殖（parthenocarpy），也稱孤雌生殖（parthenogenesis），即卵不經過受精也能發育成正常的新個體的現象。由單性結實所形成的果實一般都沒有種子，或雖有種子但在種子內沒有胚。日常生活中習見的單性結實有無子葡萄、無子柑橘、無子香蕉、無子柿子、無子西瓜等。

二、果實的形態構造

　　完全由子房壁發育而成的果實外部，稱作果皮（pericarp）。果皮由外向內通常可以分為三層：最外層的一層叫做外果皮（exocarp），中間的一層叫做中果皮（mesocarp），最裡面的一層叫做內果皮（endocarp）。有的果實的外、中、內三層果皮用肉眼就可以區別，如桃、梅、李、杏等，但很多果實的果皮卻很難區分外、中、內三層果皮。外果皮可由一層外表皮細胞或數層細胞構成，

植物認識我：簡易植物辨識法

一般很薄；中果皮由子房壁的內外表皮層之間的組織發育而來，是果皮的較厚部分，有些常見的水果如桃、李中果皮內有大量肉質多汁的薄壁組織細胞，是食用的主要部分；內果皮多半是由一層內表皮細胞構成的（由子房壁的內表皮層發育而來），如番茄，或由多層細胞厚壁組織細胞構成，如桃、梅包圍種仁的硬殼都是內果皮。

三、果實的類型

根據果壁構造的不同，可將果實分為肉質果（fleshy fruit）和乾果（dry fruit）兩大類。

（一）肉質果

果實成熟後，含有大量的薄壁組織和少量的厚壁組織，果實一部分是肉質的。常見的肉質果有以下五類：

1. 核果（**drupe**）：由一心皮發育而成，果實具有明顯的外、中、內三層果皮。外果皮薄，含有一層外表皮層細胞和數層厚角組織細胞，形成了果實的皮（peel）。外果皮之內為中果皮，中果皮由多層排列疏鬆的薄壁組織細胞構成，是果實的肉質食用部分。中果皮之內

照片 E-1 桃之核果縱切面。

為內果皮，由內表皮層細胞和幾層排列緊密的硬化細胞（石細胞）共同構成的。內果皮形成木質化的硬殼，如桃（照片 E-1）、杏、胡桃等。

照片 E-2 番茄之漿果橫切面。

照片 E-3 絲瓜之瓠果。

2. 漿果（**berry**）：由兩個以上的心皮發育而成，含有多粒種子的肉質果。外果皮由一層外表皮層細胞，和外表皮內側的 3-4 層厚角組織細胞構成；中果皮肉質，由多層大型的薄壁組織細胞構成；內果皮甚薄，由一層內表皮層細胞構成。如葡萄、柿子、香蕉、番茄（照片 E-2）等。

3. 瓠果（**pepo**）：由 3 心皮的下位子房發育而成的肉質果。外果皮不明顯；中果皮特別發達，肉質；內果皮甚薄，如西瓜、絲瓜、南瓜等（照片 E-3）。

4. 柑果（**hesperidium**）：由多數心皮（7-20）發育而成。外果皮革質，由一層厚壁的表皮細胞和幾層排列緊密的小型厚角組織細胞構成，分布著很多油囊；中果皮的細胞排列疏鬆，海棉質，白色，內含維管束；內果皮薄，分成許多分隔腔室（果瓣），腔室內生有很多多汁的囊胞，為果實的食用部分，如柑橘（橘子）（照片 E-4）、柚子等。

照片 E-4 柑橘類的柑果橫切面。

植物認識我：簡易植物辨識法

5. **梨果或假果（pome）**：由下位子房發育而成，子房為花托（花萼筒）所包，花托肉質，受精後膨大，形成果實的大部分可食部分。果托內側的外果皮與中果皮也肉質化，形成果實的一小部分可食部分；內果皮軟骨質，包被子房室，如蘋果（照片 E-5）、梨等。梨果的花托（花

照片 E-5 蘋果之假果（梨果）橫切面（左）和縱切面（右）

萼筒）與子房的分界線，是一薄層排列緊密的小型薄壁組織細胞叫做果心線（core line）。果心線以外是花托（花萼筒）發育而成的部分，果心線和果心線以內是子房發育而成的部分。

（二）乾果

　　果實通常含有多粒種子，成熟後，果壁內含有多量的厚壁組織，果壁內薄壁組織細胞中的水分大部分散失，最後細胞死亡，因此果實是非常乾燥的。乾果又可分為開裂乾果（dehiscent dry fruit）與不裂乾果（indehiscent dry fruit）兩類。

A. 開裂乾果

　　乾果成熟後，果壁（殼）裂開，藉以散布種子。果壁失水乾燥時，果壁的各層發生不平衡的收縮，或是果壁的各層向不同的方向收縮，果實於是開裂。

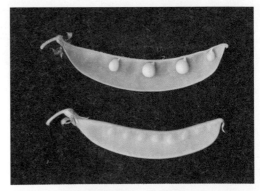

照片 E-6 豌豆之莢果

1. **莢果（legume）**：由單心皮發育而成，果實具有背、腹縫線。果實開裂時沿背、腹兩條縫線開裂，如紅豆、綠豆、豌豆（照片 E-6）等。背縫線

（dorsal suture）指的是心皮中部中脈所形成的一條縫線；腹縫線（venture suture）指的是心皮向內折合相遇後所形成，著生胚珠處的一條縫線。

2. 蓇葖果（**follicle**）：由單心皮子房發育而成的開裂乾果。果實只裂一邊，開裂時只沿腹縫線開裂，如木蘭科、夾竹桃科大部分植物、掌葉蘋婆等（照片 E-7）。

3. 角果（**silique**）：由兩心皮子房發育而成的開裂乾果。角果在果實的成熟過程中自兩邊的胎座（側膜胎座）各向內生出一隔膜，把果實分隔成為二室，此分隔子房為二室至多室的隔膜叫做假隔膜（false septum）。如十字花科植物（照片 E-8；E-9）。

4. 蒴果（**capsule**）：由二至多心皮子房發育而成的的開裂乾果（照片 E-10）。

蒴果的開裂方式有：

（1）瓣裂式蒴果：果實成熟後自上而下裂成數瓣，如棉花、芝麻、牽牛花等。

（2）蓋裂式蒴果：果實成熟後在中部發生橫裂，果實的上半部形成一個蓋脫落下來，如馬齒莧、車前等。

上：照片 E-7 掌葉蘋婆的蓇葖果。
中：照片 E-8 十字花科植物的角果（果瓣存）。
下：照片 E-9 十字花科植物的角果（果瓣脫落留下隔膜）。

植物認識我：簡易植物辨識法

（3）齒裂式蒴果：果實成熟後自果實的頂部到果實的中部發生縱裂，裂齒外翻，如石竹等。

（4）孔裂式蒴果：果時在成熟後在果實的頂部或基部發生很多小的裂孔，如罌粟、桔梗等。

照片 E-10 錦葵科植物的成熟、開裂蒴果。

B. 不開裂乾果

果實通常為含有一粒種子，成熟後果壁不開裂。不裂乾果的種皮比較薄軟，成熟果實從母體上脫落。

1. 穎果（**caryopsis**）：由單心皮子房發育而成的不裂乾果，果皮和種皮緊密愈合，不易分開，為禾本科植物特有的果實形態（照片 E-11）。

2. 瘦果（**achene**）：由單心皮子房發育而成的不裂果，果壁和種皮分離，如莎草科、薔薇科之懸鈎子類、菊科向日葵植物（照片 E-12）等。

照片 E-11 玉米之穎果。

照片 E-12 菊科向日葵的瘦果。

3. 堅果（**nut**）：兩心皮以上的子房發育而成的不裂乾果，果壁堅硬木質化，如殼斗科（照片 E-13）、樺木科之榛子等。

4. 翅果（**samara**）：多為由上位子房發育而成的不裂乾果，果實形成時從果皮上生出一種翅狀附屬物。如胡桃科植物黃杞（照片 E-14）。

5. 分果或離果（**schizocarp**）：由二至多心皮子房發育而成的不裂乾果，果實二至多室，每室含有一粒種子。果實成熟後各室互相分離，果壁仍然包被著種子，每一個果瓣叫做分果瓣（mericarp），如繖形科植物。

四、聚合果和多花果

有些植物的一朵花內有許多雌蕊，每一個雌蕊發都育成一個果實。由一朵花的許多雌蕊結成的果實，稱作聚合果（**aggregate fruit**），如薔薇科的草莓、懸鉤子屬植物（照片 E-15）等。有

上：照片 E-13 殼斗科植物之堅果。
中：照片 E-14 胡桃科黃杞的翅果
下：照片 E-15 薔薇科懸鉤子類的一朵花，許多雌蕊發育而成的聚合果。

些植物許多花緊密的排列在花序軸上，由整個花序發育成果實，此果實稱作多花果（**multiple fruit**），如桑樹、麵包樹（照片 E-16）、鳳梨的果實。

照片 E-16 桑科麵包樹，整個花序所有花發育而成的多花果。

五、種子的形態構造和類型

植物種子一般是由種皮、胚乳和胚三部分所構成的，但也有很多植物的種子由種皮和胚兩部分所組成，種子內沒有胚乳。植物種子具有不同的形狀和大小，不同的顏色和表皮花紋、刻紋，可用來區別植物的種類。

種皮（seed coat）是被包在種子外面的皮，具有保護種子的機能，使種子的內部不受到機械損傷，防止水分流失，避免微生物感染等。種皮上具有一點狀或塊狀痕跡，稱作**種臍**（**hilum**），是種子的胚柄與胎座（或子房壁）斷離後所遺留下的痕跡。種子萌發時，水分可由種臍進入種子。有些植物的種皮上還具有種脊（raphe），是種皮上的一條稜狀突起，是由胚珠的一部分珠被與珠柄的愈合而成的。另外，有些植物的種皮上還生有毛（如柳屬）、翅（如百合屬）等附屬物，利於種子的散布。種皮的裡面是**胚乳**（**endosperm**），是一種營養組織，也是儲藏組織（storage tissue），含有大量的營養物質，主要是澱粉、脂肪和蛋白質等。這三種的含量因植物的種類的不同而有所不同，例如穀類種子大多為澱粉；油類植物如蓖麻、油菜種子則多脂肪（油）；豆類植物種子多蛋白質等。胚乳細胞的營養物質是供給種子萌發成植物體所需。

單子葉植物種子內多具有胚乳，很多雙子葉植物內沒有胚乳。無胚乳種子是在種子的發育過程中，原有的胚乳被正在發育著的胚所吸收，例如各種豆類植物的種子具有兩片肥厚的子葉，子葉內儲藏著大量的營養物質，此肥大的子葉就是在種子的發育過程中從胚乳吸取養分形成的。

胚乳內埋藏著胚（**embryo**）。胚是新植物體的原始體，由子葉、胚芽、胚莖和胚根四部分所構成的。胚莖和胚根形成胚軸（embryonic axis），胚軸上著生子葉，胚軸上有胚芽和胚根的生長點。雙子葉植物種子具有兩片子葉，單子葉種子只具有一片子葉。裸子植物種子內子葉的數目沒有一定，2 到 18 片都有。

子葉著生處的上面就是胚芽（plumule），是植物生活中最早出現的頂芽。子葉著生處和胚根之間，稱作胚莖（hypocotyl），會發育成植物主莖。胚莖的下面是胚根（radicle），是種子萌發時最先穿出種皮的器官。雙子葉植物種子的胚根將來發育成植物的主根，但單子葉植物種子的胚根在生入土壤中以後通常不發育，而是由莖基部的莖節上產生鬚根。

六、果實和種子的散布

果實和種子成熟後會借助不同的散布方法傳播到各處。果實和種子的散布方法有多種，可借助風力、水流、飛鳥、走獸攜帶散布，或形成特殊的形態來協助散布。借助於風力散布的果實和種子一般都輕而小，常生有毛狀或翅狀附屬物，能飄浮在空中藉風力散播。借助水流散布的果實和種子有大有小，但都具有充滿空氣的腔隙和不透水構造，可以

照片 E-17 蒼耳果實表面具鉤狀附屬物可附在動物的皮毛上，隨動物的移動而散播。

植物認識我：簡易植物辨識法

漂浮在水面上隨波流動而傳布至遠處，如銀葉樹、椰子等之果實。借助於動物散布的果實和種子常生有各種各樣的刺狀或鉤狀附屬物，能使果實和種子鉤附在動物的皮毛上，隨動物的移動而散播（照片 E-17）。很多肉質果常被動物，特別是鳥類所吞食，但這類果實的種子經過動物的消化道後並沒有失去發芽能力，甚至經過動物消化道消化液的作用後，反而更易於萌發，種子隨糞便排出，被傳送到遠方。有些植物果實成熟後，果壁的各層組織失去水分時發生不平衡的收縮或是不同的方向收縮，因而產生很大的張力，最後使果皮突然爆裂，把種子彈射到四方，如牻牛兒苗科植物的果實（照片 E-18）。

照片 E-18 牻牛兒苗科植物的果實果皮會突然爆裂，把種子彈射到四方。

Part 2

第二篇

認識植物的
基本原理概説

第一部分　植物的鑑定

一、世界植物的類別和種類數量

　　苔蘚、藻類等不具維管組織的非維管束植物，稱低等植物；植物體內具有特化維管束組織的維管束植物，稱高等植物。高等植物或維管束植物包括蕨類植物、裸子植物和被子植物。根、莖、葉內，有專門運輸水分的木質部及運輸養分的韌皮部，在木質部及韌皮部內的細胞上下排列成管狀，並聚集成束狀，稱之為維管束組織。維管束組織可由根部延伸至莖部，再延伸至葉及其他組織。導管、假導管和篩管則分別自根、莖至葉互相連成運輸的管道，使根吸收的水與礦物質向上運輸經由導管或假導管至莖和葉，葉所製造的養分則經由韌皮部的篩管或管胞輸送到莖、根與花器、果實。

　　蕨類植物又稱羊齒植物，有世代交替明顯的生活史。孢子體有根、莖、葉的分化，有較原始的維管組織。配子體微小，有性生殖器官為精子器和頸卵管，無種子。全世界維管植物種類，有不同說法，估計約有 250,000 至 400,000 之多。一般的說法，維管植物種類約有 300,000 種：蕨類植物大約有 12,000 種；裸子植物約有 700 種；被子植物約 290,000 種，其中雙子葉植物約有 230,000 種，單子葉植物有約 60,000 種。被子植物（Angiosperms），又名**開花植物**或**有花植物**（Flowering Plants），是高等植物中為數量最多的一類。

　　被子植物中含最多物種的科，依多至少排列如下：菊科、蘭科、豆科、茜草科、禾本科、唇形科、大戟科、野牡丹科、桃金孃科、夾竹桃科。

二、植物辨識與植物分類

　　植物分類學是專門探究植物分類之學問，其研究範圍，包括植物之分類方法與體系，所屬各分類群，如科（Family）、種（Species）以及種之形態、構造、產地、分布、生態及用途之記述等。為達成植物分類之目的，必須借助於（1）

植物認識我：簡易植物辨識法

某一地區植物之調查與研究；（2）植物在地理學（Geography）上之研究，植物在古植物學（Paleobotany）上之研究；（3）植物各分類群，主要爲科、屬之專門研究；（4）植物之細胞遺傳學（Cytogenetics）的研究；以及（5）植物之生理、生態學的研究等項目。因此，植物分類學是研究植物的形態特徵、系統分類、生物特性、生態學特性、地理分布和利用價值的一門科學。植物學的研究資料，當然以活植物爲主，輔以蠟葉標本；至於研究場所，則有室內研究與野外觀察。

簡單的說，植物分類學（Plant taxonomy 或 Plant classification）是研究植物類群的分類，是探索植物親緣關係的科學，內容包括鑑定（**Identification**）、命名（**Nomenclature**）和分類（**Classification**）三部分。比較各種植物形態或其他特徵、分析各種植物的異同，將植物分門別類並給予有規則的排列，稱爲分類。在研究各種植物形態或其他特徵後，確定植物所屬的分類群，給植物一個正確的名稱，就是命名。決定該植物屬於那一個分類群，就是鑑定。植物鑑定可以對照以前收集的標本，或經由書本或鑑別手冊的幫助來分辨，以確定出或認出未知的植物，界定此植物類別並知道其名稱。

另外，植物系統學（Plant Systematics）是根據植物的特徵，植物間的親緣關係、演化的順序，對植物進行分類的科學，並在研究的基礎上建立和逐步完善植物各級類群的進化系統。植物分類學（Plant Taxonomy）和植物系統學（Plant Systematics）兩者常常混用，但植物系統學更強調植物間的系統關係，即譜系。50 年代以來，隨著其他學科的發展，已產生出植物化學分類學、植物細胞分類學、植物超微結構分類學和植物數值分類學等，進一步的分支學科。尤其 80 年代後期發展起來的分子系統學（Molecular Systematics）爲植物的系統發育研究提供了新的方法。

生物，包括植物，由大而小有 22 級的類別層次，將自然界數量繁多的植物，按一定的分類等級進行排列，並以此表示每一種植物的系統地位和歸屬，謂之曰「分類群」（taxon, taxa）。22 級分類群如下：

界（kingdom）、亞界（subkingdom）；門（division）、亞門（subdivision）；綱（class）、亞綱（subclass）；目（部）（order）、亞目（部）、（suborder）；科（family）、亞科（subfamily）；族（tribe）、亞族（subtribe）；

屬（genus）、亞屬（subgenus）；節（section）、亞節（subsection）；種（species）、亞種種（subspecies）；變種（variety）、亞變種（subvariety）；型（form）、亞型（subform）。

　　每一種植物經過系統分類，既可以顯示出其在植物界的地位，也可表示出該植物與其他植物種的關係，其中主要的植物分類等級單位有：科、種。其中種（species），是分類學上的基本單位，是指具有相同的形態、生理學特徵和一定自然分布區的生物類群。種內個體間能自然交配，產生正常能育的後代，而不同種間則存在生殖隔離。由親緣關係相近的種集合爲屬，由相近的屬組合爲科，如此類推。**植物科的鑑定和分別是本書主要的任務。**

三、植物分類系統

　　現代採用的傳統被子植物的分類系統有四大體系：

　　　1. 恩格勒系統（Engler System）（1887）

　　　2. 哈欽森系統（Hutchison System）（1926，1934，1948，1959，1973）

　　　3. 塔克他間系統（Takhtajan System）（1953，1966，1969，1980）

　　　4. 克朗奎斯特系統（Cronquist System）（1968，1979，1981）

1. 恩格勒（Engler）系統

　　又稱德國系統，德國學者恩格勒（A. Engler）和普蘭特（K. Prantl）提出，合作出版 23 卷鉅著《自然植物科志，1887-1895》，簡稱恩格勒系統。此系統將被子植物門分爲單子葉植物綱（Monocotyledoneae）和雙子葉植物綱（Dicotyledoneae），認爲花單性、無花被或具一層花被、風媒傳粉爲原始類群。因此按花的結構從簡單到複雜，來表明各類群間的演化關係，認爲「葇荑花序類」爲原始的顯花植物。但木材解剖學和孢粉學等研究已經否定「葇荑花序類」作爲被子植物原始類群的說法。本系統的被子植物類，有 55 部，304 科。

 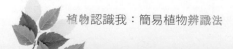

2. 哈欽森（Hutchinson）系統

又稱英國系統，英國植物學家哈欽森（J. Hutchinson）在 1926-1934 年出版《顯花植物科志》，創立了哈欽森系統，以後 40 年內經過兩次修訂。該系統將被子植物分爲單子葉植物（Monocotyledones）和雙子葉植物（Dicotyledones），提出兩性花比單性花原始；花各部分分離、多數比花各部分聯合、少數、定數原始；木本比草本原始；認爲木蘭科是現存被子植物中最原始的科；被子植物分別按木本和草本兩支不同的方向演化；單子葉植物起源於雙子葉植物的草本支（毛莨部）。但堅持把木本和草本作爲第一級系統發育的區別，導致了親緣關係很近的類群被分開，因此該分類系統也存在很大的爭議。本系統共描述被子植物 111 部 411 科。

3. 塔克他間（Takhtajan）系統

又稱蘇聯系統，前蘇聯學者塔克他間（A. Takhtajan）在 1954 年提出，1964 和 1966 年又分別修訂。該系統仍把被子植物分爲雙子葉植物綱（Magnoliopsida）和單子葉植物綱（Liliopsida）。塔克他間認爲被子植物的祖先應該是種子蕨（Pteridospermae），原始的性狀如下：花各部分分離、螺旋狀排列；花蕊向心發育；雄蕊未分化成花絲和花藥，常具三條縱脈；花粉二核，有一萌發孔，外壁未分化；心皮未分化等。本系統共包括 12 亞綱、53 超部（superorder）、166 部和 533 科。

4. 克朗奎斯特（Cronquist）系統

又稱美國系統，美國學者克朗奎斯特（A. Cronquist）在 1958 年創立了克朗奎斯特系統。該系統與塔克他間（Takhtajan）系統相近，但取消了超目這一級分類單元。克朗奎斯特也認爲被子植物可能起源於種子蕨，木蘭亞綱是現存的最原始的被子植物。這兩個系統目前得到了更多學者的支持，但他們在屬、科、目等分類群的範圍上仍然有較大差異，而且在各類群間的演化關係上仍有不同看法。本系統在 1981 年的修訂版中，共分 11 亞綱、83 部、383 科。

▲被子植物 APG 系統（被子植物 APG 分類法）

　　1970 年代之後，藉助於新技術從事傳統的分類學研究，分子技術的應用，出現 APG 系統，稱作**被子植物 APG 分類法**。《**被子植物 APG 分類法**》是 1998 年由被子植物系統發生學組（Angiosperm Phylogeny Group，縮寫 APG）的現代分類法。和傳統的依照形態分類不同，這種分類法主要依照植物的三個基因組 DNA 的順序，以親緣分支的方法分類，包括兩個葉綠體和一個核糖體的基因標誌。有如下版本：1. 1998 年出版 APG 系統；2. 2003 年 APG II 系統；3. 2009 年 APG III 系統；4. 2016 年 APG IV 系統。被子植物在 APG（1998）中，共有 462 科；而在 APG II（2003）中，則共有 457 科，但其中有 55 種建議選擇，所以最小值會是 402 科。

　　傳統上，被子植物或稱開花植物、顯花植物，被分成兩個類別，一般稱之為「雙子葉植物」和「單子葉植物」。此名稱主要是來自雙子葉植物有兩片子葉，而單子葉植物只有一片子葉。最近的 APG 團隊的研究顯示，單子葉植物會形成一單系群，稱之為單子葉植物分支。但是，雙子葉植物卻非單系群，而是有大部分雙子葉植物可組成單系群，稱之為真雙子葉植物分支。有部分植物則被稱為古雙子葉植物分支。因此，被子植物被分成真雙子葉植物、古雙子葉植物，和單子葉植物，三大類別，而非傳統的雙子葉植物和單子葉植物，二大類別。此群類的內部分類隨著新的研究成果，每隔一段期間都會有新的看法出現。因此歷年來分類處理有很大的改版，未來也會一直修改。但目前為止，科屬定位尚未穩定。在實際植物的辨識上，此系統尚未達到可用階段。

四、如何辨識植物的科別

　　欲辨識植物所屬科別，必先認識植物的形態構造，諸如葉、莖、根等營養器官；花、果實、種子等繁殖器官。其中花序、花器構造、果實等，是辨識植物科別的最重要特徵。唯實際而言，大多數植物花果期都很短暫，如完全依賴花果形態認識植物，困難度很大。有時僅由極易觀察的葉、托葉、莖或表皮形態等，依然能鑑識植物科別。這是本書要強調的鑑識法。

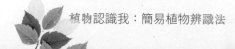

植物認識我：簡易植物辨識法

1. 雙子葉植物和單子葉植物

　　辨識植物首先要分辨植物是屬於雙子葉植物還是單子葉植物。雙子葉植物（Dicotyledoneae）科別、種類較多，葉為典型網狀脈，互生或對生；花常為四至五出（4-5merous）；胚芽植物時具二子葉；維管束在莖部排列概成環或多環狀（除少數屬中，尤以原始草性之科間有散生維管束）。單子葉植物葉為常近於平行脈，互生，花概為三出，胚芽植物時僅具一子葉（Cotyledon）；維管束在莖部散生或有限維管束（閉鎖維管束），不成有規則環狀。

　　在外觀上，可簡易辨別單子葉植物：單子葉植物大部分種類葉片細長，葉脈縱軸平行，如白茅、芒草、稻等；部分大型葉的種類如香蕉等，有顯著中肋，葉脈垂直於中肋，兩側葉片的葉脈橫軸平行；有少數科，葉的平行脈不典型或不顯著，如天南星科、薯蕷科植物，葉面寬短，大多為心形或闊卵形，葉脈由葉基大致沿葉緣生出，葉脈間的間隔葉片上部、下部小，中部間隔大的弧形脈，形態類似雙子葉植物的網狀脈。

2. 植物型體或生活型（life form）

　　木本植物或草本植物，木本植物喬之木、灌木或藤本藤本植物；比較特別的植物性態如水生植物、寄生植物、附生植物等，對鑑別植物的科別也有幫助。

3. 植物體的汁液、乳汁之有無

　　具乳汁的植物科數不多，是鑑別植物科別非常重要且明顯的特徵，鑑別植物科別先看植物體有無乳汁。大多數植物的乳汁為白色，但也有黃色、棕色的，如罌粟科的博落回（*Macleaya cordata*（Willd.）R.Br.），也有無色的乳汁。

4. 葉的觀察

　　葉的形態常是辨識植物植物最有效的特徵，因葉幾乎是所有綠色植物的

主要外觀，不像花果只發生在某段短暫的季節，葉全年都可觀察到或大部分時期都可見到。

（1）首先觀察是單葉或複葉，是否掌狀複葉，或一回、二回 、三回等羽狀複葉，複葉是鑑別植物科的重要特徵之一。

（2）再看葉序，對生、輪生、叢生等植物較少，可作為分辨植物科別的依據。互生葉的植物較多，分辨植物科別的作用較小。

（3）有少數科植物葉表皮細胞有附屬物，蜇毛、痂狀鱗片、星狀毛、粗毛或剛毛等，也可作為辨識科別的特徵。

（4）葉脈中，有羽狀脈的植物是多數，三出、五出、七出等葉脈的植物比較少；有些植物葉側脈先端彎曲或連結、細脈格子狀等，都是鑑識植物科別的特徵。

（5）葉緣有全緣、鋸齒、重鋸齒、波狀緣、腺狀鋸齒等，聯合其他性狀，也是識別植物的利器。其中葉緣重鋸齒、腺狀鋸齒等性狀，只有極少數科具備此特徵。

（6）托葉之有無及性狀。有托葉的植物較少，所以托葉是重要特徵。托葉有早落或永存的分別，是分類的重要特徵。托葉的形狀也很重要：大部分有托葉的植物，托葉是全緣的小型葉狀，如托葉呈三角形、羽毛狀、邊緣鋸齒或毛狀的，都是稀有的性狀，可作為分科依據。

（7）葉片的葉肉具透明油點、黑點，或揉之有氣味，例如芸香科植物都含有油腺，葉大都有香味刺鼻的味道，檸檬葉有檸檬的味道；桃金孃科植物葉多有清香味等，都是少數科特有的性狀。

（8）葉的質感，有些葉摸起來光滑柔軟，有些粗糙堅硬，有些有刺或毛或鱗片等等，也是有些植物的鑑識特徵。

5. 莖及枝條的特殊性狀

植物幼莖橫切面四方形，或具稜，嫩枝具柔毛、硬毛、星狀毛，都是識別植物科別的特徵。

 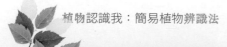 植物認識我：簡易植物辨識法

6.花序

單花，總狀花序、複總狀花序（又稱圓錐花序）、穗狀花序、頭狀花序、繖形花序、隱頭花序、佛焰花序、聚繖花序、複聚繖花序等等，其中科數較少的頭狀花序、繖形花序、隱頭花序、佛焰花序等，都能用來迅速判斷植物所屬科別。

花的構造：花萼、花瓣、雄蕊、雌蕊的心皮數目、大小、形狀及顏色，都是科別鑑識的重要特徵。

7.果實的觀察

果實的種類有乾果與肉果。所謂乾果即果皮成熟時乾硬：有果實不會開裂的閉果與果實會裂開的裂果；閉果有堅果、翅果、瘦果、穎果等等；裂果有莢果、蓇葖果、角果、朔果等等。所謂肉果即果實多肉，富含水分，例如漿果、核果、仁果、柑果、瓜果等等。觀察果實，能判斷植物所屬科別。

認識植物的科別種類，最終還要是依靠花和果的形態作最後的確定，因為每種物的花和果在形態結構上比較穩定，最能代表科的特色。因此植物分類研究科、屬、種時主要看花、果特點而定。許多科植物從花就能鑑別，如木蘭科、毛茛科、薔薇科、唇形科、菊科等。但有些科單看花還不易區分，必須兼看成熟的果實，如繖形科、藜科、蓼科（特別是酸模屬）等。有些科的顯著特徵除花、果外，還有其他特徵可作為鑑定之用，如蓼科之托葉鞘（托葉圓筒形套在莖上）；唇形科的對生葉、四稜莖等。植物各類間的進化關係，也要從花和果的特徵上找比較，以定出其進化程度。

五、鑑定植物種類的方法

1.查閱圖書圖鑑資料

現在圖書資訊發達，坊間常有植物彩色圖鑑的出版，植物分類學書籍或圖鑑，這些都可成為認識植物的良好工具。從彩色照片（圖鑑），能對照查

出植物的種類。例如台灣植物誌（Flora of Taiwan）、台灣維管束植物簡誌、台灣樹木解說、塔山自然實驗室、台北植物園植物資料庫等，都是專家學者撰寫的分類用書，可作為鑑識植物的主要書籍或資料庫。

2. 植物標本館

　　植物標本館是學習植物分類不可或缺的場所，歷年不斷增加貯存標本的標本館，已成為各地植物分類學者便利查詢及研究植物的地方。有時為了確定植物種類，或資料、圖鑑還是找不出來的植物，則可上植物標本館找植物的標本來比對。國外比較著名的植物園幾乎都有附設標本館，包括英國 Kew 植物園標本館、美國密蘇里植物園標本館、紐約植物園標本館等等，都是享譽國際的大標本館。國內比較具規模的標本館，有台大植物標本館、屏東科技大學植物標本館、中興大學植物標本館、林業實驗所植物標本館，中央研究院植物標本館等，都是查閱植物、對照標本的好地方，或在網路上查詢標本，對於植物的研究有莫大幫助。但標本館標本數量繁多，先決條件是必須知道欲查詢植物的科別或屬別，才不會如海底撈針，難以鑑定種別。

3. 請教專家

　　有時候植物資料圖鑑都查過，或植物標本館無法找到，對初學者而言，要從圖鑑或植物標本鑑識植物，也確有困難。最方便的方法就是找專家，讓專家幫忙鑑定。

4. 手機辨識植物軟體

　　利用手機的辨識軟體，如「形色」、「Pl@ntNet」、「Seek」、「PlantSnap」等，協助辨別花草植物種類。「形色」手機 App 軟體，被稱為「花草辨識神器」，只要透過 App 拍花草照片，軟體就會自動辨識出 4,000 種以上的植物名稱。「Pl@ntNet」也是手機辨識花草的重要軟體，比「形色」的推出時間更早。相似功能的手機軟體還有：「Seek」，能夠辨識野生動物、植物；「iNaturalist」，是由 National Geographic Society 國家地理學會、

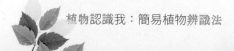

植物認識我：簡易植物辨識法

California Academy of Sciences 加州科學院共同開發，辨識動植物，支援聲音、圖片辨識。另外，不論是花卉、樹木、多肉植物、菇類與其他植物，皆可使用 Earth.com 推出的 PlantSnap 迅速加以識別。

第二部分　植物的命名

一、植物之名稱（Nomenclature，Naming）

1. 普通名（Common name）和俗名（Vernacular name）

普通名和俗名同義，是世界各國各地對於當地植物，一般所用之植物名稱，包括英文名、德文名、日名、中文名，和各種方言名稱等。普通名因國家與地方不同，名稱甚多，差異極大。在學問研究方面，易引起混亂及困擾。

2. 學名（Scientific name）

學名卽科學名稱，爲避免不同國家、不同語言植物名稱的混亂，用拉丁語（Latin）來稱呼植物之名，因而又有拉丁名（Latin name）之稱。植物學界用學名來統一全球所有植物的名稱，卽每一植物，只有一個名稱。植物學名在國際上通用無阻，只要有植物學常識的人均可瞭解，對於進行全世界的植物研究才是方便的名稱。凡新植物之命名，必須以拉丁文爲之，另特徵記述，並正式發表，才算有效。多數植物的學名的由兩個部分構成：屬名和種名，稱二名制命名法（Binomial Nomenclature），或簡稱二名法、雙名法。

一種植物若有一個以上的學名，定其一爲**合法名**（**legitimate name**）或稱**正當名**（**correct name**）其餘爲**同物異名**（**synonyms**），或稱無效名（invalid name）。

二、植物學名之由來

世界上植物種類繁多，每種植物都有其地方土名，會出現許多同物異名和同名異物現象，如菁仔、檳榔同指一物；玉米、番麥、包穀、玉蜀黍也是同物異名，這種植物名稱的混亂現象形成溝通上極大的問題。爲了使全世界植物名稱統一，

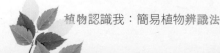

植物認識我：簡易植物辨識法

瑞典植物學家林奈（Carl Linnaeus）（1707-1778）使用植物二名法，後來於 1867 年國際植物學會上正式通過 A. De Candolle 提出的《國際植物命名法規》（Inter-national Code of Botanical Nomenclature，簡稱 ICBN），並以林奈（Linn.）1753 年發表的《植物種誌》（Species Plantarum）一書所載的植物全部用雙名法命名為起點，凡此書已經命名的植物均為有效名。

　　植物名稱使用拉丁文並非林奈首創，1700 年法國 J .P. de Tournefort 撰寫的《本草誌》，訂有屬名，並以拉丁文記述植物。1703 年 C. Plumier 研究美洲植物，用拉丁文訂屬名；與此差不多同時，英國的 J. J. Dillenius、荷蘭的 H. Bochnave、義大利 P. A. Michel 等，都以拉丁文記述「種」。但由於國度不同，地域有異，學名混亂不堪。即使是植物的二名制（binomial）亦非林奈所創，早在 1623 年 Pinex 首先使用。但卻是林奈 1753 年所撰《植物誌種》（Species plantarum），以後正式連續使用，成為植物名稱定規。

三、植物學名的基本組成

　　植物學名是全世界共同使用的植物名稱，用拉丁文（或拉丁化）表示，大部分植物用三個字表示其名稱，即：屬名＋種名＋命名者的名字，屬名的第一個字母大寫，其餘屬名及種名均需小寫。因為屬名與種名均為拉丁文，必須用斜體字或加底線的方式予以標示之。命名者的名字非拉丁文，用正楷字，例如垂柳的學名為 *Salix babylonica* L.，其中 *Salix* 是屬名，*babylonica* 是種名，L. 是命名者林奈 *Linneous* 的簡寫，有時也寫成 Linn.。

1.第一個字是屬名（generic name）

　　字首必須大寫，大多是名詞或帶名詞性質的詞，用單數主格。其來源是古拉丁名、希臘名或者是其他文字的拉丁化的字詞。屬名常根據植物的特徵、特性、原產區地方名、生長習性或經濟用途而命名。以下舉例說明之：
　（1）以原產地之地名作屬名
　　　　　台灣杉 ***Taiwania*** *cryptomerioides* Hayata 之屬名 *Taiwania* 指台灣產；

玉山箭竹 **Yushania** *niitakayamensis*（Hay.）Keng f. 之屬名 *Yushania* 指產玉山產；福建柏 **Fokienia** *hodginsii*（Dunn）Henry & Thomas 之屬名 *Fokienia* 指產地福建。

（2）以土名或當地俗名為屬名

荔枝 **Litchi** *chinensis* Sonn.，屬名 Litchi 是中文的荔枝發音；銀杏 *Ginkgo biloba* L.，屬名 *Ginkgo* 是日語的銀杏。其他以原產區地方名的語音經拉丁化而成的屬名，如茶屬 Thea。

（3）以形態特徵為屬名

台灣紫珠 **Callicarpa** *formosana* Rolfe、美洲合歡 **Calliandra** *haematocephala* Hassk.、瓊崖海棠 **Calophyllum** *inophyllum* L. 等，屬名前段的 *Calli-* 和 *Calo-* 都是「美麗」之意。台灣紫珠屬名 *Callicarpa* 之 *Calli-* 美之意，*-carpa* 果之意，台灣紫珠的果紫色很美麗；美洲合歡屬名 *Calliandra*，*-andra* 花之意，美洲合歡有美麗動人的花；瓊崖海棠屬名 *Calophyllum*，*-phyllum* 葉之意，瓊崖海棠的葉很美麗細緻。

（4）以植物用途為屬名

紅豆樹 **Ormosia** *hosiei* Hemsl. *et* Wils. 之屬名 *Ormosia* 是「項鍊」之意，指紅豆樹的種子可用來製項鍊。也有以經濟用途命名的數名，如人蔘屬 *Panax* 意為「萬能藥」、茄屬 *Solanum* 意為「鎮靜藥」等。

（5）以其他植物屬名的前後綴詞為屬名

日本落葉松的學名：*Larix lepidolepis*（S. *et* Z.）Gord.，金錢松外觀類似落葉松，其學名：**Pseudolarix** *kaemipferi* Gord. 的屬名 *Pseudolarix* 源自落葉松屬 *Larix*，*Pseudo-* 是「假」之意。長葉世界爺的學名：*Sequoia sempervirens* Endl.，水杉 **Metasequoia** *glyptostroboides* Hu *et* Cheng 的屬名 *Metasequoia* 源自長葉世界爺屬 *Sequoia*，*Meta-* 是「變形」之意。板栗的學名：*Castaea mollissima* Blume，印度栲 **Castanopsis** *indica* A.DC. 的屬名 *Castanopsis* 源自板栗屬 *Castaea*，*-opsis* 「像」之意。

（6）以人名爲屬名

以人名爲屬名者，語尾須拉丁化：人名的姓末字爲母音 a 時，其後加 ea，如以 Shibata（岡姬）爲屬名時，在姓之後加 ea 成爲 *Shibataea*（岡姬竹）；人名的姓末字爲母音非 a 時，其後加 a，如以 Micheli 爲屬名時，在姓之後加 a 成爲 *Michelia*（含笑花屬）；人名的姓末字爲子音 er 時，其後加 a，如以 Scheffler 爲屬名時，在姓之後加 a 成爲 *Schefflera*（鴨腳木屬）；人名的姓末字爲子音非 er 時，其後加 ia，如以如 Magnol 爲屬名時，在姓之後加 ia 成爲 *Magnolia*（木蘭屬）。

2. 第二個字是種名（specific epithet）

字首小寫，以斜體字或畫底線表示之，大多是形容詞，其性、數、格必須和屬名一致，其含意是植物形態特徵、生態環境、原產地、用途或有其紀念性。例如：

（1）以產地之地名爲種名

地名後加 -ensis，如台灣二葉松 *Pinus **taiwanensis*** Hayata 之種名 *taiwanensis*，是 taiwan（台灣）+ -ensis 所形成；鐵杉 *Tsuga **chinensis*** Pritz 之種名 *chinensis*，是 chin（中國）+ -ensis 所形成。或地名後加 -cola，如台灣五葉松 *Pinus **morrisonicola*** Hayata 之種名 *morrisonicola*，是 morrison（英國人稱玉山爲 Morrison 山）+ -cola 所形成。或地名後加 -ana，如台灣肖楠 *Calocedrus **formosana***（Florin）Florin 之種名 *formosana*，是 formosa（台灣）+ -ana 所形成。

（2）以土名或當地俗名爲種名

愛玉 *Ficus **awkeotsang*** Mak. 之種名乃台語「愛玉叢 aw-keo-tsang」之發音，即愛玉植株之意；梅 *Prunus **mume*** S. *et* Z. 之種名乃日語「梅」之發音 mu-me。

（3）以植物某器官形態特徵爲種名

榕樹 *Ficus microcarpa* L.f.，*microcarpa*「小果」之意，指榕樹的果

實（隱頭果）視同屬中小型者。白玉蘭 *Michelia **alba*** DC.，*alba* 白色之意，指花白色。

（4）以植物用途為種名

　　菩提樹 *Ficus religiosa* L.，種名 ***religiosa*** 意為「宗教」。

（5）其他植物屬名或種名之前後綴詞為種名

　　如台灣杉 *Taiwania cryptomerioides* Hay. 之種名係源自柳杉 ***Cryptomeria*** *japonica*（L.f.）D.Don 之屬名，因台灣杉枝葉形態類似柳杉，台灣杉種名 ***crptomerioides*** 之 *-oides*「像」之意。

（6）以人名為種名

　　以人名為種名者，語尾須拉丁化：人名的姓末字為母音 a 時，其後加 e，如 Hayat**a** 改成 hayat**ae** 成為台灣水青岡的種名 *Fagus **hayatae*** Palib.；Shimat**a** 改成 *shimat**ae*** 成為台灣萍蓬草 *Nuphar **shimadae*** Hayata 的種名。人名的姓末字為母音非 a 時，其後加 i，如 Kawakam**i** 改成 *Kawakam**ii*** 成為白桐 *Paulownia **kawakamii*** Itô 的種名。人名的姓末字為子音 er 時，其後加 i，如 Gardn**er** 改成 *gardn**eri*** 成為地下蘭 *Rhizanthella **gardneri*** Rogers 的種名。人名的姓末字為子音非 er 時，其後加 ii，如 Cunningh**am** 改成 *Cunningham**ii*** 成為肯氏南洋杉 *Araucaria **cunninghamii*** Sweet 的種名。

3. 第三個字為命名者（author）

　　正規的學名表示方式應要列出屬名、種名和命名者，因此，大多數植物的學名（二名法）有三個字，第三個字為該學名的命名者。命名者可為全名或縮寫，字首必須大寫且不可斜體，然而通常是在學界有名的專家或學者才會用縮寫來表示，一般人大都是用拉丁文化的全名。命名者之前或後仍可能有該植物在種以下各級分類群（亞種、變種、亞變種、型、亞型以及園藝種名等）的名稱以及分類階層之符號，這是為說明植物之分類地位或命名歷史所加上的註解。

　　植物學名的命名者有單人，也有兩個人以上者，如果命名人有兩人，

在兩者之間，加 *et* 或 & 表示之，如：日本扁柏的學名 *Chamaecyparis obtusa* Siebold *et* Zuccarini，表示該學名由 Siebold 和 Zuccarini 兩位學者共同發表，也可以寫成：*Chamaecyparis obtusa* Sieb. & Zucc. 或 *Chamaecyparis obtusa* S.*et* Z.，後兩組的命名者是第一組命名者的縮寫。

如果命名人有三人以上，則只寫第一個人的姓，在其後加 *et al.*，如台東蘇鐵 *Cycas taitungensis* C. F. Shen, K. D. Hill, C. H. Tsou & C. J. Chen，係 1994 年，臺灣的沈中桴博士與中央研究院植物學研究所（今稱「植物暨微生物學研究所」）的鄒稚華副研究員，以及澳洲新南威爾斯國家標本館的 Hill 博士與中國科學院的陳家瑞博士共同發表。但命名者太長了，可以只寫出首位命名者之姓名，其餘的命名者以 *et al.* 表之，如此，台東蘇鐵的學名可寫成：*Cycas taitungensis* C. F. Shen *et al.*

命名者兩人名之間之 *ex*，表 from。拉丁文應以 *ex* 後面人所發表的文章為依據。

如：耳莢相思樹 *Acacia auriculiformis* A. Cunn. *ex* Benth.，表示此植物之學名，A. Cunn. 是根據 Benth. 之前所發表的名稱。

四、種以下的分類群

在植物分類學中，如果種以下有更細的分類群單位，種下階層的學名必需標示其階層，藉以指明所指的階層，如亞種、變種、型等。亞種（subspecies 或 subsp.），指同一種內由於地域、生態或季節上的隔離而形成的個體群。變種（variety 或 var.），是指具有相同分布區的同一種植物，由於細微生物環境不同，而導致植物間具有可穩定遺傳的一些細微差異，如葉、花、果的大小等。型（form 或 f.），是指分布沒有規律，僅有微小的形態學差異的相同物種之不同個體，如毛的有無，花的顏色等。品種（cultivar 或 cv.），不是植物分類學中的分類單位，而是屬於栽培上的變異類型。通常把人類培育或發現的有經濟價值的變異（如大小、顏色、口感等）列為品種，實際上是栽培植物的變種或變型。

上述亞種（subspecies）、變種（variety）、亞變種（sub-variety）、

品型（form）和亞品型（sub-form）等，此類指示「種內分類群」的名稱（infra-specific epithet）而稱之，其分類縮寫：亞種（ssp.）、變種（var.）、亞變種（subvar.）、型（f.）、亞型（subf.）等，不可斜體，但其後的變種名、亞種名、亞變種名等則應斜體。

1. 三名制命名法

　　植物屬種以下層級，學名由 3 個拉丁文名稱合成者，稱之為三名制命名，例如：台灣扁柏的學名：*Chamaecyparis obtusa* Siebold *et* Zuccarini var. *formosana*（Hayata）Rehder，*Chamaecyparis* 為屬名，*obtusa* 為種小名，*formosana* 則為變種小名，共由 3 個拉丁文所合成。因此，變種用 6 組字表示：屬名（斜體）＋種名（斜體）＋命名者（正體）＋變種指示符號（正體）＋變種名（斜體）＋命名者（正體）。再如虎皮楠 *Daphniphyllum glaucescens* Blume 的變種奧氏虎皮楠學名為：*Daphniphyllum glaucescens* Blume var. *oldhamii* Hemsl.，有 3 個斜體字（拉丁文）。

2. 四名制命名法

　　學名由四個拉丁語合成者，即包括屬名、種名，和亞種小名、變種小名、變種小名或型小名等，其中的兩語組成四語學名。如此所構成之學名命名法，稱為四名制命名法（Quadrinomial system nomen）。例如一種高粱變種 *Andropogon sorghum* ssp. *halepensis*（L.）Hack. var. *halepensis*，*Andropogon* 是屬名，*sorghum* 是種名，*halepensis* 是亞種名，另一個 *halepensis* 是變種名，有四個拉丁文字組，故稱四名制命名法，簡稱四名法。亞種以下，尚有變種、亞變種、型、亞型等小名，均可依次選用增列。

　　三名制以上的命名法，稱多名制（polynomial system），種以下的分類群命名，就是多名制。

植物認識我：簡易植物辨識法

五、學名的轉移（Transference）

在深入研究植物、鑑別植物類別時，發現原植物的種（species）歸屬有誤，應被訂正歸屬於另一個屬（genus）；或原來屬於較高階的分類群（如種species），被訂正成較低階的分類群（如變種 variety）時，必須對原來的學名加以處理，變成新的學名，稱**新組合**（**new combination**），這個新處理的步驟和過程稱之為**轉移**（**transference**）。

1. 種名轉移至他屬時（不改分類階層）

原種名保留，原命名者括號，再加新命名者。如柳杉 1781 年由 Linnaeus *f.* 發表為：*Cupressus japonica* L. *f.*，後來蘇格蘭植物學家 David Don 認為柳杉不應隸屬在柏科的柏木屬（*Cupressus*）下，而應改隸在杉木科，創立的新屬柳杉屬（*Cryptomeria*）下，原柳杉的學名改成：*Cryptomeria japonica*（L. *f.*）D. Don.，其中的「*japonica*」是原學名的種名，必須保留，原命名者「L.f.」也要外加括弧（）保留下來，附在新學名之後，新命名者之前。新學名須保留舊學名之種名和命名者的拼寫法，稱之為**雙重引證**（**double citation**），此新屬名和原種名即為**新組合**（**new combination**）。

2. 種名處理成變種時（更改分類階層）

更改分類群的階層時，方法和原則亦和上法同。如愛玉的原學名為 *Ficus awkeotsang* Makino，後來被處理成薜荔（*Ficus pumila* L.）的變種，學名變成 *Ficus pumila* L. var. *awkeotsang*（Makino）Corner。其中「var.」是變種（variety）的簡寫，「*awkeotsang*」為新變種名，括弧（）內之 Makino 是原學名的命名者，「Corner」是新命名者。此新組合的學名由二名法改成三名法，原來的「種」被改成「變種」，原學名的種名還是要保留，變成新組合的變種名，原學名的命名者也必須加括弧保留下來。此新變種也是**新組合**（**new combination**），新學名的產生也要雙重引證（double citation）。最早發表的舊學名為新學名之**基本異名**（**Basionym**）。

六、雜交種（Hybrids）的學名

符號 X 代表雜交，也可用 notho- 或 n- 的方式加在學名的種名之前。以 X 表示，如：台灣泡桐是泡桐（*Paulownia fortunei* Hemsl.）和白桐（*Paulownia kawakamii* Ito）的天然雜交種，學名：*Paulownia* **x** *taiwaniana* T. W. Hu *et* H. J. Chang，由胡大維和張惠珠兩教授命名。或以 notho- 置於分類階級之字前，如 *Polypodium valgare* **notho** subsp. *montoniae*（Rothm）Schidlay。

七、栽培種（cultivar）的表示

有時在學名最後面還會看到一些文字，通常是栽培種（cultivar）名。出現在學名的最後面，用單引號或在栽培種名前加上 cv.（cultivarietas 的縮寫）且字首要大寫，栽培種之名稱可為現代語文，不用拉丁化，所以不可斜體。例如：斑葉歐洲紅豆杉 *Taxus baccata* L. 'Variegat'，或 *Taxus baccata* L. cv. Variegat，前者用「'Variegat'」、後者用「cv. Variegat」，兩者擇一使用。

八、植物名稱的優先權（priority）

植物命名法中一條重要法則是**優先權或稱優先律（law of priority）**，即植物的有效學名是指符合國際植物命名法所規定的，最早正式刊出的名稱。每一科及科以下之分類群，僅能有一正當名。同一種植物有兩個或更多名稱者，就是同物異名（synonym）；或不同植物有一個相同的學名，謂之同名異物（homomym），應依優先律選取最早正式發表的名稱。以植物而言，應選用自 1753 年林奈植物之種（Species Plantarum）出版以後，最早出現之有效及正當出版為合法名，即最早之合法名有優先權。

九、保留名（Nomen Conservadum）

　　每一科及科以下之分類群，僅能有一正當名。但有些與植物之命名法規有違，由於特殊原因繼續保留使用之科、屬、種名，如有 9 科植物之科名例外，各有 2 正當名，可任意替換使用，是爲替換名（alternative name）：棕櫚科，可用 Arecaceae 和 Palmae；禾本科，用 Poaceae 和 Gramiaeae；十字花科，Brassicaceae 和 Cruciferae；豆科，Fabaceae 和 Leguminosae；藤黃科，Clusiaceae 和 Guttiferae；繖形花科，Apiaceae 和 Umbelliferae；唇形科，Lamiaceae 和 Labitae；菊科，Asteraceae 和 Compositae；蝶形花科，Papilionaceae 和 Fabaceae。

　　有些植物屬名，如樟科木薑子屬：Adanson 於 1763 年命爲 *Malapoema*；Thunberg 於 1783 年命爲 Tomex；Lamark 於 1789 年命爲 *Litsea*。如依優先權原則，木薑子屬之正當命名應爲最先發表的 *Malapoenna*，但由於 *Litsea* 早爲全世界學者所適用，廢棄會造成不便，故仍保留使用 *Litsea*。另外如樟科釣樟屬：Boehaave 於 1760 年命爲 *Benzoin*；Thunberg 於 1783 年命爲 *Lindera*。如依優先權原則，木薑子屬之正當命名應爲先命名的 *Benzoin*，也是因爲由於 *Lindera* 爲全世界學者所熟悉，故仍保留使用 *Lindera*。

Part 3

第三篇
植物辨識正篇

A、雙子葉植物分類形態特徵大要

　　雙子葉植物（Dicotyledons，簡稱 dicots），是指一般其種子有兩個子葉之被子植物的總稱。雙子葉植物，木本植物如樟樹、櫸木、杜鵑、朱槿等；草本植物如薄荷、白菜等，葉具網狀葉脈，花部通常為 5 或 4 基數，主根發達，形成直根系。莖中維管束成環狀排列，木本植物有形成層，使莖能繼續加粗。被子植物約 290,000 種，其中雙子葉植物較多，約有 230,000 種，單子葉植物較少，約有 60,000 種。大多數和人類生活有關的被子植物，蔬菜如豌豆、茄子；花卉如玫瑰、牡丹等；水果如蘋果、西瓜等，都是雙子葉植物。

　　確定是雙子葉植物之後，首先，視植物體有無乳汁，具乳汁的植物只有十數科，是極佳的科別鑑定特徵。其次，如為不具乳汁的植物，則檢視其為單葉或複葉，單葉的植物多，複葉的植物少。羽狀複葉或掌狀複葉，是鑑別植物科別的第二步。第三步觀察葉片是否具特殊性狀；葉序為何（互生、對生或輪生、叢生）；葉柄基部或葉柄枝條交接處有無托葉。第四步，觀察幼嫩枝葉有無星狀毛；小枝表面有無稜，枝條橫切面形狀，呈四方形的是重要的鑑別特徵。第五步，特殊植物生活型，如藤本植物、寄生植物、水生植物，或植物體各部位肉質的性狀等，都是鑑識科別的特徵。第六步，用鼻子聞植物體營養器官，如葉、枝條、樹皮、花等，有無香氣，植物器官有香氣的植物集中在某些科。最重要的是，能觀察到花序、花的構造、雄蕊數、雌花心皮數，甚至果實種類等繁殖器官，科鑑別的正確度會更高。

植物認識我：簡易植物辨識法

第一章　植物體具乳汁的科

　　有些被子植物體內含有一種管狀構造，稱乳汁管（laticifer）。乳汁管可以分布在植物體的各種構造中，但大多分布在與韌皮部相鄰的部位或韌皮部中，是穿越整個植物體的管道系統。乳汁管內含有乳狀的液體，叫做乳汁（latex）。大多數植物的乳汁為白色，但也有黃色、棕色的，如罌粟科的博落回（*Macleaya cordata*（Willd.）R.Br.），也有無色的乳汁，例如芒果、變葉木的乳汁。乳汁的化學成分因植物種類的不同而不同，有糖類、蛋白質、脂肪、有機酸、鞣質、黏質、橡膠、樹脂、揮發油、樹膠、植物鹼等。乳汁是新陳代謝作用的副產品，是植物的次生代謝物質。乳汁的易凝固性可封閉植物的傷口；乳汁的黏性能使某些種昆蟲咀嚼困難；有些植物的乳汁具特殊化學成分，對動物、昆蟲或微生物而言是有毒性的，可避免植物體各部位遭到啃食或侵染。因此，乳汁具有保護植物體的作用。

　　具乳汁的植物科數不多，是鑑別植物科別非常重要且明顯的特徵。常見的具乳汁的科及各科間簡易的區別特徵如下（＊號及粗體字科名在本章敘述，無＊號及非粗體字科的說明在該科括符內之章節）：

*1-1. **罌粟科**：一年生草本；主要分布溫、寒帶；花單生，色豔麗。

*1-2. **桑科**：幼枝有環狀或明顯的托葉遺痕；葇荑花序、頭狀花序或隱頭花序。

*1-3. **番木瓜科**：植物體喬木狀，莖肉質；葉大型。

*1-4. **藤黃科**：汁初白色，後逐漸變黃；多體雄蕊。

*1-5. **山欖科**：樹皮常呈黑色；枝葉表面被雙叉毛；果實先端花往宿存。

1-6. 大戟科（部分）（5-4）：托葉常極小，三角形；心皮 3。

1-7. 漆樹科（2-8）：羽狀複葉。

*1-8. **夾竹桃科**：葉對生或輪生；花藥箭形。

*1-9. **蘿藦科**：葉對生或輪生；花藥箭形。

*1-10. **旋花科**：草質藤本；合瓣花，花色通常艷麗。

*1-11. **桔梗科**：草本植物，極少數木本；葉互生，極稀對生或輪生。

1-12. **菊科**（部分）（**14-12**）：草本植物為主，葉揉之有特殊香氣；頭狀花序。

*1-1. 罌粟科 Papaveraceae

罌粟科植物大部分種類為草本，植株有白色、黃色或紅色汁液。罌粟（***Papaver somniferum* L.**）果實中有乳汁，割取乾燥後就是鴉片，含有嗎啡、蒂巴因（Thebaine）、可待因（Codeine）等生物鹼，能解除平滑肌，特別是血管平滑肌的痙攣，並能抑制心肌，主要用於心絞痛、動脈栓塞等症。但長期應用容易成癮，會慢性中毒，嚴重危害身體。罌粟的種子含有對健康有益的油脂，可用於麵包、餅乾中烘焙，或製成醬料。罌粟花、虞美人等花色絢爛華麗，都是很有價值的觀賞植物。

2003 年的 APG II 分類法合併罌粟科、紫菫科（荷包牡丹科）、紫菫科（Fumariaceae）、蕨葉草科（Pteridophyllaceae）為一科，如果不包括後兩科，罌粟科有 26 屬大約 250 種。

照片 1-1 罌粟科罌粟艷麗的花與果。

圖 1-1 罌粟科罌粟的花，萼片早落。

罌粟科植物的簡要特徵：

（1）草本植物，植物體具乳汁。

  植物認識我：簡易植物辨識法

（2）花單生，色豔麗，兩性花，雄蕊多數（照片 1-1）。

（3）花瓣 4-8 或 8-12，在蕾中皺縮；花萼 2-3，早落（圖 1-1）。

（4）子房 2 至多枚心皮，合生。

（5）蒴果瓣裂或孔裂。種子有假種皮。

（6）全科植物皆有劇毒，誤食少許即可致命。

1. 虞美人；麗春花 *Papaver rhoeas* **L.**

　（1）一年生草本植物，全株被剛毛。莖高 25-90cm。

　（2）葉片輪廓披針形或狹卵形，羽狀分裂，裂片披針形。

　（3）花單生於枝頂；萼片 2，花瓣 4，花色有紅、白、紫、藍等顏色，基部通常具深紫色斑點。

　（4）蒴果寬倒卵形。種子多數，腎狀長圓形。

　（5）原產歐洲，為觀賞植物。花和全株入藥，含多種生物鹼。

2. 罌粟 *Papaver somniferum* **L.**

　（1）重要毒品植物，為一年生草本。

　（2）莖葉及萼片均被白粉。

　（3）花大，緋紅色。

　（4）蒴果含有乳汁，可製鴉片（opium）；可提取嗎啡。種子含油 48%，可供食用和工業用。

　（5）原產亞洲西部。

*1-2　桑科 Moraceae（又見頁 210，5-16 單葉具托葉及其他易識別性狀的植物科；又見頁 362，14-6 特殊花序及花器內容的科）

　桑科植物約 53 屬，1,400 種，多產熱帶，亞熱帶，少數分布在溫帶地區。落葉或常綠灌木或喬木，有時藤本，植物體中具有乳狀液汁。大部分植物乳汁無毒，僅見血封喉（*Antiaris toxicaria*（Pers.）Lesh.）汁液有劇毒，在馬來半島人們取見血封喉汁液塗箭簇，射殺鳥獸或敵人。本科植物很多具經濟價值：果樹類

有原產印度的波羅蜜、原產馬來群島的麵包樹，和原產地中海沿岸的無花果；桑屬（*Morus*）及構屬（*Broussonetia*）的樹皮可以造紙；柘樹屬（*Cudrania*）植物是古代的黃色染料；有些種類的木材可以作樂器或家具、農具等。

　　桑科榕屬（*Ficus*）植物約 1,000 種，廣泛分布於熱帶及亞熱帶地區，臺灣有 26 種 2 變種。榕屬植物的隱頭果經常有榕果小蜂或寄生蜂寄生其中。隱頭花序中有蟲癭花及雄花，雌榕果小蜂便會在蟲癭花上產卵。卵孵化之後，幼蟲以蟲癭花為食物，雄蜂會先羽化，在雌蜂羽化前去交配，交配後雄蜂便會死亡。雌蜂羽化以後鑽出隱花果時，雄花恰好成熟產生花粉，雌蜂便沾滿花粉的離開隱花果，進入其他隱花果。隱花果內同時具有雄花與雌花，稱為雌雄同株，其雄花可產生花粉，而雌花中的短花柱雌花又稱為蟲癭花，可供榕果小蜂產卵發育成蟲癭，長花柱雌花經榕果小蜂授粉發育成種子，正榕、白榕、雀榕屬於此類。另一類植物則不同的植株可分別生成雄榕果或雌榕果，為雌雄異株；在雄榕果內有雄花及可供榕果小蜂產卵的蟲癭花;而雌榕果則只有可被榕果小蜂授粉的種子花，稜果榕、愛玉、薜荔、無花果屬於此類。

桑科植物的簡要特徵：

（1）喬木或灌木，僅少數種類為藤本和草本；全株具乳汁（照片 1-2），
　　　具鐘乳體。

（2）單葉互生；**托葉明顯，早落，常留下托葉遺痕**（圖 1-2）。

照片 1-2 桑科植物婆羅蜜植物體富含乳汁。

圖 1-2 桑科印度橡膠樹的托葉漢枝條上的托葉遺痕。

植物認識我：簡易植物辨識法

（3）花單性，頭狀花序，
　　葇荑花序或隱頭花序
　　（Syconium）。

（4）花無花瓣，花萼通常 4
　　片；雌花 2 心皮；花
　　柱 2 裂。

（5）果爲瘦果或漿果，由
　　整個花序的花結實
　　後，聚生成複合果
　　（Multiple fruit）（照
　　片 1-3）。

照片 1-3 桑科植物麵包樹的椹果（複合果）。

1. 麵包樹 *Artocarpus incisa*（**Thunb.**）**L. f.** = *Artocarpus altilis*（**Park.**）**Fosberg**

（1）葉大，30-90 cm，全緣至 3-9 裂片；托葉極大。

（2）雄花：長肉穗狀花序。

（3）雌花：球形之頭狀，海綿狀花托。

（4）果爲椹果（桑果）（**sorosis**），徑 10-15cm，麵包果，可烤熟或水
　　煮後食用。

（5）種子藏於紅色假種皮之內。

（6）原產太平洋群島。

2. 波羅蜜樹 *Artocarpus heterophyllus* **Lam.** = *Artocarpus integrifolica* **Linn. f.**

（1）葉全緣，長卵形，長 10-15cm。

（2）果長可達 50cm，常著生在樹幹上，可食。

（3）木材黃色，南洋地區取用製作吉他。

3. 構樹 *Broussonetia papyrifera*（**L.**）**L'Herit.**

（1）樹皮纖維多，爲製作宣紙材料，樹皮有花紋。

（2）雌雄異株。雄花：下垂柔黃花序。雌花：頭狀，柱頭細長如線。

（3）榬果球形，紅熟，由多數瘦果、宿存花被、苞合成。

（4）葉可作飼料、養羊、養鹿、養豬，液汁氧化成黑色，可爲金漆材料。

（5）可萌芽更新，爲重要經濟樹種。

4. 榕屬 *Ficus* L.

榕樹屬植物共同特徵：

1. 托葉合生，包被頂芽，早落，留下環狀托葉遺痕。

2. 隱頭花序（Syconium），雌雄同株或異株。

3. 雄花：花被 2-6 裂，雄蕊 1-2 個。

4. 雌花：花柱偏生，較長。

5. 蟲癭花：如雌花，但花柱短，不孕，隱花果（Syncarp）。

6. 常有癭蜂產卵於其子房，在產卵的過程中傳粉。

（1）愛玉子 *Ficus awkeotsang* Mak. = Ficus pumila L. var. *awkeotsang*（Mak.）
Corner

（1）攀緣藤本。

（2）葉形較薜荔大。

（3）隱花果，暗綠有白點，形似芒果，果較長，倒圓錐狀橢圓形。

（4）瘦果有凝膠素，水洗之，可形成愛玉凍。

（2）無花果 *Ficus carica* L.

（1）葉 3 至 5 裂，裂片波狀緣。

（2）果梨狀，可製蜜餞。

（3）原產地中海沿岸。

（3）印度橡膠樹 *Ficus elastica* Roxb.

（1）常綠大喬木。

（2）葉革質，光滑，橢圓形，長 10-30cm，全緣。

（3）樹液可製橡膠。

（4）原產印度。

（4）**榕樹** *Ficus microcarpa* **Linn. f.**

（1）常綠喬木，氣根多。

（2）葉革質，平滑，橢圓形，長 5-8cm。

（3）果球形，徑 0.5-1cm，紅熟。

（4）全島低海拔到處散生。

（5）**薜荔** *Ficus pumila* **L.**

（1）木質攀緣藤本。

（2）葉革質，排成二列，卵形至橢圓形，鈍頭，圓基，葉背密生褐色毛。

（3）果倒圓錐狀球形，徑 4cm，外有白色斑點，熟時暗紫色。

（6）**菩提樹** *Ficus religiosa* **L.**

（1）葉卵狀圓形，先端尾尖，基截形或圓形。

（2）行道樹。

（3）原產印度、緬甸，佛教神樹。

5. 白桑 *Morus alba* **L.**

（1）灌木至小喬木。莖皮纖維可製桑皮紙。

（2）葉互生，葉表面光滑。

（3）花單性同株或異株；雄花排成穗狀花序；雌花排成密集穗狀花序。雌雄花之花萼均 4 片。

（4）瘦果聚集成椹果，果由瘦果和增大之萼片組成。

*1-3. 番木瓜科 Caricaceae

本科共有 6 屬約 47 種，原生於非洲西部和美洲的熱帶地區，其中的番木瓜（*Carica papaya* Linn.）原產於墨西哥南部以及鄰近的美洲中部地區，外形與原產於中國的薔薇科木瓜（*Chaenomeles sinensis*（Thouin）Koehne）類似，又是從中國之外傳入，故名之番木瓜。番木瓜的乳汁含木瓜蛋白酶，具有酶活性高、熱穩定性佳等特點，廣泛應用在食品、醫藥、飼料、皮革及紡織等行業上。

1981 年的克朗奎斯特（Cronquist）分類系統將其列在堇菜部中，1998 年根據基因親緣關係分類的 APG 分類法認為應該屬於十字花部中，2003 年經過修訂的 APG II 分類法維持原分類。

番木瓜科植物的簡要特徵：
（1）肉質喬木狀，高約 5m。
（2）單葉互生，葉大。
（3）花單性，瓣 5 枚。
（4）果實為大型漿果。

1. 番木瓜；木瓜 *Carica papaya* **Linn.**
（1）小喬木或灌木狀，具乳狀汁液，莖肉質，通常不分枝。
（2）葉有長柄，聚生於莖頂；葉片常掌狀分裂。
（3）花單性或兩性；雄花排成下垂的總狀或圓錐花序，花冠管細長，雄蕊 10；雌花單生於葉腋或數朵組成傘房花序，花瓣 5。
（4）果為肉質漿果。

*1-4 藤黃科 （包括金絲桃科）Clusiaceae（Guttiferae）

藤黃科全世界約 450 種，主要分布在熱帶亞洲、非洲南部及波利尼西亞西部。其中的藤黃類樹皮以刀劃開，會流出橡膠狀的樹脂，乾硬後收集，即稱為「藤

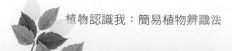
植物認識我：簡易植物辨識法

黃」，供繪畫顏料之用。是泰國和柬埔寨人主要的顏料來源，可製造書寫用的金黃色顏料。中國人於十三世紀以文字記載下來，始為世人所知，作為黃色染料和醫療用途。藥材呈紅黃色或橙棕色，外被綠色粉霜，有縱條紋。取藤黃的植物包括 *Garcinia hanburyi* Hook. f（柬埔寨與泰國）、*Garcinia morella* Desr.（印度與斯里蘭卡）、*Garcinia elliptica* Choisy（印尼）等。

　　藤黃科在 1982 年的克朗奎斯特（Cronquist）系統歸類於第倫桃亞綱的山茶部中，包含 27 個屬，下分兩個亞科：藤黃亞科（Clusioideae）與金絲桃亞科（Hypericoideae）。1998 年的 APG 分類法將金絲桃科與藤黃科分開，到 2009 年 APG III 分類法將瓊崖海棠屬（*Calophyllum*）及黃果木薯（*Mammea*）等獨立出來成立新的胡桐科。

圖 1-3 藤黃科金絲桃的雄蕊束。

照片 1-4 藤黃科福木的多體雄蕊。

藤黃科植物的簡要特徵：
　　（1）喬木或灌木，具樹脂狀汁液，由白變黃；金絲桃屬為草本植物。
　　（2）葉革質、對生或輪生、無托葉。
　　（3）聚繖或總狀花序；子房 1 至多數；柱頭彎曲細長。
　　（4）雄蕊多數，離生或成束狀（**雄蕊束 phalanges，phalanx**）（圖 1-3）、（照片 1-4）。
　　（5）單性花，雌雄異株。
　　（6）漿果、核果或蒴果。
　　（7）台灣有 9 屬 27 種。

1. 瓊崖海棠 *Calophyllum inophyllum* **L.**

（1）葉革質，圓頭，微凹，側脈緻密而平行，長 10-20 ㎝。

（2）花序腋生，雄蕊離生。

（3）海岸樹種。

2. 鳳果；山竹 *Garcinia mangostana* **L.**

（1）常綠中喬木。

（2）葉卵狀長橢圓形，長 20-30 ㎝，先端漸尖。

（3）子房 4-8 室。

（4）果壓縮球形，徑 5-8 ㎝，成熟時紫黑色。種子有乳白色假種皮。

（5）原產馬來半島。

3. 福木 *Garcinia subelliptica* **Merr.**

（1）樹形美觀。

（2）頂端葉基合生；葉側脈較不規則且不明顯。

（3）葉革質，長橢圓形，長約 15 ㎝。

（4）花雌雄異株；雄蕊合成 5 束（多體雄蕊）。

（5）果成熟時金黃色，徑 4-5 ㎝。

*1-5 山欖科 Sapotaceae

　　山欖科包括約 65 數 800 餘種，主要分布在世界各地的熱帶地區。本科植物都是常綠喬木和灌木，有許多果樹種類，如人心果、蛋黃果、黃金果、星蘋果等。有種神祕果（*Synsepalum dulcificum*（Schumach. & Thonn.）Daniell）原產於西非加納、剛果一帶，是多年生常綠灌木。果實橢圓形，成熟時果鮮紅色，酸甜可口，吃後再吃其他的酸性食物，如檸檬等，可轉酸味爲甜味，故有「神祕果」之稱。是一種集趣味性、觀賞性和食用性於一身的植物。

植物認識我：簡易植物辨識法

山欖科植物的簡要特徵：

(1) 植物體具白色乳汁，幼嫩枝葉被雙叉毛。

(2) 單葉，互生，或叢生枝端，全緣。

(3) 花兩性，萼4-8裂；花冠4-8裂，花柱單一，永存。

(4) 有藥雄蕊與花冠裂片同數對生，有時有退化雄蕊。

(5) 果爲漿果，花住宿存（圖1-4）、（照片1-5）；種子常有胎座遺痕（種臍）（照片1-6）。

1. 人心果 *Achras zapota* **L.**

(1) 常綠中喬木，樹高可達18m，幼枝先端及幼芽鏽色茸毛。

(2) 葉深綠橢圓呈倒卵形。

(3) 花甚小，單生於新枝葉腋，花期長，周年均能見花。

(4) 果實圓球形，徑約3-5cm，外被褐色鱗片，果實後熟軟化卽可食用。

(5) 原產熱帶美洲。

上：圖 1-4 山欖科大葉山欖果實上的宿存花柱。
中：照片 1-5 山欖科人心果果實上的宿存花柱。
下：照片 1-6 山欖科蛋黃果種子上的巨大種臍。

2. 大葉山欖 *Palaquium formosanum* **Hay.**

（1）常綠大喬木，具板根。

（2）葉先端圓或凹，革質。

（3）果橢圓形，長 3-4cm，先端有宿存花柱。

（4）種子紡錘形。

（5）產海岸及蘭嶼。

3. 蛋黃果；仙桃 *Lucuma nervosa* **A. DC.**

（1）常綠小喬木，樹高 5-9m，樹冠圓錐形。

（2）葉互生，長橢圓形、披針形或長倒卵形，兩面均有光澤。

（3）花於 5-6 月間開放，花期甚長。

（4）果橢圓形或帶卵形，果頂長尖，成熟果外皮橙黃色、光滑，果肉橘
　　　黃色，粉狀。

（5）美國佛羅里達州及古巴。

4. 黃金果 *Pouteria caimito* **Radlk**

（1）多年生常綠性喬木，株高可達 2 m 以上。

（2）葉互生，長橢圓形，嫩葉淡綠，成熟葉轉呈深綠色，全緣。

（3）花小，單生或 2-9 花簇生於分枝或主幹上。花瓣淡綠色，開花期有
　　　特殊香氣。

（4）果呈長卵圓、橢圓或圓形；成熟呈金黃色；果肉乳白色，半透明狀。

（5）原產安地斯山脈東側，包括委內瑞拉、秘魯、厄瓜多爾、千里達及
　　　巴西等。

5. 星蘋果 *Chrysophyllum cainito* **L.**

（1）常綠大喬木，植株高可達 30 m，老樹樹皮鱗狀片，黝黑。

（2）嫩葉及嫩芽密披黃赤褐色而帶絹絲光澤之毛茸。

（3）葉表深綠色，光滑，葉背初呈金黃色，後漸變黃赤色、金褐色。

 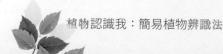

（4）穗狀花序，開花時花瓣狀似滿天星星，閃爍飄逸故稱「星蘋果」。

（5）果卵圓至圓形，果徑 5-10 cm，成熟果外皮暗紫色或淡綠色，果肉白色。

（6）原產熱帶美洲，西印度群島。

1-6 大戟科 Euphorbiaceae（僅部分植物具乳汁，詳見頁 189，5-4 單葉具托葉及其他性狀的植物科）

大戟科植物的簡要特徵：

（1）草本，灌木或喬木，常有白色乳汁（latex）。

（2）葉互生，冬葉多變紅，具托葉，托葉三角形（照片 1-7）。

（3）花單性，多雌雄異株；花無瓣。

（4）雄蕊至多數，花藥常一大一小。

（5）心皮 3（照片 1-8），花柱或柱頭 3 叉或 6 叉，中軸胎座。

（6）蒴果或核果狀。

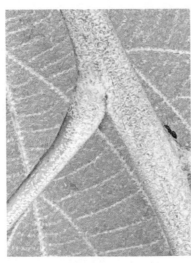

照片 1-7 大戟科植物大多數托葉極小且呈三角形。　照片 1-8 大戟科植物大多數心皮3。

具乳汁的常見種類：

1. 麒麟花 *Euphorbia milii* **Desm.**
（1）灌木狀，莖密生棘刺，刺黑色。
（2）葉倒卵形至長橢圓狀篦形，長 3-5cm，叢生枝端。
（3）花序苞片 2，對生，半圓形，鮮紅色。
（4）原產馬達加斯加。

2. 金剛纂 *Euphorbia neriifolia* **L.**
（1）灌木狀，枝粗大，4-5 稜，稜之凸部有銳刺 1 對。
（2）葉倒披針狀長橢圓形，長 5-10 cm，叢生枝端。

3. 聖誕紅；一品紅 *Euphorbia pulcherrima* **Willd. et Klotz**
（1）灌木。
（2）葉卵狀橢圓形至提琴形。
（3）葉狀苞鮮紅色（有些品種白色）。
（4）原產中美。

4. 紫背木；紅背桂 *Excoecaria bicolor* **Hassk.**
（1）葉對生，表面綠色，背面紫色，先端尾狀。
（2）原產越南，供庭園觀賞。

5. 巴西橡膠樹 *Hevea brasiliensis* **Muell. -Arg.**
（1）落葉大喬木，富含乳液。
（2）三出葉，總柄頂端有腺，小葉全緣。
（3）種子有光澤及花紋。
（4）原產巴西亞馬遜河流域。
（5）乳汁可煉橡膠。

 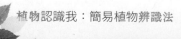

6. 烏桕 *Sapium sebiferum*（**L.**）**Roxb.**

（1）幹皮深縱裂。

（2）葉菱形，全緣，長 4-7 cm；葉柄長 2-5 cm。

（3）蒴果略球形，徑 1-1.5 cm；種子外皮蠟質厚。

（4）原產大陸。

7. 白桕 *Sapium discolor* **Muell. -Arg.**

（1）幹皮光滑。

（2）葉長橢圓形，背白色，長 6-10 cm；柄長 4-10 cm。

（3）蒴果球形，徑 1 cm；種子外皮蠟薄。

（4）台灣有自產。

1-7 漆樹科 Anacardiaceae（詳見頁 123，2-7 羽狀複葉的科）

漆樹科植物的簡要特徵：

（1）喬木或灌木，樹皮和木質部常有樹脂管，乳汁白色或透明。

（2）羽狀複葉為主（照片 1-9），有時單葉，互生；無托葉。

（3）花小，瓣 3-5，萼 3-5 裂，雄蕊常 10（5-10），插生於花盤邊緣。

（4）心皮 1 或 3，子房 1 室，胚珠單一。

（5）核果。

照片 1-9 漆樹科植物大多具羽狀複葉。

*1-8 夾竹桃科 Apocrynaceae（又見頁 272，7-17 單葉具托葉及其他性狀的植物科）

　　夾竹桃科有喬木、灌木、藤本、草本植物，主要產於熱帶和亞熱帶地區，許多種類是原生於熱帶雨林的高大喬木，也有些是原生於溫帶地區的多年生草本植物植物。這些植物通常都含有乳汁且多數種類是有毒植物，誤食時會中毒。

　　夾竹桃科約有 161 屬，約 1,500 種。近期的分類主張將蘿藦科的種類並併入到夾竹桃科內，新的夾竹桃科有 5 亞科：原夾竹桃科之蘿芙木亞科（Rauvolfioideae），84 屬 980 種；夾竹桃亞科（Apocynoideae），77 屬 860 種。原蘿藦科之槓柳亞科（Periplocoideae），31 屬 180 種；鯽魚藤亞科（Secamonoideae），9 屬 170 種；蘿藦亞科（Asclepiadoideae），214 屬 2,365 種。合計新的夾竹桃科約有 415 屬，約 4,555 種。

照片 1-10 夾竹桃科植物葉大多對生或輪生。　照片 1-11 夾竹桃科植物種子上的種髮。

夾竹桃科植物的簡要特徵：
（1）喬木、灌木或匍匐纏繞、攀緣藤本，全株具乳汁。
（2）葉對生或輪生（照片 1-10），稀互生，全緣，無托葉。
（3）花兩性，放射相稱，單生或聚繖花序；花 5 數；花冠 5 裂，喉部常有毛或鱗片；雄蕊 5；花萼內側常具腺體。
（4）花藥箭形，常在花柱黏合，花粉粒狀。
（5）花冠管狀，裂片迴旋狀排列；心皮 2；花柱合生成 1，頂端肥大。

  植物認識我：簡易植物辨識法

（6）蒴果或蓇葖果（圖 1-5），
　　　稀漿果狀或核果狀。

（7）種子具種髮（照片 1-11）。

圖 1-5 夾竹桃科植物的蓇葖果及種子上的
種髮。

1. 沙漠玫瑰 *Adenium obesum*（Forsk.）**Balf.**

（1）灌木，莖肉質。

（2）葉幾無柄，長橢圓狀倒卵
　　　形，長 15cm，先端鈍。

（3）繖房花序頂生；花冠粉紅
　　　色至紫色。

（4）原產東非。

2. 軟枝黃蟬 *Allamanda cathartica* **L.**

（1）蔓狀灌木。

（2）葉 3-4 枚輪生，披針形至倒卵形，長 8-12 cm。

（3）花金黃色，花冠筒基部不膨脹。

（4）果爲有刺蒴果，2 裂瓣；種子具翅。

3. 小花黃蟬 *Allamanda neriifolia* **Hook.**

（1）葉 2-5 枚輪生，橢圓形至長橢圓形，長 7-12 cm。

（2）和上種最大之區別爲花冠筒基部膨大。

4. 黑板樹 *Alstonia scholaris* **R. Br.**

（1）常綠大喬木，枝輪生。

（2）葉 4-10 枚輪生，革質，側脈 30-60 對。

（3）蓇葖果細，長 30-60 cm。

（4）原產印度、菲律賓。

5. 長春花 *Catharanthus roseus*（**L.**）**D. Don**

（1）多年生草本或亞灌木，高可達 60cm。

（2）葉對生，長橢圓形至倒卵形，先端圓鈍；葉柄短，全緣。

（3）頂生或腋生聚繖花序；花玫瑰紅、白色或黃色。

（4）蓇葖果圓柱形。

（5）原產南亞、非洲東部。

6. 夾竹桃 *Nerium indicum* **Mill.**

（1）葉 3-4 枚輪生，線狀披針形，長 12-20 cm。

（2）花白、粉紅、紅，花冠喉部有裂片狀附屬物。

（3）細長蓇葖果。

（4）原產地中海沿岸。

7. 雞蛋花；緬梔 *Plumeria rubra* **L.**

（1）落葉喬木，枝條粗大（假雙叉生）。

（2）聚繖花序頂生；花冠乳白色，中間黃色大斑點，或花紅色及紫色等。

（3）原產墨西哥。

8. 山馬茶；馬蹄花 *Tabernaemontana divaricata*（**L.**）**R. Brown**

（1）形似梔子花，但無托葉，具乳汁。

（2）葉膜質，長橢圓狀倒卵形，長 8-15cm；側脈 6-8 對。

（3）原產印度。

9. 絡石 *Trachelospermum jasminoides*（**Lindl.**）**Lemaire**

（1）葉及葉柄有毛。

（2）葉橢圓或闊橢圓形，長 1-8cm，先端銳。

（3）花白色，花冠長 0.8-1cm。

（4）果長 12-40cm。

（5）產 500 m 以下之林緣。

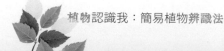
植物認識我：簡易植物辨識法

*1-9 蘿藦科 Asclepiadaceae（包括 Periplocaceae 杠柳科）（又見頁 273，7-18 單葉具托葉及其他性狀的植物科）

　　蘿藦科植物為多年生草本、灌木、藤本植物、稀為喬木。花絲往往癒合成筒並在生有類似副花冠的飾物，花粉結成塊狀。未和夾竹桃科合併之原蘿藦科有 254 屬，2,700 多種，主要分布在熱帶和亞熱帶地區。蘿藦科有些屬具有肉質莖或肉質葉，常被栽培作為觀賞植物，例如：星鐘花屬（*Huernia*）、魔星花屬（*Stapelia*）、毬蘭屬（*Hoya*）等；盆花之愛之蔓（*Ceropegia*），風不動屬（*Dischidia*）等皆是著名的觀賞植物。近期的 APG 分類法主張將蘿藦科併入到夾竹桃科內，成為夾竹桃科下的一個亞科。

蘿藦科植物的簡要特徵：

（1）多數為纏繞藤本，或為灌木，稀喬木。

（2）花冠的喉部也有發達的副花冠。

（3）雄蕊在花柱周圍轕合；花絲合成一管包住雌蕊，稱合蕊冠，花藥與柱頭黏成合蕊柱；花粉集合成透明或蠟質透明塊，承載在匙形花粉器（translator）上，稱為花粉塊（Polinia）（圖 1-6）。

（4）子房為離生心皮構成，花柱 2，分離幾達柱頭，柱頭 1，盾狀。

（5）其他特徵與夾竹桃科相同。

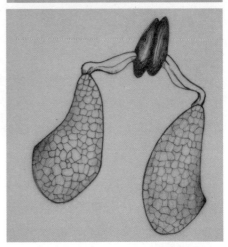

上：圖 1-6A 蜜蜂的腳上黏著許多蘿藦科植物的花粉塊。
下：圖 1-6B 蘿藦科的植物花粉集結成花粉塊。

1. 馬利筋；尖尾鳳 *Asclepias curassavica* **L.**

（1）草本，莖部木質。

（2）葉對生，披針形或長橢圓狀披針形，先端銳或漸尖，長 7-13 cm。

（3）聚繖花序，10-20 花；花冠紅色；副花冠橘紅色，插生於合蕊冠（gynostegium）中。

（4）雄蕊 5，每一雄蕊具 2 花粉塊。

（5）蓇葖果卵狀長橢圓形，長 5-8 cm。

（6）原產熱帶美洲。

2. 毬蘭 *Hoya carnosa*（**Linn. F.**）**R. Brown**

（1）木質藤本。

（2）葉肉質，對生；卵狀心形，長 5-7 cm。

（3）花序形成毬狀，花冠蠟質，白色至粉紅色。

（4）蓇葖果線形，長 7-10 cm。

（5）多生於樹上或岩石上。

*1-10 旋花科 Convolulaceae（又見頁 231，6-10 大部分為藤本植物科）

旋花科植物主要是草質藤本，極少數種類為木質藤本，莖通常是纏繞莖；在乾旱地區有些種類變成多刺的矮灌叢。約有 60 屬，1,650 種，廣泛分布在全球，主要產於美洲和亞洲的熱帶和亞熱帶地區。本科植物花通常顯著，美麗，單生，有時總狀，圓錐狀。花整齊，兩性，5 數，花藍色、紫色、紫紅色、鮮紅色、粉紅色、黃色、白色；花萼分離，覆瓦狀排列，外萼片常比內萼片大，宿存，有時在果期增大。花冠合瓣，漏斗狀、鐘伏、高腳碟狀或壇狀，冠檐近全緣或 5 裂，花冠外常有 5 條明顯的被毛或無毛的瓣中帶。其中有多種為經濟作物，常見的蔬菜糧食類有蕹菜（空心菜）、甘藷（地瓜）等；著名的觀賞花卉有牽牛花、蔦蘿、土丁桂等。

 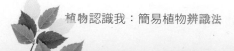

旋花科植物的簡要特徵：

(1) 蔓狀藤本或草本（圖 1-7）；流乳汁。

(2) 單葉互生，無托葉；子葉摺扇狀（plicate）。

(3) 花 5 數，整齊花；單生或排成聚繖花序；花冠扇狀（照片 1-12）；
花萼永存；具苞片，苞片常大而豔。

(4) 雄蕊 5，著生於花冠基部，心皮 2，柱頭 2，胚珠每室 2，基生。

(5) 蒴果，種子 2 或 4 個。

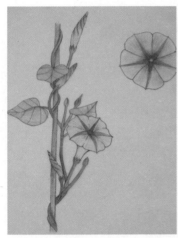

圖 1-7 旋花科植物大多為草　照片 1-12 旋花科植物花色艷麗，花冠扇狀。
質藤本。

1. 蕹菜；空心菜 *Ipomoea aquatica* **Forsk.**

(1) 葉卵形至三角形。

(2) 花白色。

2. 蕃薯 *Ipomoea batatas*（**L.**）**Lam.**

(1) 葉形變化大，常為卵形至球狀心形。

(2) 花紫紅色至藍色。

3. 槭葉牽牛 *Ipomoea cairica*（L.）Sweet

（1）葉 5-7 裂。

（2）花紫色。

4. 樹牽牛 *Ipomoea crassicaulis*（Benth.）B. L. Robinson

（1）灌木或蔓狀灌木。

（2）葉卵形至卵狀長橢圓形，長 8-15 cm；幼葉兩面被毛。

（3）花粉紅色，內側莖部深紫色。

（4）原產熱帶美洲。

5. 牽牛花 *Ipomoea nil*（L.）Roth

（1）全株被短毛。

（2）葉闊卵形，長 6-10 cm，全緣或 3 淺裂，先端漸尖，基心形。

（3）花藍色至紅色。

（4）原產南美。

6. 馬鞍藤 *Ipomoea pes-caprae*（L.）R. Br. ssp. *brasilensis*（L.）Oostst.

（1）平滑蔓延藤本，莖節上生根。

（2）葉革質，圓形至闊橢圓形，先端凹至 2 深裂。

（3）花粉紅至紫色。

（4）分布海岸砂地。

*1-11 桔梗科 Campanulaceae

桔梗科植物廣布於全球，約有 70 屬 2,000 餘種。一年生或多年生草本，也有一些種是小喬木，植物體具乳汁。本科植物主要為藥用，有許多著名中藥材，如黨參、桔梗、沙參和半邊蓮等。桔梗中的桔梗苷，沙參中的沙參苷，在醫學上

 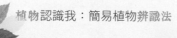

常用作消炎、消腫、消蛇毒。本科桔梗、風鈴草屬和沙參屬植物的花大、顏色豔麗，也常作爲觀賞植物栽培。

桔梗科植物的簡要特徵：

（1）多數爲多年生草本，有時爲一年生草本或灌木、喬木，植物體具乳汁。

（2）葉互生，極稀對生或輪生。

（3）整齊花或左右對稱，豔麗（圖 1-8）（照片 1-13）；花管狀或鐘形。

（4）雄蕊數與花冠裂片數相等，通常爲 5。

（5）柱頭下方之花柱具毛，子房下位，2-5 室，中軸胎座，胚珠多多數。

（6）蒴果或漿果。

圖 1-8 桔梗科植物有些種類　照片 1-13 桔梗科植物有些種類如半邊蓮爲不整齊花
花色艷麗。

1. 風鈴草 *Campanula dimorphantha* **Schweinf.**

（1）一年生草本，全株披毛。

（2）花淡紫色。

（3）廣布亞洲及非洲，台灣在 500-600 m 處偶然可見。

2. 桔梗 *Platycodon grandiflorum*（**Jacq.**）**A. DC.**

（1）草本。

（2）花單生或數朵合生於枝頂，花冠鐘形，紫藍色。

（3）蒴果頂部 5 瓣裂，子房 5 室。

3. 黨參 *Codonopsis pilosula*（**Franch.**）**Nannf.**

（1）多年生纏繞性柔弱草本；圓柱形根。

（2）葉卵形或廣卵形，對生或互生。

（3）夏秋開淡黃綠色帶紫色斑點的鐘狀花。

4. 沙參 *Adenophora stricta* **Miq.**

（1）多年生直立草本，莖高 40-80cm，長根粗大。

（2）基生葉心形，大而具長柄；莖生葉橢圓形至狹卵形，無柄，或僅下部的葉有極短而帶翅的柄。

（3）花序假總狀花序，或圓錐花序；花冠寬鐘狀，藍色或紫色。

（4）蒴果橢圓狀球形長 6-10mm。種子多數。

5. 半邊蓮 *Lobelia chinensis* **Lour.**

（1）多年生矮小草本，高 5-15 cm，全株光滑無毛。

（2）葉互生，無柄，條形或條狀披針形，全緣或有疏齒。

（3）夏季葉腋開單生淡紫色或白色小花；花冠基部合成管狀，上部向一邊 5 裂展開，中央 3 裂片較淺，兩側裂片深裂至基部。

（4）蒴果頂端 2 瓣開裂。種子細小，多數。

1-12 菊科 Asteraceae（Compositae）（詳見頁 369，14-12 特殊花序及花器內容的科）

菊科植物，根據頭狀花序花冠類型的不同、乳狀汁的有無，通常可分成兩個

 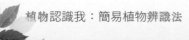

亞科：整個頭狀花序全爲管頭花或中間盤狀花爲管狀花，邊緣是舌狀花的管狀花亞科（菊亞科）（Asteroideae 或 Tubuliflorae）和頭狀花序全部小花舌狀，植物有乳汁之舌狀花亞科（Liguliflorae）。有乳汁的植物在台灣常見的有萵苣屬（*Lactuca*）、翅果菊屬 *Pterocypsela*）、山苦蕒屬（*Ixeridium*）、苦蕒菜屬（Ixeris）等植物。

菊科植物的簡要特徵：

(1) 草本植物爲主，植物體有時具乳汁，占菊科植物種類的 14%。

(2) 葉互生，稀對生或輪生。

(3) 頭狀花由至多數小花（florets）組成（照片1-14）。

(4) 花放射相稱至左右對稱，雄蕊 5，心皮 2。

照片 1-14菊科植物的花爲頭狀花序。

(5) 花冠爲 5 淺裂管狀，或 3-5 齒裂之舌狀，或上唇 3 淺裂，下唇淺 2 裂。

(6) 雄蕊花藥聚合，形成各種形狀。

(7) 花柱 2 裂，形成各種形狀。

(8) 果爲瘦果，稱爲下位瘦果（cypsela）。

常見的具乳汁菊科植物：

1. 萵苣 *Lactuca sativa* **L.**

(1) 一至二年生草本植物，有乳汁。

(2) 葉長橢圓形至長披針形，疏鋸齒緣至微鋸齒緣。

(3) 頭狀花序，開黃色花。

(4) 地中海沿岸。

2. 山萵苣；鵝仔草 *Pterocypsela indica* （ L. ） C. Shih

（1）一年生或越年生草本，高約 60-150 cm。

（2）葉正面綠色，背面灰白色，形狀變化多端，長橢圓形、披針形，葉
緣全緣或羽狀裂。

（3）頭狀花序多數在莖頂排列成圓錐狀；花全為舌狀花，淡黃色或稍帶
紫色。

（4）瘦果深紅褐色，具有白色的冠毛，藉風力來幫助傳播。

3. 刀傷草 *Ixeridium laevigatum* （ Blume ） J. H. Pak & Kawano

（1）多年生草本植物，因可治刀傷而得名，全株具乳汁。

（2）基生葉叢生，葉片長橢圓形。

（3）頭狀花排列呈繖房狀。花黃色。

4. 台灣蒲公英 *Taraxacum formosanum* Kitamura

（1）多年生草本植物，植株高 20-50cm；主根圓柱型或紡錘形，粗大而
深入地下。

（2）葉叢生於根莖上，十分密集且平舖地面或斜上生長，葉片倒披針形
至線披針形，全緣或羽狀深裂。

（3）頭狀花序，花黃色，總苞裂片直立。

（4）瘦果褐色，長橢圓形，具白色冠毛，成熟時呈球狀。

5. 西洋蒲公英 *Taraxacum officinale* Weber

（1）越年生或多年生草本；根粗大，單一或數條深入土中，側生多數細根。

（2）葉基生，叢生多數，淡綠色至紫紅色，葉片伏地或斜上，長倒披針
形或披針形，葉緣深裂為羽狀。

（3）花梗由根莖先端伸出，花總苞綠色，線狀披針形銳尖，外層略向外
彎，內層線狀披針形；舌狀花黃色。

（4）果實成熟時展開成球狀，冠毛呈傘狀，藉以飛翔散播。

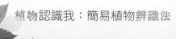 植物認識我：簡易植物辨識法

第二章　羽狀複葉的科

　　葉可以分爲單葉（simple leaf）和複葉（compound leaf）兩類。單葉只有一片葉片，葉片可能有不同程度的分裂。單葉的葉片分裂爲互相分離的葉狀物，就形成了複葉。組成複葉的每一片葉狀物叫做小葉片（**leaflet**）。複葉分爲以下幾種類型：

1. 單身複葉：總葉柄頂端只具一個葉片，總葉柄常作葉狀或翼狀，在柄端有關節與葉片相連，如酸橙、柑橘、柚等的葉。

2. 三出複葉：複葉由三片小葉片組成。如果三個小葉柄是等長的，則稱爲三出掌狀複葉，如酢漿草、半夏等的葉；如果頂端小葉柄較長，稱作三出複葉（**ternately compound leaf**），如刺桐、茄苳。

3. 掌狀複葉：小葉片在 3 片以上，每一小葉片都著生在葉柄的頂端，排列成掌狀，稱作掌狀複葉（palmately compound leaf），如木棉、鵝掌藤。掌狀複葉在第三章討論。

4. 羽狀複葉：小葉片平行地排列在葉軸的兩側形成羽狀，稱作羽狀複葉（pinnately compound leaf）。若羽狀複葉上小葉的數目爲單數，則稱奇（單）數羽狀複葉；若羽狀複葉上小葉的數目爲雙數，則稱偶數羽狀複葉。羽狀複葉有一回羽狀複葉、二回羽狀複葉、三回或多回羽狀複葉。羽狀複葉的葉軸進行一次分枝後再發生小葉片，稱爲二回羽狀複葉（bipinnately compound leaf）。羽軸、小羽軸再分枝後發生小葉片，則會有三回以至多回羽狀複葉，三回以上複葉的植物極少。羽狀複葉是鑑別植物科別的重要特徵。

　　常見的、以羽狀複葉爲主的植物科之簡單區別（＊號及粗體字科別在本章敍述，無＊號及非粗體字科的詳細說明在該科括符內之章節）：

＊2-1.　胡桃科：喬木爲主；幼莖葉常密布腺毛；葇荑花序。

＊2-2.　薔薇科（部分）：具 2 托葉，羽狀裂至鋸齒緣；花具花萼筒。

*2-3.　含羞草科：具根瘤，多爲二回羽狀複葉，有托葉；頭狀花序。

*2-4.　蘇木科：具根瘤，一或二回羽狀複葉，有托葉；花瓣 1 ＋ 4。

*2-5.　蝶形花科：具根瘤，三出葉至一回羽狀複葉，有托葉；花瓣 1 ＋ 2 ＋ 2。

*2-6.　無患子科：雄蕊 8，花絲有毛；心皮 2-3。

*2-7.　漆樹科：植物體具乳汁。

*2-8.　楝科：木材多具芳香；單體雄蕊。

*2-9.　芸香科（大部分）：葉及植物體全株具透明油腺（glandular punctate）。

*2-10.蒺藜科：複葉對生，一大一小。

*2-11.五加科（部分）：莖具髓心；托葉連生於葉柄基部，包莖；繖形花序。

*2-12.繖形科：草本，全株具香味，莖空心，托葉鞘狀；繖形花序。

*2-13.木犀科（部分）：木本；複葉對生，葉柄基部常紫色；合辦花，花冠
　　　4 裂，雄蕊 2。

*2-14.紫葳科（大部分）：熱帶植物；木本；複葉對生；花色艷麗，合辦花，
　　　雄蕊 4 或 5。

不常見科，具極少數植物種類之羽狀複葉科，或僅部分植物爲羽狀複葉之科
如下：

2-15.小蘗科：灌木或多年生草本；莖或葉緣具刺；莖切面呈金黃色，常具
　　　闊髓線。

2-16.火筒樹科：灌木或喬木；1 至 4 回羽狀複葉．小葉有鋸齒。

2-17.省沽油科：灌木或喬木；3 出葉或羽狀複葉。

2-18.鐘萼木科：落葉喬木；一回奇數羽狀複葉；花序總狀；雄蕊 8。

2-19.槭樹科：大部分爲掌狀裂單葉，僅少部分分布溫帶、寒帶的種類羽狀
　　　複葉，葉對生；2 翅果。

2-20.橄欖科：灌木或喬木；植物體具樹脂或油。

2-21.苦木科：灌木或喬木；樹皮極苦；花小，圓錐或穗狀花序。

2-22.荷包牡丹科（紫堇科）、（部分）：草本；植物體汁液多；花瓣有距
　　　（spur）。

植物認識我：簡易植物辨識法

2-23.酢醬草科（部分）：草本至小喬木；單葉、三出葉、羽狀複葉；雄蕊
　　　10-15。
2-24.牻牛兒苗科：一年生草本或亞灌木；常分布在高海拔及高緯度地區；
　　　花色艷。

葡萄科有少數種類羽狀或掌狀複葉，但本科為木質藤本，具捲鬚，可資區別。

各科的特徵簡述：

*2-1. 胡桃科 Juglandaecae（又見頁 356，14-1 特殊花序及花器的科）

　　本科植物的花為單性，雌雄同株，雄花排成下垂的柔荑花序，雌花單生、簇
生或成為直立的穗狀花序。果實為堅果、核果或翅果狀。過去美國學者發現胡桃
樹有毒他作用（Allelopathy），會分泌胡桃醌抑制周遭雜草的生存。毒他作用
是指不同植物生長在同一個地方產生競爭作用，而有些植物為了讓自己得到比較
多養分，會釋放出毒他化合物，去抑制其他植物的生長或是阻止其種子之萌發，
是一種植物競爭力求生存的方式。本科的胡桃是重要的乾果和油料作物，木材堅
硬，是重要的硬木樹種，用於製作槍托等；楓楊是優良的行道樹種。
　　廣泛分布在亞洲、歐洲和美洲，是具有大型羽狀複葉落葉喬木。本科植物共
9 屬 72 種，主要分布於北半球。

胡桃科植物的簡明特徵：
　（1）落葉喬木，植株芳
　　　　香，木材硬。
　（2）幼葉、嫩枝、花梗等
　　　　常被覆腺毛（黏手的
　　　　短毛）（圖 2-1）。

圖 2-1 胡桃科植物的嫩枝葉常被覆黏手的腺毛。

（3）葉為奇數羽狀複葉，互
　　生；無托葉。

（4）雌雄同株，雄花為下垂
　　葇荑花序（照片 2-1），
　　雌花序則直立；無花瓣。

（5）雄花：雄蕊 3，常呈多
　　數；雌花：子房下位，
　　花柱 2，常呈羽毛狀（照
　　片 2-2）。

（6）核果或堅果。

1. 胡桃 *Juglans regia* **L.**

（1）落葉喬木。

（2）奇數羽狀複葉，小葉
　　5-9，全緣或疏鋸齒。

（3）果近球形，徑 4-6 cm，
　　光滑，果序短。

（4）果核稍皺，隔膜較薄。

（5）原產華北、西北。

上：照片 2-1 胡桃科胡桃的葇荑花序。
下：照片 2-2 胡桃科胡桃雌花的羽狀柱。

2. 楓楊 *Pterocarya stenoptera* **DC.**

（1）枝條髓心有橫隔膜。

（2）奇數羽狀複葉，葉軸有翅，小葉細鋸齒緣。

（3）雌花序懸垂。

（4）堅果有翅。

植物認識我：簡易植物辨識法

*2-2 薔薇科 Rosaceae（又見頁195，5-6 單葉具托葉的植物科）

本科形態歧異度高，根據花萼、花筒、雌蕊的心皮數目，子房位置、果實類型分為四個亞科：心皮 5-6、蓇葖果的珍珠梅亞科；心皮多數、瘦果的薔薇亞科；心皮 2 或 5、子房下位、梨果的梨亞科（Maloideae）；心皮單一、核果的梅亞科。其中僅薔薇亞科的多數植物，和梨亞科的花楸屬、翻白草屬等植物為羽狀複葉。

本科植物為大科，約有 124 屬 3,300 餘種，廣布於全球，以溫帶居多。臺灣有 28 屬 153 種。依據基因分子分析的研究，則可分為仙女木亞科（Dryadoideae）、薔薇亞科（Rosoideae）與桃亞科（Amygdaloideae）三個亞科。原來四個亞科的蘋果亞科及珍珠梅亞科都被併入桃亞科。

薔薇科植物的簡明特徵：

（1）喬木，灌木，草本或藤本。

（2）有羽狀複葉，也有單葉，互生。本科植物的識別特徵：具 2 托葉，**托葉羽狀裂，或鋸齒緣（圖 2-2）、（照片 2-3）。**

（3）花兩性，萼 5、瓣 5、雄蕊為 4 或 5 的倍數；雌蕊 1 、2 、5 或多數。

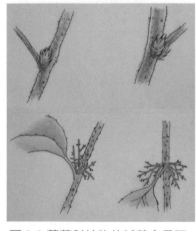

圖 2-2 薔薇科植物的托葉多呈羽裂或具鋸齒。

照片 2-3 薔薇科櫻花類的羽毛狀托葉。

（4）花托發達，常隆起或凹陷；花萼、花瓣、雄蕊及部分花托常連生成花筒（稱花萼筒 **Hypanthum**）（照片2-4）。

（5）心皮 1–多數，多離生或合生，花柱離生或合生。

（6）果有瘦果、蓇葖果、梨果、核果。

照片 2-4 薔薇科櫻花類之花萼筒。

A. 薔薇科羽狀複葉的植物

I. 薔薇屬（*Rosa*）

1. 玫瑰花 *Rosa rugosa* **Thunb.**
   （1）落葉或常綠攀緣灌木，枝條伸展而有銳刺。
   （2）葉爲奇數羽狀複葉，小葉卵形。
   （3）花數朵叢生或單生，花色紫紅。

2. 月季 *Rosa chinensis* **Jacq.**
   （1）常綠、半常綠攀緣灌木，有短粗的鈎狀皮刺。
   （2）葉爲奇數羽狀複葉，小葉 3-5，稀 7。
   （3）四季開花，一般爲紅色或粉色，偶有白色和黃色。

3. 薔薇 *Rosa multiflora* **Thunb.**
   （1）落葉灌木，莖細長，蔓生，枝上密生小刺。
   （2）羽狀複葉，小葉倒卵形或長圓形。
   （3）花白色或淡紅色，有芳香。

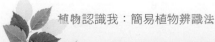

植物認識我：簡易植物辨識法

II. 部分懸鉤子屬（**Rubus**）

莖常有刺；單葉掌狀分裂或羽狀複葉

1. 樬葉懸鉤子 *Rubus alnifoliatus* **Levl.**

（1）直立灌木，全株無毛，小枝暗紅色，散生小刺。

（2）奇數羽狀複葉，小葉通常 7-9 枚，少數 5 枚。

（3）圓錐花序；花瓣卵狀長橢圓形，白色。

（4）果實長橢圓形，長度約 2 cm，熟時紅色。

2. 虎婆刺 *Rubus croceacanthus* **Levl.**

（1）常綠半直立小灌木，全株密被腺毛及散生鉤刺或直刺。

（2）葉膜質，小葉 5-7，但花枝上者 3，卵狀長橢圓形。

（3）花單生或 2-5 花之聚繖花序，頂生；花瓣白色，卵狀橢圓形，先端圓。

（4）果闊卵形，紅熟。花果期在清明節前後。

III. 翻白草屬（**Potentilla**）

IV. 花楸屬（**Sorbus**）

1. 花楸 *Sorbus pohuashanensis*（**Hance**）**Hedl.**

（1）落葉喬木。

（2）羽狀複葉，葉緣上部有齒，葉表色暗綠，葉背粉白。

（3）花爲白色，花徑達 10 cm 左右。

（4）果實呈圓形，紅色。

B. 三出葉的種類

1. 蛇莓 *Duchesnea indica*（Andr.）Focke

2. 草莓 *Fragaria* × *ananassa* Duch.

C. 其他單葉的種類

1. 繡線菊 *Spiraea formosana* Hay.
2. 火刺木 *Pyracantha koidzumii*（Hay.）Rehder
3. 枇杷 *Eriobotrya japonica* Lindl.
4. 西洋蘋果 *Malus pumila* Mill.
5. 梨 *Pyrus serotina*（Burm. f.）Nakai
6. 杏 *Prunus armeniaca* L.
7. 梅 *Prunus mume S. et* Z.
8. 桃 *Prunus persica* Stokes
9. 李 *Prunus salicina* Lindl.

　　德國恩格勒系統（A. Engler, 1889-1907）稱具莢果（pods）的植物為豆科（Leguminosae），下分 3 亞科，分別為含羞草亞科（Minmosoideae）、蘇木亞科（Caesapinoideae）、蝶形花亞科（Papilionoideae）。其他的分類系統，如英國赫欽森系統（J.Hutchinson,1926 & 1959）、前蘇聯塔克他間系統（A.L.Takhtajan, 1980）、美國克朗奎斯特系統（A. Cronquist, 1988），則將豆科升格為豆部（Fabales），下分 3 科，分別為含羞草科（Minmosaceae）、蘇木科（Caesapiniaceae）、蝶形花科（Fabaceae）。豆部 3 科植物的共同特徵：果為莢果、具根瘤、多生長在乾旱、貧瘠的生育地。本書採用克朗奎斯特系統，處理成 3 科。

*2-3. 含羞草科 Mimosaceae（又見頁369，14-11 特殊花序及花器內容的科）

　　含羞草科多喬木或灌木，很少草本；葉為二回羽狀複葉，葉柄及葉軸上常具腺體；花小，兩性或雜性，輻射對稱，花序頭狀，或排成穗狀、總狀的頭狀花序；萼管狀，5 齒裂，裂片多鑷合狀排列；花瓣亦鑷合狀排列，分離或合生成一短管；雄蕊通常多數或與花冠裂片同數或為其倍數。本科植物有一些種類，

 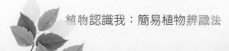 植物認識我：簡易植物辨識法

如相思樹類（*Acacia* spp.）葉形態特別，呈鐮刀狀，質地厚且革質，稱爲柄狀葉（phyllode）或假葉，是由葉柄特化而成。此是適應乾旱的環境演化的結果，只有在種子剛發芽時的第 1-2 片葉子會呈羽狀複葉，之後長出來的葉片都是鐮刀形的假葉。相思樹類另外一個植物學上的特性就是植物具有毒他作用，或稱相剋作用（allelopathic），植物體含有抑制其他植物發芽和生長的化學物質。因此，在相思樹林內很少有其他植物的生長。

　　本科約 56 屬，2,800 種，產全世界熱帶、亞熱帶及溫帶地區。1981 年的克朗奎斯特系統（Cronquist System）將含羞草科單獨分出一個科，列在豆部中；1998 年根據基因親緣關係分類的 APG 分類法和 2003 年經過修訂的 APG II 分類法將這些屬列爲豆科中的含羞草科亞科，分爲 5 族。

含羞草科植物的簡明特徵：
　（1）葉多爲二回羽狀複葉，有時爲假葉（phyllodia = leaf like petioles）。
　（2）**花序頭狀**（照片 2-5），或頭花排成叢狀、穗狀或總狀。
　（3）花放射相稱（actinomorphic），花萼 5，合生成 5 裂之筒狀；花瓣 5 片，形狀和大小均相同，鑷合排列。
　（4）雄蕊 10 至多數，花藥頂端常有一脫落性腺體，花粉 10-20 個合生成**花粉塊**。
　（5）有些莢果具次生橫膈膜，種子具胚珠柄（funicle）、（照片 2-6）。

照片 2-5 含羞草科銀合歡的頭狀花序。

照片 2-6 含羞草科相思樹類莢果內具胚珠柄的種子。

1. 藤相思 *Acacia caesia* **(L.) Willd.**

（1）攀緣藤木，枝條具稜及密刺。

（2）二回羽狀複葉，小葉 30-60 對。

（3）頭狀花序排成圓錐狀，花黃色。

（4）莢果長 6-10cm，寬約 2cm。

（5）分布低海拔次生林。

2. 金合歡 *Acacia farnesiana* （L.） **Willd.**

（1）枝條上有成對之長棘刺（托葉之變形）。

（2）二回羽狀複葉，4-8 對羽片，10-12 對小葉。

（3）頭花金黃色，有芳香，為香水原料。

（4）原產南美。

3. 孔雀豆；相思豆 *Adenanthera pavonina* **L.**

（1）二回羽狀複葉，長 30 cm，羽片 4 對，小葉 9-13。

（2）莢果捲旋狀，種子兩面凸起，三角狀倒卵形，紅熟，即「相思豆」也。

（3）原產廣東、馬來半島。

4. 合歡 *Albizzia julibrissin* **Durazz.**

（1）喬木，二回羽狀複葉，羽片 4-12 對，小葉 20-40 對，兩側極偏斜。

（2）頭狀花序，花淡紅色。

（3）莢果長條形，扁平。

（4）原產，分布海拔 1,000 m。

5. 紅粉撲花 *Calliandra emerginata* （**Humb. & Bonpl.**） **Benth.**

（1）二回羽狀複葉，羽片一對，小葉 3 對。

（2）花豔紅色。

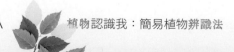

植物認識我：簡易植物辨識法

6. 美洲合歡 *Calliandra haematocephala* **Hassk.**

（1）灌木，薪炭材。

（2）二回羽狀複葉，羽片一對，小葉 7-8 對。

（3）頭狀花序；花絲深紅色。

7. 銀合歡 *Leucaena leucocephala*（**Lem.**）**de Wit**

（1）二回羽狀複葉。

（2）花序頭狀，花黃白色，雄蕊 10。

（3）莢果扁平。

8. 美洲含羞草 *Mimosa invisa* **Mart.**

（1）莖 5 稜，密布鉤刺及長毛。

（2）羽片 7-8，小葉 20-30 對。

（3）頭花紫紅色。

（4）果長 2 cm，披刺毛。

（5）原產巴西。

9. 含羞草 *Mimosa pudica* **L.**

（1）原產美洲，現已歸化於熱帶各地，為常見雜草。

（2）頭狀花序，花粉紅色。

10. 雨豆樹 *Samanea saman* **Merrill**

（1）大喬木，小枝有絨毛。

（2）二回羽狀複葉，小葉歪形。

（3）開花數量多，頭狀花序，每花雄蕊 20，粉紅色。

*2-4 蘇木科 Caesalpiniaceae

　　蘇木科，或置於豆科中作爲亞科，稱蘇木亞科。本科有經濟價值的種類甚多，可作爲用材，有些種類入藥或供觀賞用。在蘇木科植物中，有許多觀賞價值高的種類，如蘇木屬、黃槐屬、紫荊屬和羊蹄甲屬內的大部分種類。常見的蘇木科觀賞植物種類，有阿勃勒、洋紫荊、黃蝴蝶、鳳凰木、黃槐、盾柱木等。墨水樹的邊材黃白色，心材紫褐色，木材和花可提取蘇木精（Haematoxylin）。蘇木精是重要的染料，其分子式爲 C16H14O6，爲紫色柱狀結晶體；含蘇木精色素的木材，其浸出液是絹毛類的藍色染料，也是藍墨水及顯微鏡技術上的重要染色劑。蘇木精也有抗菌作用；作爲收斂劑，治子宮出血、肺出血、腸出血等。

　　蘇木科植物大部分爲喬木或灌木，全世界有 180 個屬、3,000 種，廣泛分布於熱帶和亞熱帶地區。分子生物學研究結果，列爲豆科中的蘇木亞科，包含四族。

蘇木科植物的簡明特徵：
　　（1）多數爲木本植物。
　　（2）一或二回羽狀複葉，極少單葉。
　　（3）圓錐、聚繖或總狀花序，花豔麗。
　　（4）**花瓣2型，1大4小，或1小4大，最大或最小花瓣在二翼瓣內側**（圖2-3）、（照片2-7）。

圖 2-3 蘇木科植物的花瓣4片相同，1片微有不同。

照片 2-7 蘇木科艷紫荊的花瓣（4片相同，1片不同）。

（5）雄蕊 10，6 長 4 短，或 7 長 3 短，
　　　長的雄蕊部分有孕性，短者不孕
　　　（照片 2-8）。

照片 2-8 蘇木科黃槐的雄蕊，2 長
（孕性）8 短（不孕）。

1. 黃蝴蝶 *Caesalpinia pulcherrima* **Swartz.**

（1）少數棘刺散生枝上。

（2）二回羽狀複葉，羽片 6-9 對，小
　　　葉 10-12 對。

（3）總狀花序，花紅黃色。

（4）莢果扁平，不開裂。

（5）觀賞樹種。

2. 阿勃勒；波斯皂 *Cassia fistula* **L.**

（1）偶數羽狀複葉，小葉大，長可達 15 cm。

（2）花呈下垂總狀花序，黃色。

（3）莢果橫切面圓形，長 30-60 cm。

（4）種子橫排於莢果內，間格為黑色，具粘液且有臭味。

3. 鐵刀木 *Cassia siamea* **Lamarck**

（1）落葉喬木。

（2）偶數羽狀複葉，小葉 6-10 對，紙質，橢圓形。小葉先端圓或凹。

（3）南部造林樹種，雲南用為薪炭材。

4. 黃槐 *Cassia surattensis* **Burm.** *f.*

（1）小喬木或灌木。

（2）偶數羽狀複葉，小葉 7-9 對，卵形，先端圓。

（3）腋生總狀花序，花黃色。

（4）莢果扁平。

5. 鳳凰木 *Delonix regia*（**Boj.**）**Raf.**

（1）落葉喬木。

（2）二回羽狀複葉，羽片 10-20 對，小葉 20-40 對。

（3）花橙黃色或鮮紅色，每年六月開花。

（4）莢果長約 50 cm，形如刀，木質。

6. 墨水樹 *Haematoxylon campechianum* **L.**

（1）枝條有刺。

（2）小葉先端凹，亦無柄，2-4 對。

（3）心材為藍色染劑原料，為墨水，細胞學染色劑。

（4）心材亦含有蘇木精。

單葉的種類：

羊蹄甲屬 *Bauhinia* L.

1. 洋紫荊 *Bauhinia purpurea* L.

2. 羊蹄甲 *Bauhinia variegata* L.

3. 艷紫荊 *Bauhinia x blakeana* Dunn.

*2-5 蝶形花科 Fabaceae（Papilionaceae）

　　蝶形花科植物大部分為草本，也有喬木和藤本植物。常見的食用豆類都是蝶形花科植物，如大豆（*Glycine max* (L.) Merr.）、落花生（*Arachis hypogaea* L.）、豌豆（*Pisum sativum* L.）、蠶豆（*Vicia faba* L.）、豇豆（*Vigna sinensis* (L.) Savi）、菜豆（*Phaseolus vulgaris* L.）、赤小豆（*P. angularis* Wight）、綠豆（*P. radiatus* L.）、刀豆（*Canavalia gladiata* (Jacq.) DC.）等。常見的經濟樹種，如槐樹、紫檀、黃檀等喬木，大型木質藤本如紫藤屬（*Wisteria*）、魚藤（*Derris*）等，都是本科植物。本科植物的花冠能保護雌雄蕊、又能吸引昆蟲授粉。蝶形花冠最上面的一瓣為旗瓣，有二片翼瓣位於對稱軸兩側，二片龍骨瓣於最內側。旗瓣大而開展，色彩吸

植物認識我：簡易植物辨識法

引昆蟲；翼瓣在左右兩側略伸展，可供昆蟲停立；龍骨瓣背部邊緣合生，將雌雄蕊包裹在內，防止雨水、害蟲的侵襲。本科的花是一種特化的花冠型。

　　蝶形花科有 476 屬，13,855 種，廣泛分布在全世界。本科被一部分植物分類學家視為豆科下的蝶形花亞科（Papilionoideae），2009 年新公布的被子植物 APG III 分類法亦支持此種觀點。

蝶形花科植物的簡明特徵：

（1）草本為主，木本較少。

（2）多一回羽狀複葉 有時三出葉、單葉。

（3）花左右對稱，花有 3 種花瓣：最上面的花瓣最大，稱作**旗瓣**，有 1 片；中間有 2 片，稱**翼瓣**；最下面的 2 片最小，稱

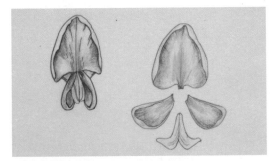

圖 2-4 蝶形花科植物的花瓣有3類型，最上1片為旗瓣，中間2片為翼瓣，最下2片合生的為龍骨瓣。

龍骨瓣（圖 2-4）。龍骨瓣常合生為一。這種花瓣合稱為蝶形花冠（Papilionacous corolla）（照片 2-9）。

（4）雄蕊 10，多呈二體（Diadelphous）（5＋5 or 9＋1）（照片 2-10）。

照片 2-9 蝶形花科蝶豆的花瓣（最上旗瓣，兩側翼瓣，最下龍骨瓣）。

照片 2-10 蝶形花科雞冠莿桐之 9＋1 二體雄蕊。

1. **蝶豆** *Clitoria ternatea* **L.**
   （1）高大纏繞藤本，全株被毛。
   （2）奇數羽狀複葉，小葉 5-9。
   （3）花單生，藍色。

2. **印度黃檀** *Delbergia sissoo* **Roxb.**
   （1）羽葉之總柄曲成「之」字狀。
   （2）小葉菱形，似烏桕，無刺。
   （3）莢果扁平舌狀。
   （4）邊材金黃色，心材茶褐色。

3. **老荊藤** *Milletia reticulata* **Benth.**
   （1）藤本。
   （2）小葉 5-7，長 3-9 cm，光滑。
   （3）圓錐花序頂生，花暗紫紅色。

4. **蕗藤** *Milletia taiwaniana*（**Hay.**）**Hay.**
   （1）攀緣灌木。
   （2）小葉 9-13，長 10-15 cm，背有絨毛。
   （3）總狀花序，腋生。
   （4）果球形或橢圓形，木質，有小瘤粒。

5. **血藤** *Mucuna macrocarpa* **Wall.** = *Mucuna ferruginea* **Mutsum.**
   （1）大木質藤本，枝條披鐵銹色細絨毛。
   （2）葉三出，半革質，背面鐵銹色；頂小葉長橢圓形，長 12-15 cm。
   （3）下垂總狀花序，15-30 花，花深紫色。
   （4）莢果長 7-15cm，密布短柔毛。

 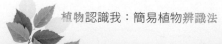 植物認識我：簡易植物辨識法

6. 紅豆樹 *Ormosia hosiei* **Hemsl.** *et* **Wils.**

（1）常綠或落葉喬木，高達 20-30 m，枝幹青綠色。

（2）奇數羽狀複葉，小葉 2-4 對。

（3）圓錐花序頂生或腋生；花冠白色或淡紫色，有香氣。

（4）莢果近圓形，扁平，種子 1-2 粒。

（5）種子近圓形或橢圓形，種皮紅色，即「紅豆生南國……」之紅豆。

7. 水黃皮；假茄苳 *Pongamia pinnata*（**L.**）**Pierre**

（1）半落葉性喬木，高 8-15 m，樹冠傘形。

（2）奇數羽狀複葉，小葉 2-3 對，葉無鋸齒。

（3）腋生的總狀花序排列，花粉紅色至紫紅色。

（4）莢果木質，扁平，不開裂，種子 1。

（5）海岸樹種。

8. 菲律賓紫檀 *Pterocarpus vidalianus* **Rolfe.**

（1）小葉先端尾狀。

（2）莢果有闊翅，中部具刺。

（3）材質緻密，為良好傢俱用材。

9. 印度紫檀 *Pterocarpus indicus* **Willd.**

（1）小葉先端尖。

（2）莢果有闊翅，但中部無刺。

（3）材質良好，為傢俱用材。

10. 紫藤 *Wisteria sinensis*（**Sims.**）**Sweet**

（1）落葉木質藤本。

（2）奇數羽狀複葉，小葉 7-13 枚，長 4-10 cm，幼時兩面披毛。

（3）花序總狀，下垂，花紫色。

（4）莢果長 10-20 cm，密生黃色絨毛。

11. 合萌 *Aeschynomene indica* **Linn.**

（1）直立草本，上部多分枝，高 30-150 cm。

（2）奇數羽狀複葉；小葉 20-30 對，小葉片長 1-1.5 cm，線形或橢圓形。

（3）花序為總狀花序，腋生；花瓣黃色；雄蕊 10，二體，5+5。

（4）莢果長 2.5-5 cm，線形，分成 4-8 結。

12. 鏈莢木 *Ormocarpum cochinchinense*（**Lour.**）**Merr.**

（1）灌木。

（2）奇數羽狀複葉，小葉 9-17 片。

（3）單朵或成對腋生或排成稀疏的總狀花序；花黃色；雄蕊二體，5 枚一束。

（4）莢果線形或長圓形，膨脹，有節，不開裂，表面有皺紋。

常見的三出葉種類：

1. 舞草 *Codariocalyx motorius*（**Houtt.**）**Ohashi**

（1）灌木。

（2）葉 1-3 片，頂葉大，側小葉甚小或退化。背披平臥柔毛。

（3）花紫紅色。

（4）產中低海拔灌叢。

2. 珊瑚刺桐 *Erythrina corallodendron* **L.**

（1）落葉喬木。

（2）葉柄有刺。

（3）花萼鐘形，萼齒不發育；旗瓣內曲。

（4）原產北美。

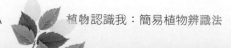

3. 雞冠刺桐 *Erythrina crista-galli* **L.**

（1）落葉灌木。

（2）葉柄略有刺。

（3）花萼之萼齒亦不明顯；旗瓣開展；連體雄蕊先端之花絲外展，狀如雞冠。

（4）原產巴西。

4. 刺桐 *Erythrina variegata* **L. var.** *orientalis*（**L.**）**Merr.**

（1）落葉喬木。

（2）葉柄光滑無刺。

（3）花萼開裂，近達基部。

（4）產平地山麓。

5. 葛藤 *Pueraria lobata*（**Willd.**）**Ohwi**

（1）纏繞藤本，托葉盾著。

（2）三出複葉，小葉菱狀卵形，長 10-15 cm，有時 3 淺裂，背面密披毛絨，小葉長度略等於寬度。

（3）莢果長 6-9 cm，寬 1 cm，密披黃色硬毛。

（4）原產大陸、日本。

*2-6 無患子科 Sapindaceae

　　本科植物有喬木、灌木、草本或藤本。大多為複葉，有三出複葉、羽狀複葉或二回羽狀複葉。雄蕊通常有 8 枚，花絲常有毛。本科植物沒花不容易辨識。

　　無患子科植物有很多種類具經濟價值，如欒樹類是著名觀賞樹木及行道樹。相傳以無患樹的木材製成的木棒可以驅魔殺鬼，因此名為無患。厚肉質狀的果皮含有皂素，是使用肥皂以前的洗滌劑。假種皮（**aril, arillus**），亦作臨時種皮、種衣，是一種附著於種子表面，將種子外側覆蓋起來的構造。種皮由胚珠的珠被發育而成，而假種皮常由珠柄發育而成。假種皮通常有果肉般鮮豔顏色，肉質可

食，可吸引動物取食以協助傳播種子。本科具假種皮的著名水果有龍眼、荔枝、紅毛丹等。

產於全世界，熱帶至溫帶地區均有分布。近期的分類系統（APG 分類法）主張將槭樹科和七葉樹科併入到無患子科內。無患子科約有 140-150 屬，1,400-2,000 種。

無患子科植物的簡明特徵：

（1）喬木、灌木，有時爲具捲鬚之藤本。

（2）多數爲羽狀複葉，互生，有時爲單葉或三出葉。

（3）花小；瓣 3-5（常 5），內側基部常有鱗片或簇毛蜜腺。

（4）**雄蕊常 8，花絲有毛**（圖 2-5）、（照片 2-11），插生於花盤內側。

（5）心皮 2-3（常 3）。

（6）蒴果、堅果、漿果、核果或翅果。

（7）種子常具假種皮。

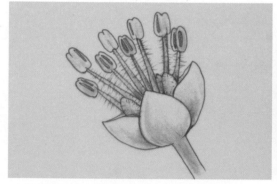

圖 2-5 無患子科植物的花有 8 雄蕊，花絲有毛。　　照片 2-11 無患子科龍眼每朵花具 8 枚花絲有毛的雄蕊。

1.龍眼 *Euphoria longana* **Lam.**

（1）偶數羽狀複葉，小葉 2-4 對，不光滑，全緣。

（2）兩性花與單性花共存，花瓣 5，子房 2-3 室，花盤有毛。

（3）果球形，假種皮肉質可食。

（4）原產華南。

  植物認識我：簡易植物辨識法

2. 荔枝 *Litchi chinensis* **Sonn.**

（1）大喬木。

（2）偶數羽葉，小葉 2-4 對，光滑，背灰白。

（3）頂生圓錐花叢；花無瓣，花盤肉質。

（4）果深紅熟，表面有疣狀突起。

（5）原產華南，海南島及雲南等地仍有大量野生單株，栽培已有 2,000 多年的歷史。木材堅硬，是貴重的木材。

3. 台灣欒樹 *Koelreuteria formosana* **Hay.**

（1）落葉喬木。

（2）二回羽狀複葉，葉柄被短柔毛，小葉長卵形，長 6-8 cm，基歪，淺鋸齒緣。

（3）圓錐花序頂生；花黃色，上有腺點，有長柄。

（4）果為膜狀蒴果，粉紅至紅色，三瓣裂；種子黑色。

（5）行道樹：台北市羅斯福路五段、忠誠路很多。

4. 無患子；黃目子 *Sapindus mukorossi* **Gaertn.**

（1）陽性樹，落葉大喬木。

（2）偶數羽葉，冬葉變黃，小葉 5-8 對，卵狀披針形。

（3）圓錐花序；萼 5，瓣 5；子房 2-3 室，每室 1 胚珠。

（4）核果，果皮肉質，無假種皮，含無患子皂素，可供洗滌用；種子黑色。

*2-7. 漆樹科 Anacardiaceae（又見頁 91，1-7 具乳汁之科）

　　本科植物都是喬木或灌木，樹皮多含有樹脂；葉有奇數羽狀複葉或三小葉掌狀複葉，熱帶產者多單葉。本科植物花小，雄蕊常 10 枚。果實多為核果。著名的經濟樹種漆樹，樹皮分泌有刺激性的「漆酚」，用以生產生漆。漆樹科包括 83 屬，約 600 餘種，大部分布於熱帶地區。熱帶地區之本科植物，有些未演化成羽狀複葉，如常見果樹，芒果、腰果等都是單葉植物。

漆樹科植物的簡明特徵：

（1）喬木或灌木，樹皮和木質部常有樹脂管，具乳汁（照片 2-12）。

（2）複葉或單葉，互生；無托葉。

（3）瓣 3-5，萼 3-5 裂，雄蕊常 10（5-10），插生於花盤邊緣。

（4）心皮 1 或 3，子房 1 室，胚珠單一。

（5）核果。

照片 2-12
人們割取漆樹科漆樹的乳汁製漆。

1. 黃連木；楷木；爛心木 *Pistacia chinensis* **Bunge**

（1）落葉喬木。

（2）奇數羽葉，小葉 7-10 對，披針形至卵狀披針形，長 4-6 cm，全緣。

（3）核果倒卵狀球形，徑 0.3-0.4 cm，色紅，熟時紫藍色。

2. 漆樹 *Rhus verniciflua* **Stockes**

（1）落葉喬木。

（2）小葉 9-13，卵狀橢圓形，急尖，長 15 cm。

（3）圓錐花序，花綠色。

（4）原產華中。

（5）栽培歷史悠久。樹皮流出乳液含漆酚，為優良的防腐、防銹塗料。

3. 山漆 *Rhus succedanea* **Linn.**

（1）落葉喬木，小枝及幼嫩部位被有黃褐色柔毛。

（2）奇數羽狀複葉，小葉 4-7 對，幾無柄，葉緣全緣，葉背粉白色。

（3）單性花，雌雄異株，圓錐花序；花小，黃綠色；雄蕊 5 枚。

（4）果實為核果，徑約 0.6 cm，歪扁球形，淡黃色，熟時不規則開裂。

（5）山漆為陽性樹種，冬季落葉前葉片變紅，為紅葉植物之一。

植物認識我：簡易植物辨識法

4. 羅氏鹽膚木 *Rhus javanica* **Linn. var.** *roxburghiana*（DC.）**Rehd. & Wilson**

（1）落葉性小喬木，小枝，葉背及花序均被毛。

（2）葉爲一回羽狀複葉，有小葉 8-17 枚，小葉呈卵狀橢圓形，鈍鋸齒緣
　　　互生。

（3）雄雌異株，開黃白色的小花，小花以圓錐花序生於枝頂。

（4）核果扁球形，成熟時爲橙紅色，外部被毛。核果具有鹹味，可以供
　　　作鹽的代用品。

（5）山鹽青爲喜好陽光的陽性樹種，在道路兩旁及崩塌地區最爲常見，
　　　木材可供作薪材使用。

漆樹科常見的單葉樹種：

　　1. 檬果；樣子 *Mangifera indica* L.

*2-8 楝科 Meliaceae（又見頁 374，14-15 特殊花序及花器內容的科）

　　楝科大部分是常綠植物，也有部分是落葉的。本科包括約 53 屬、600 種，
分布熱帶和亞熱帶地區，少數分布至溫帶地區。葉通常爲 1-3 回羽狀複葉。雄蕊
花絲通常合生成雄蕊筒。

　　《爾雅翼》說楝樹「木高丈餘，葉密如槐而尖，三四月開花，紅紫色，實如
小鈴，名金鈴子，俗謂之苦楝」。樹皮、葉和果實入藥，有驅蟲、止痛和收斂的
功效，在農村廣泛用作農藥；本種對二氧化硫的抗性強，耐空氣污染，可栽植爲
都市行道樹。有的種類可以提煉植物油，用於製造肥皂或殺蟲劑；桃花心木是名
貴的木材；香椿是著名的木本蔬菜，食用嫩芽。有些種類入藥，有些供觀賞用。

　　楝科植物的簡明特徵：

　　（1）灌木或喬木，木材多具芳香。

　　（2）羽狀複葉，互生；小葉常全緣，基部 略歪。

　　（3）圓錐花序；萼 3-6 裂；瓣 4-5，花具花盤。

（4）雄蕊 5 或 10；花絲合生成筒（圖 2-6）、（照片 2-13）；子房 2-5 室，
每室胚珠 1-2。

（5）漿果、蒴果或核果。

（6）台灣有 5 屬。

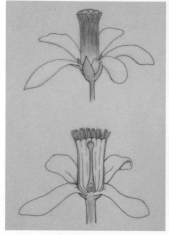 

圖 2-6 楝科植物花的雄蕊花 照片 2-13 楝科楝樹的單體雄蕊。
絲合生成單體雄蕊。

1. 樹蘭 *Aglaia odorata* **Loar.**

（1）全株平滑，外形似月橘。

（2）奇數羽狀複葉，小葉 5，橢圓形至卵形，長 1-3 cm，葉軸有翼。

（3）花黃極小，芳香。

（4）原產華南，引進供觀賞。

2. 楝樹 *Melia azedarach* **L.**

（1）落葉喬木。

（2）二至三回羽狀複葉，小葉鋸齒緣，長 2-6 cm。

（3）圓錐花序腋生；花瓣 5，紫色；雄蕊 10。

（4）核果內果皮 5 淺稜，種子藥用。

（5）木材可做傢俱。

3. 大葉桃花心木 *Swietania macrophylla* **King**
（1）常綠或落葉大喬木，一年生，枝皮孔少。
（2）偶數羽狀複葉，小葉 6-14，長 6-21 cm，小葉葉基歪形。
（3）蒴果卵形，長 15 cm，徑 8 cm；種子有翅。
（4）原產中美洲、墨西哥。

4. 桃花心木 *Swietania mahagoni* **Jacq**
（1）一年生枝皮孔較多。
（2）偶數羽狀複葉，小葉 6-12，較上種小，長 3-7 cm。
（3）原產中、南美及西印度群島。

5. 香椿 *Toona sinensis* （**Juss.**）**M. Roem.**
（1）多年生落葉性喬木，高可達 20 m。
（2）偶數羽狀複葉，小葉 7-9 對，揉之有香味。
（3）花序為複聚繖花序，呈圓錐狀排列；花瓣 5 裂，長橢圓形。
（4）蒴果長橢圓形或倒卵形，種子具翅，種翅生於種子上方。

*2-9 芸香科 Rutaceae（又見頁 170，4-7 特殊葉片性狀之科；又見頁 350，13-5 植物枝葉樹皮有香氣的科）

　　常綠或落葉喬木、灌木或攀援藤本或草本，植物體含有揮發油，具有強烈的香氣；葉上常常有透明的小點油腺。芸香科很有經濟價值的是柑橘屬植物，其中有橘、橙、柚以及檸檬等；另有黃檗、花椒、茱萸等可入藥或為香料的著名種類。柑橘類植物的種子於種子發育過程中會產生一個以上的胚，此種現象稱為**多胚現象**（**polyembryony**）。造成多胚現象的原因是一個胚珠內還多個胚囊，每個胚囊均可發育成一個胚，或由胚珠內的助細胞或反足細胞發育形成，也可能是由珠心或珠被發育而來，所有的胚均可發育成植物體。因此，播種一棵柑橘類種子，可能長出數株幼苗。

芸香科約有 160 屬 1,700 餘種，廣泛分布於全球熱帶至溫帶地區。臺灣有 17 屬 51 種。芸香科之下可分為四個亞科，分別是：戟葉橄欖亞科（Cneoroideae）、脂檀亞科（Amyridoideae）、芸香亞科（Rutoideae）、柑橘亞科（Aurantioideae）。

　　芸香科植物的簡明特徵：
　　（1）灌木或喬木，少部分為草本。
　　（2）複葉為主，有些種類單葉，都具油腺（**glandular punctate**）（圖 2-7）、（照片 2-14）；互生或對生。
　　（3）萼 4-5；瓣 4-5；雄蕊 8-10；心皮 4-5。
　　（4）雄蕊和花瓣對生，插生於花盤之中。
　　（5）子房 4-5 淺裂；花盤環狀、盤狀。
　　（6）蒴果，核果或柑果（hesperidium）。

圖 2-7 芸香科植物的葉具透明油點。

照片 2-14 芸香科食茱萸小葉的透明油點。

A. 羽狀複葉的種類：

1. 月橘；七里香 *Murraya paniculata*（**Linn.**）**Jack.**
　　（1）常綠灌木，常充為綠籬。
　　（2）羽狀複葉，小葉長 3-5 cm，卵形。
　　（3）花白色，香氣濃郁，故又稱七里香。

 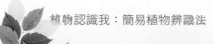 植物認識我：簡易植物辨識法

（4）果球形或卵形，徑 1.0-1.2 cm，成熟時紅色。

2. **黃蘗** *Phellodendron amurense* **Rupr.**
  （1）落葉喬木，樹皮木栓質，內皮鮮黃色。
  （2）奇數羽狀複葉，對生；小葉 9，長 7-9 cm。
  （3）聚繖花序頂生、腋生；瓣及萼 5；雄蕊 5。
  （4）果球形，徑 0.7-0.8 cm。

3. **賊仔樹；臭辣樹** *Tetradium glabrifolium* （**Champ.**）**Hartley**
  = *Euodia meliaefolia* （**Hance**）**Benth.**
  （1）落葉喬木，小枝有毛。
  （2）奇數羽狀複葉，對生；小葉長橢圓形，長 7-10 cm，全緣，光滑。
  （3）圓錐花序，花 5 數，心皮亦 5。
  （4）蓇葖果有毛；種子球形，黑色，徑 0.1 cm。
  （5）產海拔 500-1,000 m 山區。

4. **吳茱萸；毛臭辣樹** *Tetradium ruticarpum* （**A. Juss.**）**Hartley**
  = *Euodia rutaecarpa* **Hook. t.** *et* **Thoms.**
  （1）落葉喬木，幼枝、葉、花序被有絨毛。
  （2）奇數羽狀複葉，對生；小葉長 5.5 cm，全緣，被毛。
  （3）產中海拔闊葉林中。

5. **食茱萸** *Zanthoxylum ailanthoides* **S. & Z.**
  （1）落葉喬木，幹密生瘤刺，小枝、葉軸均有銳刺。
  （2）奇數羽狀複葉，小葉 7-15 對，基部圓或心形。
  （3）頂生圓錐花序；花白色。
  （4）果心皮 3，蓇葖果，近球形，徑 0.3-0.5 cm。
  （5）產低海拔森林中。

6. 雙面刺 *Zanthoxylum nitidum*（**Roxb.**）**DC.**

（1）攀緣藤木，枝條、葉軸、中肋均具刺。

（2）羽狀複葉，小葉 3 或 5，長橢圓形，長 7-8 cm，鈍齒緣。

（3）總狀花序腋生；花白至淡黃色，瓣 4，萼 4，雄蕊 4。

（4）菁葖果近球形，徑 0.5-0.7 cm。

（5）產全台低海拔。

B. 單身複葉的種類：

1. 橘柑 *Citrus tachibana*（**Makino**）**Tanaka**

（1）葉長橢圓形，長 6-7 cm；葉柄稍具翅。

（2）果球形，徑 3.5 cm，皮極薄。

（3）產低海拔地區。

2. 柚 *Citrus grandis* **Osbeck**

（1）葉卵形至橢圓狀卵形；柄翅寬闊，稍呈心形。

（2）果甚大，皮厚 1 cm 以上。

（3）原產印度。

3. 檸檬 *Citrus limon* **Burm.**

（1）葉橢圓狀卵形，長 8-12 cm；柄翅狹長。

（2）果味酸，徑 5-8 cm。

（3）原產馬來西亞。

C. 單葉的種類：

1. 降眞香 *Acronychia pedunculata*（L.）Miq.

2. 茵芋類（*Skimmia* spp.）

 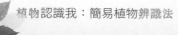

*2-10. 蒺藜科（又見頁 229，6-8 藤本植物之科）

蒺藜科只有 30 屬大約 250 種，主要分布在熱帶、亞熱帶、溫帶的乾旱地區，如海濱及沙漠、中國的黃土高原地區。因此，本科植物多數是重要的防風固沙植物。中國最原始的防禦型武器「鐵蒺藜」，來源於本科一種稱作蒺藜的蔓生草本植物，該植物的果實外殼有三角形尖刺，長滿尖刺的果實能刺傷行人。古人按疾藜果實形狀仿製出「鐵蒺藜」。在古代戰爭中，為阻礙敵軍行軍，常常將鐵蒺藜撒布於敵人必經過的路徑上，阻礙敵人戰馬。有時也散布在城鎮、村落周圍，用於防禦盜賊。「蒺藜」製造簡易，可用生鐵鑄造，也可以用竹、木削成尖刺代替，如木蒺藜、竹箭、竹尖椿等。戰國時代，守城部隊也常在城壕中密設鐵蒺藜防止敵人襲擊。

蒺藜科植物的簡明特徵：
- （1）匍匐草本。
- （2）偶數羽狀複葉，大的複葉與小的複葉交互對生（圖 2-8）。
- （3）花黃色，細小，單生於葉腋（照片 2-15）。
- （4）果為蒴果，由 5 枚堅硬不開裂的分果瓣所組成，每個分果銳刺 1 對。

1. 蒺藜 *Tribulus terrestris* **L.**
- （1）一年生草本，莖由基部分枝，偃臥地面而呈蔓狀，長可達 1 m。
- （2）葉對生，偶數羽狀複葉，小葉 4-8 對。

上：圖 2-8 蒺藜科對生的複葉一片大一片小。
下：照片 2-15 蒺藜科蒺藜開黃花。

（3）花冠黃色 5 瓣；花萼 5 片，雄蕊 10 枚。

（4）離果芒刺狀，各具一對長針刺和短針刺。

*2-11　五加科 Araliaceae（又見頁 153，3-3 掌狀複葉之科；頁 188，5-2 單葉具托葉及其他易識別性狀的植物科；頁 284，8-4 幼枝嫩葉被星狀毛之科；頁 363，14-7 特殊花序及花器之科）

　　本科大多數種類爲木本，有喬木、灌木和藤本，只有少數種爲多年生草本植物。單葉、羽狀複葉或掌狀複葉，托葉通常與葉柄基部合生成鞘狀。花爲繖形花序，或由繖形花序排成總狀或穗狀花序。五加科植物有許多是重要的藥材，如人參、三七、五加等。此外鵝掌藤、長春藤、八角金盤也是常見的觀賞植物。通草，又稱通脫木，莖的白色髓心，加工切片成長、寬各 8-11 cm 的等方形薄片，稱爲「方通」；所切下的絲稱「絲通」。可作藥用，或作手工藝用。陳嘉謨的《念初堂集》謂：「白瓤中藏，脫木得之，故名通脫。」陳藏器的《本草拾遺》記述：「通脫木生山側，葉似蓖麻，其莖空心，中有白瓤，輕白可愛，……俗名通草。」

　　五加科共有 52 屬，900 多種。根據 APG II 分類法五加科屬的分類尚未有最終確定結論。

五加科植物的簡明特徵：

　　（1）喬木、灌木、木質藤本；莖具髓心（照片 2-16），常具刺，有星狀絨毛。

　　（2）葉互生，單葉，羽狀複葉或掌狀複葉。

　　（3）托葉連生於葉柄基部，使二者難以區別，包莖（圖 2-9）、（照片 2-17）。

照片 2-16 五加科通草具有粗大白色的髓心。

植物認識我：簡易植物辨識法

（4）花小，綠色，形成繖形花序；萼與子房連生，瓣 5-10，早落（caducous）。

（5）雄蕊常 5，著生於花盤邊緣。

（6）子房下位，心皮 2 至多數，常 5；不具子房柄（carpophore）；花盤覆蓋在子房頂端，並常與花柱基部合生。

（7）核果。

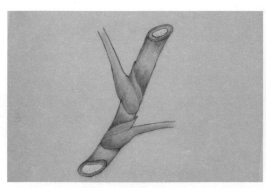

圖 2-9 五加科的托葉與葉柄基部連生，緊密包莖。　照片 2-17 五加科植物的托葉連生於葉柄基部，並緊包莖部。

A. 常見的羽狀複葉種類：

1. 裡白刺楤 *Aralia bipinnata* **Blanco**

（1）落葉喬木，有刺。

（2）1-3 回羽狀複葉，小葉卵形，疏鋸齒緣，表面綠色，背面灰白色。

（3）繖形花序組成頂生圓錐花序。

（4）果球形，徑 0.3 cm。

（5）產低至高海拔林緣及跡地。

2. 台灣刺楤 *Aralia decaisneana* **Hance**

（1）落葉小喬木，幹有銳刺；葉柄、葉面、花序有褐色剛毛。

（2）二回羽狀複葉，小葉卵形，粗鋸齒緣，背茶褐色絨毛。

（3）產低海拔向陽地。

3. 福祿桐 *Polyscias guilfoylei* **Bailey**

（1）常綠灌木。

（2）一回羽狀複葉。

4. 碎錦福祿桐 *Polyscias fruticosa* **Harms.**

（1）常綠灌木。

（2）葉爲三回羽狀複葉或更細分裂。

B. 常見的掌狀複葉種類：

1. 人蔘 *Panax ginseng* C. A. Mey

2. 鵝掌藤 *Schefflera arboricola* Hay.

3. 鴨腳木；江某 *Schefflera octophylla*（Lour.）Harms

C. 常見的單葉種類：

1. 八角金盤 *Fatsia japonica*（Thunb.）Decaisne & Planch.

2. 常春藤 *Hedera nepalensis* K.Koch var. *sinensis*（Tobl.）Rehd.

3. 蓮草；通脫木 *Tetrapanax papyriferus*（Hook.）K. Koch

*2-12　繖形花科 Apiaceae（Umbelliferae）（又見頁 351，13-7 植物枝葉樹皮且香氣的科；又見頁 363，14-8 特殊花序及花器內容之科）

繖形花科通常爲莖部中空的芳香植物，大多爲多年生草本。葉大部爲多回分裂的複葉，葉柄下部連生有鞘狀托葉。花小，通常兩性，常爲頂生或腋生的複繖形花序。果實爲雙懸果或稱離果：成熟時兩個心皮由合生面分離成兩個懸垂的分果，各有 1 種子。繖形科植物有不少種類是重要的藥材，如當歸、川芎、白芷、前胡、防風、柴胡、獨活、槁本、明黨參、羌活、北沙參等；也有常見的蔬菜、

 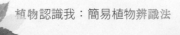

香料種類，如芫荽、芹菜、水芹、胡蘿蔔等。

　　此科約有 280 屬和 2,500 種，分布在北溫帶、亞熱帶或熱帶地區的高山上。臺灣有 16 屬。R·F·索思（1968 年）等，主張將五加科和繖形科合併爲一科。克朗奎斯特系統（1968 年）和塔克他間系統（1969 年）卻認爲這兩科雖非常接近，主張應該保持兩科的獨立性。

繖形花科植物的簡明特徵：

（1）草本，全株具香味，空心或極軟髓心。

（2）羽狀複葉，葉基鞘狀（照片 2-18）。

（3）繖形花序（照片 2-19）；花 5 數，黃或白色；萼 5，瓣 5，雄蕊 5。

（4）心皮 2，2 室，每室 1 胚珠；子房下位，花柱基部膨大。

（5）果爲離果（schizocarp），外具稜，開裂或 2 分果（mericarp），分果由宿存子房柄（carpophore）分開。

1. 白芷 *Angelica dahurica*（**Fisch.**）**Benth. & Hook.**

（1）多年生草本，根粗大，徑中空，長呈紫紅色。

（2）葉 2 至 3 回羽狀複葉。

上：照片 2-18 繖形科植物鞘狀托葉蓮生在葉柄基部。
下：照片 2-19 繖形科植物的繖形花序。

2. 當歸 *Angelica sinensis*（**Oliv.**）**Diels.**

（1）多年生草本，莖帶紫紅色。

（2）基生葉 2-3 回三出葉；葉脈及邊緣有白色細毛。

（3）原產華中、華南。

3. 芹菜 *Apium graveolens* **L.**

（1）一或二年生草本，全株具特殊香氣。

（2）羽狀複葉，小葉 5-7，心形，緣有疏齒，總葉柄有縱稜。

（3）原產歐洲，爲著名之果蔬。

4. 芫荽；香菜 *Coriandrum sativum* **L.**

（1）一年生草本，有強烈氣味。

（2）初生之根生葉 1-2 回羽裂，莖部之葉 2-3 回羽裂。

（3）原產地中海，爲常見之香料植物。

5. 水芹菜 *Oenanthe javanica*（**Blume**）**DC.**

（1）多年生草本。

（2）葉一至三回羽裂。

（3）生長於水田、池畔、溼地。

常見的單葉種類：

1. 雷公根 *Centella asiatica*（L.） Urban

2. 天胡荽類 *Hydrocotyle* spp.

*2-13. 木犀科 Oleaceae

木犀科植物均爲木本，葉對生，有單葉、三出複葉或羽狀複葉；花冠合瓣 4
裂，雄蕊 2 枚。本科具有許多重要的經濟植物：藥用植物有連翹、女貞、秦皮等；

  植物認識我：簡易植物辨識法

香花植物有木犀（桂花）、茉莉花以及各種丁香屬的植物，這些植物也是重要的觀賞樹種；光臘樹是建築用材樹種；油橄欖則是世界知名的油料植物。

　　本科約 30 屬，600 餘種，廣布在全球各地，亞洲地區種類尤多。臺灣有 5 屬 26 種，包括流蘇樹屬、梣屬、素英屬、女貞屬、木犀屬。木犀科可區分成：素馨亞科（Jasminoideae）和木犀亞科（Oleoideae）。

　　木犀科植物的簡明特徵：

　　（1）喬木、灌木或藤本。

　　（2）單葉或羽狀複葉，葉對生，**葉柄基部常呈現紫色**（照片 2-20）。

　　（3）花合瓣，整齊花。

　　（4）萼 4 裂，瓣 4 裂，**雄蕊通常 2 枚**（照片 2-21）。

　　（5）心皮 2，子房 2 室。

　　（6）蒴果、漿果或翅果。

照片 2-20 木犀科光蠟樹的羽狀複葉對生，葉柄基部常呈現紫色。　照片 2-21 木犀科桂花具花冠4列的合瓣花，雄蕊2。

1. 白蠟樹；光蠟樹 *Fraxinus griffithii* **C. B. Clarke**

　　（1）半落喬木，樹皮薄片狀剝落，留下剝落遺痕。

　　（2）奇數羽葉，小葉 5-9，全緣，長 3-6 cm。

　　（3）翅果。

　　（4）重要造林樹種。

2. 探春花 *Jasminum floridum* **Bunge**

　　（1）半常綠性灌木，枝直立。

　　（2）奇數羽狀複葉，小葉 3-5，長 1-3 cm。

　　（3）頂生聚繖花序，花金黃色。

　　（4）原產華中至華南。

3. 素馨花 *Jasminum grandiflorum* **L.**

　　（1）常綠灌木，枝下垂。

　　（2）奇數羽狀複葉，小葉 5-7，總柄有刺。

　　（3）花白色。

　　（4）原產雲南。

常見的單葉種類：

　　1. 茉莉花 *Jasminum sambac*（L.）Ait.

　　2. 流蘇樹 *Chionanthus retusus* Lindl. & Paxton

　　3. 女貞 *Ligustrum lucidum* Ait.

　　4. 日本女貞 *Ligustrum japonicum* Kaneh. *et* Sasaki

　　5. 桂花；木犀 *Osmanthus fragrans* Lour.

　　5. 刺柊；刺格；柊樹 *Osmanthus heterophyllus*（G.Don.）Green

*2-14　紫葳科 Bignoiaceae（又見頁 155，3-4 掌狀複葉之科；頁 382，14-22 特殊花序及花器之科）

　　本科植物大多數種類花大而美麗，色彩鮮艷，是熱帶地區重要的庭園觀賞及行道樹種類。羽葉複葉或掌狀複葉，葉對生；頂生小葉或葉軸有時呈卷鬚狀，卷鬚頂端有時變為鉤狀或為吸盤而攀援它物。蒴果，胞間或胞背開裂，形狀各異。種子通常具透明薄翅或兩端有束毛，數量極多。本科絕大多數種屬都具有鮮艷奪

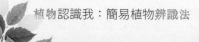

植物認識我：簡易植物辨識法

目大而美麗的花朵，以及各式各樣奇特的果實形狀，在世界各國植物園、花園栽培作觀賞用。

　　紫葳科約有 110 屬共約 650 種，主要是木本植物，只有少數是草本，廣泛分布在世界各地熱和亞熱帶地區。約有 10 餘屬分布於亞洲熱帶，大部分屬則分布於非洲南部、南美洲和大洋洲。克朗奎斯特系統將紫葳科分入玄參部，2003 年的 APG II 分類法將玄參部和唇形部合併。

紫葳科植物的簡明特徵：
　　（1）喬木，大灌木或藤本。
　　（2）**羽狀複葉或掌狀複葉，對生**（照片 2-22）；有時具捲鬚。
　　（3）花略左右對稱，豔麗，2 唇；萼 5 裂，冠 5 裂。
　　（4）雄蕊 4，二強雄蕊，有時具第五之退化雄蕊。
　　（5）心皮 2，花柱 2 裂；胚珠多數。
　　（6）蒴果；**種子具透明翅**（照片 2-23）。

上：照片 2-22 紫葳科藍花楹的對生羽狀複葉。

下：照片 2-23 紫葳科植物具扁平、周圍半透明膜翅的種子。

1. 凌霄花 *Campsis grandiflora*（**Thunb.**）**K. Schum.**
　　（1）攀緣灌木。
　　（2）對生奇數羽狀複葉，小葉 7-9，小葉有鋸齒，葉背平滑。
　　（3）頂生圓錐花序；花猩紅色。花萼先端尖銳，裂片深達 1/3~1/2。
　　（4）原產中國及日本。

2. **美國凌霄** *Campsis radicans*（**L.**）**Seem.**

（1）小葉 9-11，葉背被毛。

（2）花冠橙色，帶紫暈。花萼先端鈍，裂片深不及 1/4。

（3）原產美國。

3. **藍花楹** *Jacaranda acutifolia* **Humb.** *et* **Bonpl.**

（1）落葉喬木。

（2）二回羽狀複葉，對生，小葉細小。

（3）頂生圓錐花序，花藍色。

（4）原產熱帶美洲。

4. **臘腸樹** *Kigelia pinnata* **DC.**

（1）大喬木。

（2）奇數羽葉，小葉 7-9。

（3）花橙色，下垂圓錐花序。

（4）果具厚皮，內纖維質，長 30-45 cm，懸掛枝上。

（5）原產熱帶非洲。

5. **蒜香藤** *Pseudocalymma allicaceum*（**Lam.**）**Sand.**

（1）攀緣灌木。

（2）複葉對生，小葉 2，先端鈍或微凹，揉之有蒜味。

（3）花紫色。

（4）原產巴西。

6. **炮仗花** *Pyrostegia venusta*（**Ker.**）**Miess.**

（1）藤本。

（2）葉 2，卵形至卵狀橢圓形，先端漸尖，捲鬚 3。

（3）下垂圓錐花序，蔚成花海；花橙色，裂片邊緣有白毛。

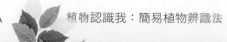

（4）原產巴西。

7. 火焰木 *Spathodea campanulata* **Beauv.**
（1）常綠喬木。
（2）奇數羽狀複葉，小葉 9-19，背面有毛。
（3）花猩紅色，圓錐花序，頂生如火焰。
（4）蒴果，種子具翅。
（5）南部生長較佳。
（6）原產熱帶非洲。

8. 黃鐘花 *Stenolobium atans*（**L.**）**Seem.**
（1）常綠灌木。
（2）奇數羽狀複葉，小葉 5-13，長橢圓狀卵形，長 4-10 cm。
（3）頂生圓錐花序；花鮮黃色。
（4）原產中美洲。

常見的掌狀複葉種類：
1. 黃金風鈴木 *Tabebuia chrysantha*（Jacq.）Nichols.
2. 洋紅風鈴木 *Tabebuia pentaphylla*（L.）Hemsl.

2-15 小檗科 Berberidaceae

本科葉為複葉或單葉，17 屬，約有 650 種，主產北溫帶和亞熱帶高山地區。有單葉、草本的八角蓮類（Dysosma）；單葉、灌木，莖節上有 3 枚刺的小檗類（Berberis）；一回羽狀複葉、小葉緣具刺的十大功勞（Mahonia）；還有三回羽狀複葉的南天竹（Nandina domestica Thunb.）。植物體小檗鹼（berberine）、藥根鹼（jatorrhine）；小檗胺（berbamine）等生物鹼，莖枝切面呈金黃色，是鑑別本科植物最重要的特徵。

2003 年的 APG II 分類法將小蘗科置於毛茛部下,其中十大功勞屬和小蘗屬的親緣關係最近,兩個屬的植物之間可以雜交。有人把該科分爲八角蓮亞科(Podophylloideae)和小蘗亞科(Berberideae)。前者以花無蜜腺及葉不作羽狀分裂爲特點,而後者則以花具蜜腺及葉爲羽狀複葉爲特點。而哈欽森(Hutchinson)系統則分爲八角蓮科、小蘗科和南天竹科。

上:照片 2-24 小蘗科十大功勞的莖切面呈金黃色。

下:圖 2-10 小蘗科十大功勞類植物羽狀複葉的小葉葉緣具刺。

小蘗科植物的簡明特徵:

(1) 灌木至草本,莖常具闊髓線,**切面金黃色** (照片 2-24)。莖或葉緣常具刺(圖 2-10)。

(2) 羽狀複葉,有時爲單葉(本科常見的單葉植物爲小蘗及八角蓮)。

(3) 花瓣花萼無法區分,或花瓣退化成蜜腺。

(4) 雄蕊 6,瓣裂;心皮 1。

(5) 果爲漿果狀。

(6) 主要分布於北半球溫帶;台灣產 2 屬 9 種。

1. 十大功勞 *Mahonia japonica* **DC.**

(1) 葉卵形,果深紫色,分布 800-1,000 m,齒緣 12 對鋸齒。

(2) 奇數羽狀複葉。

(3) 小葉有刺狀齒芽,卵形。

(4) 漿果深紫色。

(5) 爲著名藥用植物。

植物認識我:簡易植物辨識法

2. 南天竹 *Nandina domestica* **Thunb.**

（1）2-3 回羽狀複葉，小葉全緣。

（2）頂生圓錐花序；瓣 6，雄蕊 6。

（3）十分耐陰，為著名觀賞植物。

（4）產中國、日本。

3. 淫羊藿 *Epimedium brevicornum* **Maxim**

（1）多年生草本。根狀莖粗，質硬。

（2）葉基生或莖生，通常為二回三出複葉；具長柄；小葉卵形或寬卵形，
先端急尖，基部心形，邊緣有刺毛狀鋸齒。

（3）圓錐花序頂生，花白色。

（4）蒴果近圓柱形。生於山谷林下或山坡陰濕處。

單葉的種類：

1. 小蘗屬 *Berberis* spp.
2. 八角蓮 *Dysosma pleiantha*（Hance）Woodson

2-16. 火筒樹科 Leeaceae

火筒樹科植物的簡明特徵：

（1）常綠灌木或小喬木。

（2）葉大，1-4 羽狀複葉（照
片 2-25）。

（3）花序為繖房狀聚繖花
序；花兩性；花萼 5 枚，
稀為 4 裂；雄蕊單體。

照片 2-25 火筒樹科植物為三至四回羽狀複葉。

（4）果為漿果。

（5）僅一屬約 70 餘種，分布在澳大利亞東部，東南亞和非洲部分地區。

1. 火筒樹 *Leea guineensis* G. Don
2. 菲律賓火筒樹 *Leea philippinensis* Merr.

2-17. 省沽油科 Staphyleaceae

省沽油科植物的簡明特徵：

（1）喬木或灌木。

（2）羽狀複葉，稀單葉或 3 出複葉，對生；小葉鋸齒緣（照片 2-26）。

（3）花雜性或雌雄異株，排成總狀或圓錐花序；萼多 5 裂；花瓣 5；雄蕊 5，與花瓣互生；子房通常 3 室。

照片 2-26 省沽油科野鴉椿羽狀複葉的小葉細鋸齒緣。

（4）蓇葖果或蒴果，有時漿果狀。

（5）台灣有 2 屬。

1. 山香圓 *Turpinia formosana* Nakai
2. 野鴉椿 *Euscaphis japonica*（Thunb.）Kanitz

2-18. 鐘萼木科 Bretschneideraceae

鐘萼木科植物的簡明特徵：

（1）落葉性喬木，高可達 10 m。

（2）奇數羽狀複葉長 30 cm，小葉 3-6 對。

（3）總狀花序頂生（照片 2-27），花粉紅色，鐘形。

（4）蒴果圓球形，長 2-4 cm，木質。

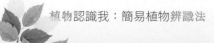
植物認識我：簡易植物辨識法

（5）分布於北部瑞芳、金瓜石及大油坑一帶；七星山馬槽附近及頂湖附近的闊葉林中亦有。

1. 鐘萼木 *Bretschneidera sinensis* Hemsl.

2-19 槭樹科 Aceraceae

槭樹科植物的簡明特徵：

（1）喬木或灌木，幼芽有鱗片。

（2）葉對生，羽狀複葉種類多產溫、寒帶地區（照片 2-28）；熱帶、亞熱帶地區者多單葉，掌狀裂。無托葉。

（3）瓣 4-5；萼 4-5；心皮 2，花柱 2，雄蕊 8。

（4）果為 2 心皮、2 室之翅果。

（5）主產北半球溫帶。

單葉掌狀裂之常見種類：

1. 三角楓 *Acer buergerianum* Miq.
2. 青楓 *Acer serrulatum* Hayata
3. 雞爪槭 *Acer palmatum* Thunb.

2-20. 橄欖科 Burseraceae

橄欖科植物的簡明特徵：

（1）常綠喬木或灌木，有有芳香膠黏性質。

上：照片 2-27 鐘萼木科植物的總狀花序。
下：照片 2-28羽狀複葉槭樹科種類多產溫、寒帶地區。

（2）奇數羽狀複葉，長橢圓形小葉，揉碎後有香氣（照片 2-29）。

（3）圓錐花序，腋生或有時頂生；花小，白色，具花盤。

（4）核果，外果皮肉質，不開裂，有紡錘形堅硬的核。

（5）17-18 屬，540 種。

1. 橄欖 *Canarium album*（Lour.）Raeush.

照片 2-29 橄欖科植物的羽狀複葉。　　照片 2-30 苦木科的臭椿，羽狀複葉及翅果。

2-21. 苦木科 Simaroubaceae

苦木科植物的簡明特徵：

（1）喬木或灌木，樹皮有苦味。

（2）羽狀複葉互生（照片 2-30）。

（3）花序腋生，總狀、圓錐狀或聚繖狀；花小。

（4）核果、蒴果或偶為翅果。

（5）台灣有 3 屬。

1. 苦木 *Picrasma quassioides*（D.Don）Benn.

2. 樗樹（臭椿）*Ailanthus altissima*（Miller）Swingle

植物認識我：簡易植物辨識法

2-22. 荷包牡丹科（紫堇科）Fumariaceae

荷包牡丹科植物的簡明特徵：

（1）多年生草本植物，植物體有水狀汁液。

（2）葉基生、互生，葉深裂成 1-2 回 3 出複葉，或 2 回 3 出分裂（照片 2-31）。

（3）花兩性，左右對稱，常排成總狀花序；**花瓣** 4，2 列，其中外列的 1 或 2 枚**有距**（spur）**或囊狀**；雄蕊 6，2 列。

（4）果不開裂或為 2 瓣裂的蒴果。

（5）主要分布於北溫帶。

照片 2-31 荷包牡丹科（紫堇科）的枝葉、花序。　　照片 2-32 酢醬草科楊桃的羽狀複葉。

2-23. 酢醬草科 Oxalidaceae

酢醬草科植物的簡明特徵：

（1）多汁草本、灌木或小喬木。

（2）單葉、三出或羽狀複葉（照片 2-32），小葉倒心形、長橢圓或扁三角形。

（3）花兩性，單生或成繖形狀聚繖花序；萼片 5，瓣 5，白、黃、淡黃或粉紫紅色；雄蕊 10；心皮 5。

（4）蒴果或漿果。

    1. 楊桃 *Averrhoa carambola* Linn.

掌狀複葉的種類：

    1. 酢醬草 *Oxalis corniculata* L.

    2. 紫花酢醬草 *Oxalis corymbosa* DC.

2-24. 牻牛兒苗科 Geraniaceae

牻牛兒苗科植物的簡明特徵：

（1）一年生草本或亞灌木；常分布在高海拔及高緯度地區。

（2）單葉深裂或羽狀複葉，互生或稀對生；托葉成對。

（3）花單一至數朵，兩性花。花極美，有時有距，放射相稱或略左右對稱。

照片2-33 牻牛兒苗科植物的果有尖嘴。

（4）花萼 4-5；花瓣 4-5；雄蕊 10 或多數；心皮 5；胚珠每室 1-2。

（5）蒴果，3-5 裂，常瞬間開裂，**常有尖嘴**（beaked）（照片 2-33）。

    1. 老鸛草 *Geranium wilfordii* Maxim.

    2. 山牻牛兒苗 *Geranium suzukii* Masamune

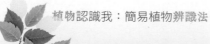
植物認識我：簡易植物辨識法

第三章　掌狀複葉的科

　　葉軸上所有的小葉放射狀集中著生於總葉柄的頂端，一枝葉柄長 3 片以上的小葉，小葉排列如手掌，稱掌狀複葉（palmately compound leaf）。小葉數目僅有三枚者就是三出複葉，四枚以上者即稱掌狀複葉。掌狀複葉也是單葉起源，由單葉的葉片分裂而成，亦即葉片沿掌狀葉脈形成裂片，裂片深達主脈、葉基具小葉柄時，便形成掌狀複葉。全掌狀複葉的科極少，多同時具有掌狀裂單葉成員，掌狀複葉的科成員中即使是單葉的種類也大多呈掌狀裂。

　　主要的掌狀複葉科（＊號及粗體字科別在本章敍述，無＊號及非粗體字科的詳細說明在該科括符內之章節）：

*3-1. 木通科：木質藤本。

*3-2. 木棉科：落葉喬木，莖幹時有短刺（突起）；幼嫩枝葉具星狀毛。

 3-3. 五加科（部分）（詳見 2-11）：托葉在葉柄基部連生，抱莖。

 3-4. 紫葳科（部分）（詳見 2-14）：複葉對生。

 3-5. 梧桐科（部分）（詳見 8-2）：落葉喬木；幼嫩枝葉具星狀毛。

　　葡萄科植物大多為單葉，僅少數種類為羽狀或掌狀複葉。

　　各科的特徵簡述：

*3-1. 木通科 Lardizabalaceae（又見頁 217，6-2 藤本植物之科）

　　本科植物莖梗有細孔，首尾相通，所以稱木通。果實及藤入藥，能解毒、利尿，通經、除濕。葉柄基部和小葉柄的兩端常膨大為節狀。木通科有 9 屬約 50 種，大部分產亞洲東部。台灣有 2 屬。本科植物極易分辨：具互生掌狀複葉之木質藤本者，即為木通科植物。

左：圖 3-1 木通科植物爲掌狀複葉互生
的木質藤本。
右：照片 3-1 木通科植物的漿果。

木通科植物的簡明特徵：

（1）**木質藤本**（圖 3-1），木材
　　　具廣闊髓線。

（2）掌狀複葉，極稀羽狀複葉
　　　（台產無），互生。

（3）花瓣 6 或缺；心皮 3，雄蕊 6。

（4）果爲漿果狀，多汁，有不同顏色（照片 3-1）。

1. 木通 *Akebia quinata*（**Thunb.**）**Decne.**

（1）落葉木質藤本，莖纖細，圓柱形，纏繞。

（2）掌狀複葉互生，通常有小葉 5 片；小葉紙質，倒卵形或倒卵狀橢
　　　圓形。

（3）萼 3 枚，雄蕊離生。

（4）木通爲陰性植物，喜陰濕，較耐寒。

2. 石月；六葉野木瓜 *Stauntonia obovatifoliala* **Hay.**

（1）常綠木質藤本；莖圓柱形，灰褐色，全株無毛。

（2）掌狀複葉互生；小葉 3-7 片，長圓形或長卵圓形，下面粉白色。

植物認識我：簡易植物辨識法

（3）總狀或繖形花序；花白色或淡紅色有綠色暈；萼片 6 枚，雄蕊合生成單體。

（4）漿果卵形或長卵形，成熟時黃色或菊黃色，內含多數種子，黑色。

*3-2 木棉科 Bombaccaceae

本科植物許多種類有經濟價值，有的是著名的景觀植物，如木棉、美人樹；有些種類如輕木（*Ochroma lagopus* Swartz.）是世界上最輕的木材，供航空工業使用；也有著名果樹，如榴槤。另有形態極為特殊的猢猻木屬（*Adansonia* spp.）植物，共有 8 種：原生在非洲大陸（1 種）、馬達加斯加（6 種）和澳洲（1 種）。高達 5-30 公尺，樹幹非常粗，直徑可以到達 5-10 公尺，樹枝長得像樹根一樣，像插入天空的樹根，被稱為倒栽樹（Upside-down Tree）。樹幹木質部輕軟，內含許多空腔可儲存水分。非洲的原住民會利用猢猻木樹幹的空腔，作為居住、倉庫、飼養牲口，或監禁犯人使用。

木棉科約有 20-30，180-250 餘種，廣泛分布於全球熱帶地區，以美洲種類最多。1981 年的克朗奎斯特系統（Cronquist system）將本科處理在錦葵部下。1998 年根據基因親緣關係分類的 APG 分類法和 2003 年經過修訂的 APG II 分類法將本科合併到錦葵科中，列為木棉亞科。

木棉科植物的簡明特徵：

（1）落葉喬木，莖幹時有短刺（突起）。

（2）葉為掌狀複葉，稀單葉，有些具星狀毛（圖 3-2）。

（3）花兩性，大而豔（照片 3-2）。

（4）萼有黏液細胞，瓣 5。

（5）雄蕊呈多體雄蕊，花藥 1 室。

圖 3-2 典型的木棉科植物嫩枝葉芬部有星狀毛，掌狀複葉。

（6）蒴果，**胞背開裂**；種子常具絲狀綿毛（照片 3-3）。

照片 3-2 木棉科植物的花多大而艷。　　照片 3-3 木棉科植物的種子多具棉毛。

1. 猢猻木 *Adansonia digitata* **L.**

（1）落葉大喬木，幹基膨大。

（2）葉掌狀，3-7 小葉。

（3）花白色下垂；雄蕊筒絲裂，紫色。

（4）果實長達 30 cm，下垂，具長柄。

（5）原產熱帶非洲。

2. 木棉 *Bombax ceiba* **L.**

（1）老幹上具瘤刺；落葉喬木。

（2）掌狀複葉。

（3）花先葉而開，花桔紅色。

（4）雄蕊呈多體。

（5）蒴果胞背開裂。

（6）種子包於茸毛內。

（7）原產印度。

3. 吉貝；爪哇木棉 *Ceiba pentandra*（**L.**）**Gaertn.**

（1）落葉喬木，高可達 70m；幹皮青綠色，有銳刺。

（2）葉互生，掌狀複葉。

（3）花大型，兩性，花瓣伸長，覆瓦狀排列，白色。

（4）蒴果，種子有綿毛。

4. 美人樹 *Chorisia speciosa* **St. Hill.**

（1）落葉喬木，幹具棘刺，樹皮綠色。

（2）掌狀複葉，小葉 5-7，細鋸齒緣。

（3）花先葉而開，紫紅色，花期在秋至初冬或夏至秋季。

（4）蒴果橢圓形，長 20 cm；種子具棉毛。

（5）原產巴西、阿根廷。

5. 馬拉巴栗；大果木棉 *Pachira macrocarpa*（**Cham.** *et* **Schl.**）**Schl.**

（1）樹幹綠色，基部膨大。

（2）掌狀複葉。

（3）花長 20 cm，花瓣白色；雄蕊合生成多體（5 體），長達 5 cm。

（4）蒴果（5 果瓣）；種子有花紋（美國花生，可食）。

（5）耐乾、耐陰。

3-3 五加科（部分）（詳見頁 132，2-11 羽狀複葉的科）

五加科植物的簡明特徵：

（1）喬木、灌木、木質藤本；莖具髓心，常具刺，幼葉、幼芽、葉柄有星狀絨毛（照片 3-4）。

（2）葉互生，掌狀複葉外，也有羽狀複葉、單葉種類則多掌狀裂。

（3）托葉連生於葉柄基部，使二者難以區別，包莖。

照片 3-4 五加科通草密布星狀毛的嫩葉。

A. 掌狀複葉種類

1. 人蔘 *Panax ginseng* **C. A. Mey**
（1）多年生具宿根草本。
（2）掌狀複葉，小葉 3-5，生於莖頂。

2. 鵝掌藤 *Schefflera arboricola* **Hay.**
（1）著生攀緣藤木。
（2）掌狀複葉，小葉 7-9，長橢圓形，平滑，全緣。
（3）果球形，徑 0.5 cm，成熟時橘黃色。

3. 鴨腳木；江某 *Schefflera octophylla*（**Lour.**）**Harms**
（1）常綠大喬木。
（2）掌狀複葉，小葉 6-11，全緣或疏鋸齒緣。
（3）果球形，徑 0.5-0.6 cm。

B. 單葉掌狀裂種類

1. 八角金盤 *Fatsia japonica*（**Thunb.**）**Decaisne & Planch.**
（1）小喬木或灌木，嫩枝及花序被褐色細毛絨。
（2）葉掌狀裂至 1/2，5-7 裂。
（3）漿果球形，紫黑色，外被白粉，直徑約 0.8 cm。

2. 常春藤 *Hedera nepalensis* **K.Koch var.** *sinensis*（*Tobl.*）*Rehd.*
（1）常綠攀緣灌木，以氣根附著他物而上。
（2）營養枝之葉 3-5 裂；花果枝之葉卵形或卵狀披針形。
（3）葉表面綠色有光澤，背面淡綠色。

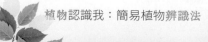
植物認識我：簡易植物辨識法

3. 通草；通脫木 *Tetrapanax papyriferus*（Hook.）K. Koch

（1）小喬木狀，幹叢生，髓心白色，大。

（2）嫩葉、葉被、葉柄、花序密被星狀毛。

（3）葉大形，圓形輪廓，掌狀分裂，徑可達 60cm。

（4）產中低海拔開闊生育地。

3-4. 紫葳科（部分）（詳見頁 138，2-14 羽狀複葉的科）

紫葳科植物的簡明特徵：

（1）喬木，大灌木或藤本。

（2）多數為複葉（羽狀、掌狀），**對生**（照片 3-5）；有時具捲鬚。

（3）花略左右對稱，**豔麗**（照片 3-6），2 唇；萼 5 裂，冠 5 裂。

（4）雄蕊 4，二強雄蕊，有時具第五之退化雄蕊。

（5）心皮 2，花柱 2 裂；胚珠多數。

（6）蒴果；種子具透明翅。

照片 3-5 紫葳科掌狀複葉對生的黃金風鈴木。　照片 3-6 紫葳科花色艷麗的洋紅風鈴木。

A. 常見之掌狀複葉植物

1. 黃金風鈴木 *Tabebuia chrysantha*（Jacq.）Nichols.

（1）掌狀複葉，對生，小葉 5，有疏鋸齒，卵形，被毛。

（2）花金黃色。

（3）原產南美洲。

2. 洋紅風鈴木 *Tabebuia pentaphylla*（**L.**）**Hemsl.**

（1）掌狀複葉，小葉 3-5，全緣，長橢圓形。

（2）花桃紅色。

（3）原產熱帶美洲。

B. 少數單葉如梓樹屬（*Catalpa*）

1. 梓樹 *Catalpa ovata* G. Don

2. 楸樹 *Catalpa bungei* C. A. Mey.

3-5. 梧桐科 Sterculiaceae（部分）（詳見頁 279，8-2 幼枝幼葉被星狀毛的科）

梧桐科植物的簡明特徵：

（1）樹皮具長纖維，木本。

（2）植物體具星狀毛。

（3）單葉或掌狀複葉，互生。

常見的掌狀複葉種類僅裂葉蘋婆（照片 3-7）。

照片3-7 梧桐科掌狀複葉的掌葉蘋婆

1. 裂葉蘋婆 *Sterculia foetida* **L.**

（1）掌狀複葉。

（2）無花瓣，萼鮮紅色→有惡臭。

（3）蓇葖果。

（4）種子可炒食。

第四章　特殊葉片性狀的科

　　本章的重點是利用葉片表面、背面形態，如葉表面的毛和鱗片等，作爲辨識植物科別特徵。植物的葉面具刺激皮膚的螫毛或痂狀鱗片，是鑑識科別的重要性狀。植物葉脈的主軸數量、走向，和葉脈分布等，也能表示某些科的特徵。特殊葉緣性狀，如重鋸齒、腺狀鋸齒，是少數科植物獨有的特點。特殊葉柄形態及柄之長短、退化葉片等性狀，也都可做爲鑑別植物科別的依據。

　　螫毛（stinging hairs）又稱刺毛、焮毛，常見於蕁麻科植物的莖、葉和花序表面，長度約 1 至 2mm，尖銳中空透明針管，內含刺激性液體（多爲蟻酸組胺和乙醯膽鹼及其他有毒物質）。當皮膚碰觸到這些螫毛時，這些中空螫毛的末端會扎入皮膚並破裂，將刺激性的液體注入到碰觸者皮膚，產生劇痛或奇癢的反應，是植物避免被齧齒類動物攝食或破壞的防衛構造。

　　今謂傷口或瘡口痊癒後，所遺留之血液、淋巴液等凝結成的片狀薄膜，稱爲「痂」。痂皮有厚有薄，類似皮屑。有少數植物葉片及嫩枝表面，分布有外觀類似痂皮的鱗片，形態特別，稱爲「痂狀鱗片」，是鑑識植物類別的形態特徵。植物的葉片**葉緣鋸齒狀齒牙緣，齒上有凸起的腺體，稱之爲腺狀鋸齒，也是特殊性狀。**

　　在乾旱地區，植物爲減少水分流失，葉片退化成鱗片，是少數植物具有的特別性狀。通常雙子葉植物的葉片除了主脈外，又由側脈分出無數更小的細脈，形成密密麻麻的網狀稱爲網狀脈。有些植物，葉脈特別清晰，網狀細脈於葉背十分明顯，葉細脈排成細小格子狀，也是辨識某些植物的明顯特徵。

　　以下極易由葉片的獨特性狀而辨識的科，及各科間的區別特徵（＊號及粗體字科別在本章敍述，無＊號及非粗體字科的詳細說明在該科括符內之章節）：

　　4-1.　蕁麻科（7-1）：葉表面具螫毛；具托葉；花極小。
　　＊4-2.　胡頽子科：葉兩面、嫩枝、芽、花果表面分布痂狀鱗片。

*4-3.　野牡丹科：葉對生，3-9 出脈；雄蕊鐮刀形，子房下位。

*4-4.　鼠李科：葉側脈近葉緣處向內彎曲，葉緣細鋸齒；花細小。

*4-5.　紫金牛科：葉緣具腺狀鋸齒，葉背、花萼、花瓣、果皮常密被黑點；合瓣花。

*4-6.　桃金孃科：葉片具透明油點，葉側脈近葉緣處連結；雄蕊多數，子房下位。

4-7.　芸香科（2-9）：葉片具透明油點；植物體各部位有強烈香氣；羽狀複葉爲主。

*4-8.　木麻黃科：葉退化成鱗片，鱗片葉輪生；小枝呈接合狀。

*4-9.　檉柳科：葉退化成鱗片，鱗片葉互生；小枝纖細、柔軟。

*4-10.杜英科：葉柄兩端膨大，老葉變紅（樹冠上綠葉叢中，有紅葉夾雜）；花瓣先端剪裂。

*4-11.山茶科：單葉互生，無托葉，幼葉層疊狀堆疊生長；雄蕊多數，花萼下具 2 苞片。

*4-12.楊梅科：葉細脈排成細小格子狀，葉倒披針形，鋸齒緣。

*4-13.海桐科：葉細脈排成細小格子狀，葉全緣，揉之有特殊香味。

*4-14.虎皮楠科：葉細脈排成格子狀，葉柄長，兩端膨大，常呈紅紫色。

葉具特殊性狀科的特徵簡述：

4-1. 蕁麻科 Urticaceae（詳見頁237，7-1 單葉、葉對生不同組合特徵的科）

照片4-1 蕁麻科蠍子草葉面到處有螫毛。

蕁麻科植物的簡明特徵：

（1）草本或軟質木本，常被覆螫毛（stinging hairs）（圖 4-1；4-2）、（照片 4-1）。

植物認識我：簡易植物辨識法

（2）單葉，互生或對生；具 2 托葉。

（3）花小，叢生或聚繖花序，無花瓣。

（4）雄蕊 4，與萼片對生；花絲在蕾中彎曲，開花時伸直。

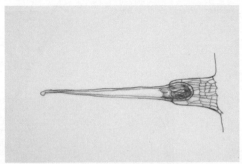

圖 4-1 蕁麻科植物的螫毛放大圖。　　圖 4-2 蕁麻科咬人貓類植物葉表面具螫毛。

1. 咬人狗 *Dendrocnide meyeniana*（**Walp.**）**Chew.**

= *Laportea pterostigma* **Wedd.**

（1）中喬木，葉形大小如煙葉。

（2）葉、柄、花序均有刺毛刺入毛孔甚癢，搔之紅痛。

（3）台灣府志：「咬人狗其木甚鬆，手揭之便長條迸起，可為火具。」

2. 蠍子草 *Girardinia diversifolia*（**Link**）**Friis**

（1）高草本，具刺毛。

（2）葉互生，兩面布滿螫毛。

（3）花序集成穗狀。

3. 蕁麻；咬人貓 *Urtica thunbergiana* **S. et Z.**

（1）多年生草本，全株具刺毛。

（2）葉對生，重鋸齒。

（3）全株被長刺毛，皮膚觸之則痛癢難耐。

（4）聚繖花序。

*4-2. 胡頹子科 Elaeagnaceae

本科植物有喬木也有灌木，嫩枝和葉表面，花萼、果皮都分布有銀色或金褐色的痂狀或盾狀鱗片。大部分種類耐乾旱、耐貧瘠。根系十分發達，有放線菌（*Frankia*）共生，能產生根瘤，可固定空氣中的氮氣，生成氮肥。因此，種植或生長有本科植物的土壤都含豐富氮肥。 全世界有 3 屬 20 種，分布於溫帶、熱帶及亞熱帶；台灣產 1 屬：胡頹子屬（*Elaeagnus* L.），9 種。

除胡頹子科植物外，少數其他科植物嫩枝和葉表面分布有痂狀鱗片的還有楝科的台灣樹蘭，或稱紅柴（*Aglaia formosana* (Hayata) Hayata），以及大戟科的葉下白（*Croton cascarilloides* Raeush.）等。

胡頹子科植物的簡明特徵：

（1）根具根瘤。

（2）小枝、葉背及花被筒密被銀白色痂狀鱗片（**lepidote**）（圖 4-3）、（照片 4-2）或盾狀鱗片（**peltate hairs**）。

（3）花兩性或單性，子房上位，常雌雄異株。

（4）花序叢生或聚繖；無花瓣；花萼 4，合生成筒；雄蕊 4 或 8，著生於花萼筒上。

上：圖 4-3 胡頹子科植物嫩葉表面、葉柄、嫩枝布滿痂狀鱗片。
中：照片 4-2 胡頹子科科植物葉面、小枝、花果都被覆著痂狀鱗片。
下：照片 4-3 胡頹子科科植物椬梧的假核果。

（5）果爲假核果（**pseudodrupe**）（照片 4-3），可食，瘦果包於永存之花萼筒（hypanthium）內。

1. 植梧 *Elaeagnus oldhamii* **Maxim.**

（1）常綠小喬木或灌木；小枝被銀白痂鱗。

（2）葉互生，厚革質，倒卵形，長 3-4 cm，圓或凹頭，被銀色痂鱗。

（3）花腋生，銀白至淡黃色。

（4）果實包於肉質花托內，球形，熟時橙紅色帶銀白斑點。果球形。

（5）生長於海拔 0-2,000m 之叢林、平野、河灘或山麓；可作庭園美化用：可單植、列植、叢植。

2. 鄧氏胡頹子 *Elaeagnus thunbergii* **Serv.**

（1）蔓性灌木。

（2）葉倒卵形至橢圓形，長 4-5 cm，銳頭，背有銀色痂鱗及褐色斑點。

*4-3. 野牡丹科 Melastomataceae

野牡丹科植物的花瓣通常具鮮艷的顏色，紫紅、紫藍、藍色，常作爲觀賞花卉；雄蕊的花藥，通常頂孔開裂，基部具2附屬體（appentages）；藥隔通常膨大，下延成長柄或短距，或各式形狀。雄蕊是本科植物最特別的性狀，是最好的認識標誌。野牡丹科植物適生於酸性土壤，是酸性土的指示植物。共有約 240 屬 4,570 餘種，分布在全世界的熱帶和亞熱帶地區。

野牡丹科植物的簡明特徵：

（1）草本、灌木或喬木，枝對生。

（2）葉對生或輪生，具 3-9 縱平行脈（圖 4-4）、（照片 4-4）。

圖 4-4 野牡丹科植物葉對生，3出至9出脈。

（3）花 4-5 數，子房下位或周位。

（4）花藥頂孔開裂，藥隔基部常具附屬物（appendage）（照片 4-5）。

（5）漿果或蒴果。

照片 4-4 野牡丹科植物葉對生，葉脈3-9出。　　照片 4-5 野牡丹科野牡丹花的雄蕊藥隔延長彎曲、基部有2附屬物。

1. 野牡丹藤 *Medinilla formosana* **Hayata**

（1）蔓性灌木，每節密生附屬物。

（2）葉輪生，橢圓形，5 出脈，全緣，長 16-21 cm。

（3）頂生圓錐花序，花 4 數，雄蕊 8。

2. 野牡丹 *Melastoma candidum* **D. Don.**

（1）小灌木，枝條、葉柄有長絨毛。

（2）葉橢圓形，對生，5-7 出脈。

（3）花頂生，紫紅色，豔麗。花 5 數，雄蕊 10。

（4）孕性雄蕊 5，較長，花藥紫色，末端 2 附屬物；短者花藥黃色。

3. 南洋野牡丹 *Melastoma sanguineum* **Sims.**

（1）常綠灌木，枝葉的節間比野牡丹長。

（2）葉為披針形，葉緣平滑，葉色柔綠，平行葉脈明顯，為十字對生。

（3）花苞為子彈型，花瓣為紫藍色至紫紅色，有 5 瓣。

 植物認識我：簡易植物辨識法

*4-4. 鼠李科 Rhamnaceae（又見頁 209，5-14 單葉具托葉及其他易識別性狀的植物科）

喬木、灌木，稀藤本。鼠李科植物一般都有刺，單葉，葉脈顯著，常互生。花小，多為聚繖花序，具明顯花盤。本科植物的果實為肉質核果或蒴果，棗（*Ziziphus zizyphus* Mill.）在中國是一種主要的果品；凍綠（*Rhamnus utilis* Decne）的果實和葉用作綠色染料。有 58 屬大約 900 種，分布在全世界溫帶和熱帶地區，在熱帶和亞熱帶地區分布最多。

上：圖 4-5 鼠李科植物葉側脈先端內彎，細鋸齒緣。
下：照片 4-6 鼠李科植物葉側脈先端內彎，細鋸齒緣。

鼠李科植物的簡明特徵：
　（1）單葉，葉側脈近葉緣
　　　　處向內彎曲；葉緣細
　　　　鋸齒（圖 4-5）、（照
　　　　片 4-6）；具托葉。
　（2）花為聚繖花序，細小。
　（3）瓣 5（稀 4）；萼數與瓣同，常筒狀，具花盤。
　（4）雄蕊數與瓣同，並與之對生；每室胚珠 1。
　（5）常為核果。

1. 桶鉤藤 *Rhamnus formosana* **Matsum.**
　（1）蔓性灌木。
　（2）葉皮紙質，長橢圓形，大小葉在同枝條上混合排列。
　（3）果球形，徑 0.6 cm，黑熟。

2. 小葉鼠李 *Rhamnus davurica* **Pall**

（1）灌木或小喬木，高達 10 m。

（2）葉紙質，對生或近對生，或在短枝上簇生，寬橢圓形或卵圓形。

（3）核果球形，可作黃色染料。

3. 雀梅藤 *Sageretia thea*（Osbeck）**M. C. Johnst.**

（1）蔓狀灌木，枝具棘刺。

（2）葉卵形，細鋸齒緣，長 1-3 cm，先端鈍，具芒尖。

（3）果球形，徑 0.5 cm，熟時紫黑色。

4. 紅棗 *Zizyphus jujuba* **Mill.**

（1）落葉小喬木。

（2）葉基 3-5 脈，葉兩面光滑，托葉變刺。

（3）核果大，紅色。

（4）已有 3,000 多年的栽培歷史。木材爲器具和雕刻良材。

5. 印度棗 *Zizyphus mauritiana* **Lam.**

（1）常綠小喬木。

（2）葉背及花序密被白色或銹色絨毛。

（3）葉長卵形至圓形，長 5 cm，鈍頭，腺狀鋸齒，3 出脈，長 5 cm。

*4-5. 紫金牛科 Myrisinaceae

紫金牛科主要是喬木和灌木，部分爲藤本。本科植物的葉通常具腺點或脈狀腺條紋，全緣或鋸齒緣，齒上邊緣具腺點，稱腺狀鋸齒。花冠、花萼及果上常分布深色至黑色腺點。本科植物有些供觀賞用，有些可以入藥。1998 年根據基因親緣關係分類的 APG 分類法將其合併到杜鵑花目。本科包括 35 屬約 1,000 餘種，廣泛分布在全球溫帶和熱帶地區。2009 年的 APG III 則不再認爲紫金牛科是獨立的科，而將其併入報春花科內。

 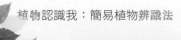

紫金牛科植物的簡明特徵：

（1）灌木或喬木。

（2）葉有腺點。

（3）葉互生，有腺點，具腺狀鋸
齒（圖 4-6）、（照片 4-7）。

（4）花兩性或單性；萼 4-6 裂，分
布有黑色細點，花冠 4-6 裂。

（5）雄蕊與花冠裂片同數而對生。

（6）子房下位或半下位，基生或
中央特立胎座；胚珠多數。

（7）核果或漿果；果皮常分布黑
點（照片 4-8）。

圖 4-6 葉緣腺狀鋸齒是紫金牛科重要的
鑑別特徵。

照片 4-7 紫金牛科植物葉具腺狀鋸齒、葉面分布
有黑點。

照片 4-8 紫金牛科蘭嶼樹杞果表面分布黑
點。

1. 硃砂根 Ardisia crenata Sims.

（1）全株平滑，小灌木。

（2）葉長橢圓形，長 7-10 cm，背面布小腺點。

（3）花白色或淡紅色。

（4）果球形，鮮紅色。

2. 鐵雨傘 *Ardisia cornudentata* **Mez**

（1）常綠小灌木，全株平滑。

（2）葉厚紙質，長橢圓形，短柄互生，有波狀鋸齒，深綠色。

（3）花冠淡紅色或白色。

（4）核果球形，成熟鮮紅色。

以下種類葉全緣，但葉背、花瓣、花萼分布有黑色細點，可資鑑識：

1. 樹杞 *Ardisia sieboldii* **Miq.**

（1）常綠小喬木，小枝常自樹幹上脫落，留下貝殼狀遺痕。

（2）葉全緣。

2. 春不老 *Ardisia squamulosa* **Presl.**

（1）常綠灌木。

（2）葉倒披針形，長 6-12 cm，先端鈍，楔基；葉柄紅色。

（3）果扁球形，徑 1.2 cm，黑熟。

（4）產綠島、蘭嶼。

*4-6. 桃金孃科 Myrtaceae（又見頁 349，13-4 植物各部分及葉揉之有香氣的科）

　　桃金孃科植物有透明的油腺斑點，產生的油脂可用來製精油，精油具有抗病毒、殺菌、改善呼吸系統、消炎的功效，對關結炎、風濕痛、咳嗽和傷寒具有特殊的療效。皮膚擦拭良藥「青草油」是採用上等藥方配以各種名貴藥料，經名師經心煉製而成的中藥，對新傷舊患、傷風感冒均有療效，是居家旅行必備的良藥。「青草油」的主要成分有冬青油、松節油、桉葉油、薄荷冰、肉桂油、樟腦、茶油、橄欖油等。本科植物重要的經濟樹種有番石榴、桉樹、蓮霧、白千層、紅千層等。

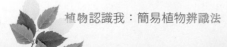

本科主要產於澳洲和美洲的熱帶和亞熱帶地區，有 100 屬約 3,000 種，臺灣有 9 屬 30 種。近期的分子生物學研究，將本科物種分為裸木亞科（Psiloxyloideae）及桃金孃亞科（Myrtoideae）兩個亞科，然後再細分為 17 個族。不過由於每年都有本科的新物種發現，這些新發現都可能會對目前的分類造成混亂。

桃金孃科植物的簡明特徵：

（1）喬木或灌木；多數具內生
　　　韌皮部。

（2）葉多對生，稀互生；革質，
　　　全緣，葉肉細胞滿布腺點
　　　（glandular-punctate）；
　　　葉側脈近葉緣處連結（圖
　　　4-7）、（照片 4-9）。

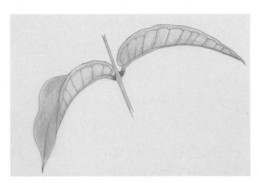

圖 4-7 桃金孃科植物的葉片側脈先端連結。

（3）花兩性，單生或聚繖花序。

（4）瓣 4-5，萼 4-5，花柱 1，具花盤。花萼略與子房合生，子房下位。

（5）**雄蕊多數（照片 4-10）**，藥隔（connective）頂端常具腺點，常有
　　　不具花藥的雄蕊。

（6）蒴果，漿果。

照片 4-9 桃金孃科植物的葉片側脈先端連結。

照片 4-10 桃金孃科植物的花雄蕊多數。

1. 紅千層 *Callistemon lanceolatus* **DC.**

（1）小喬木。

（2）葉互生，披針形，長 4-6 cm，幼時淡紅色，中肋及側脈均顯著。

（3）花序長 5-10cm，深紅色。

2. 紅瓶刷子樹 *Callistemon rigidus* **R. Br.**

（1）小喬木。

（2）葉狹線狀，堅硬，長 5-12 cm，中肋及邊緣脈均顯著。

（3）花序深紅色。

（4）原產澳洲。

3. 赤桉 *Eucalyptus camadulensis* **Dehn.**

（1）常綠大喬木，樹皮光滑。

（2）葉狹披針形，鐮狀，漸尖，背有白粉。

（3）適應性範圍廣，為優良造林樹種。

4. 檸檬桉 *Eucalyptus citriodora* **Hook.**

（1）大喬木，樹皮光滑，為重要用材。

（2）幼葉有腺毛，稍盾狀；成年葉無腺毛，披針形，長約 12 cm，均具強烈之檸檬香味。

5. 大葉桉 *Eucalyptus robusta* **Smith**

（1）樹皮厚，粗糙，生於火災頻繁地。

（2）葉卵狀披針形，革質，長 10-18 cm。

（3）分布廣。

6. 白千層 *Melaleuca leucadendron* **L.**

（1）幹具厚層木栓層，片狀剝落。

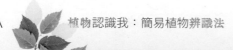
植物認識我：簡易植物辨識法

（2）葉互生，5 出脈，葉柄紅色。

（3）花散生無葉新枝上，成頂生穗狀花序，花落後，由花序端再長新枝。

（4）雄蕊基部合生成 5 束。

7. 蕃石榴 *Psidium guajava* **L.**

（1）葉對生，粗糙。

（2）雄蕊多數；子房下位，花白色。

（3）原產熱帶美洲。

8. 桃金孃 *Rhodomyrtus tomentosa*（**Ait.**）**Hassk.**

（1）小灌木。

（2）葉對生，3-5 出脈。

（3）花桃紅、粉紅色。

9. 山烏珠；小葉赤楠 *Syzygium buxifolium* **Hook.** *et* **Arn.**

（1）常綠小喬木或灌木。

（2）葉廣卵形，長 3-3¬.5 cm，先端常凹，側脈不明顯。

（3）花頂生，花小，萼齒不明顯。

（4）果球形，徑 0.7 cm。

（5）產闊葉林下部。

10. 肯氏蒲桃 *Syzygium cumini*（**L.**）**Skeels**

（1）常綠大喬木。

（2）葉卵狀橢圓形，先端漸尖，長 6-15 cm，側脈不明顯，但極密。

（3）果近球形至圓筒狀，紫黑熟，徑 1.5-2 cm。

11. 蒲桃；風鼓；香果 *Syzygium jambos*（**L.**）**Alston**

（1）常綠喬木。

（2）葉長橢圓至披針形，先端尾狀而彎；長 15-25 cm。

（3）果肉薄，成熟金黃色。

12. 蓮霧 *Syzygium samarangense* **Merr. *et* Perry**

（1）常綠喬木。

（2）葉橢圓形，先端漸尖，長 15-20 cm，幾無柄。

（3）果倒圓錐形，徑約 5 cm。

（4）原產馬來半島。

4-7. 芸香科 Rutaceae（詳見頁 127，2-9 羽狀複葉之科）

芸香科植物的簡明特徵：

照片 4-11 芸香科食茱萸葉布滿透明油點。

（1）灌木或喬木，少部分為草本。

（2）單葉或複葉，具油腺（glandular punctate）；互生或對生（照片 4-11）。

（3）萼 4-5；瓣 4-5；雄蕊 8-10；心皮 4-5。

（4）雄蕊和花瓣對生，插生於花盤之中。

（5）子房 4-5 淺裂；花盤環狀、盤狀。

（6）蒴果，核果或柑果（hesperidium）。

*4-8. 木麻黃科 Casurinaceae

　　木麻黃科植物是少數具有根瘤的非豆科植物，由於根瘤可以固定空氣中的氮，因此本科植物都能在貧瘠的土壤中生長良好。木麻黃枝纖細，有密生的小節。葉鱗片狀，多枚輪生，類似裸子植物的麻黃所以得名。本科植物是最佳的防風林

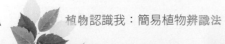

植物認識我：簡易植物辨識法

樹種，可植於海邊，樹高且堅硬。因生長迅速，抗風力強，是濱海防風林的常見樹種之一。因為木麻黃生長迅速，而且能夠耐受土壤中相對較高的鹽環境，在被重金屬污染的土壤中木麻黃也能生長，因此木麻黃在土壤修復方面也有重要的應用價值。木麻黃科包括 3-4 屬大約 70 種，主要分布在澳洲和太平洋島嶼一帶，引種主要作為沿海防風固沙林帶、鹽鹼地改良和乾旱地區造林。不過，木麻黃具有排他性。

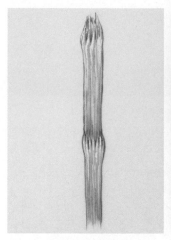

圖 4-8 木麻黃科植物的枝節 照片 4-12 木麻黃科植物排列枝節頂端的鱗片葉。
及環狀排列的鱗片葉。

木麻黃科植物的簡明特徵：

（1）常綠喬木或灌木，分枝多而輪生且灰綠色。枝纖細，小枝接合狀，綠色，有溝槽和條紋，上有氣孔。

（2）葉退化成鞘狀鱗片，輪生於小枝節上（圖 4-8）、（照片 4-12）。

（3）花單性，異株或同株。

（4）雄花輪生葇荑狀，生於小枝端；每花雄蕊 1，苞片 4。

（5）雌花序頭狀；雌花 1 大苞片，2 小苞片，心皮 2，花柱 2，絲狀分歧（照片 4-13）。

（6）果集生成毬果狀，苞片木質化。種子具翅。

（7）原產澳洲。

（8）植物體含有獨特的化學物質，有強烈的「毒他作用」。

（9）具根瘤菌（照片 4-14）。

照片 4-13 木麻黃科植物的雌花柱頭深紅色羽　照片 4-14 木麻黃科植物的根瘤。
毛狀。

1. 木麻黃；木賊葉木麻黃 *Casuarina equisetifolia* **Furst.**

（1）常綠喬木，皮略條片狀剝落。

（2）小枝節間 4mm，鞘齒 6-8，紅褐色，枝較硬。

（3）果苞 12-14 列。

（4）雌花紅色。

2. 千頭木麻黃 *Casuarina nana* **Sieber** *ex* **Spreng.**

（1）小灌木，多分枝，萌芽力強，枝葉濃密。

（2）小枝直立纖細，長 6 cm 以下。

（3）節間 1.2-2.5 cm，鞘齒 5。

（4）雌雄異株。

（5）葉色翠綠，容易整形，是庭園美化叢植、列植、綠籬高級樹種，也
　　適合盆栽。亦常種植成防風林，在強風的海邊環境，也能長成高大
　　的喬木。

*4-9. 檉柳科 Tamaricaceae

　　灌木、半灌木或喬木。葉小，多呈鱗片狀，互生，無托葉，通常無葉柄，多具泌鹽腺體。根很長，可以吸到深層的地下水，長的可達幾十公尺。檉柳生長在砂荒、草原和鹽鹼地中，可以容忍高達 15,000 ppm 的含鹽量。被流沙深埋後，枝條能從沙中伸出，繼續長根生長，是耐旱、耐鹽植物。因此，檉柳是防風固沙的優良樹種，也是改造鹽鹼地的優良樹種。檉柳枝條細柔，姿態婆娑，開花如紅蓼，頗為美觀。在庭院中可作綠籬或觀賞樹木使用，適於再水濱、池畔、橋頭、河岸、堤防栽植之。街道公路之沿河流者，如種植檉柳，能綠蔭垂條，別具風格。細枝柔韌耐折，多用來編筐，堅實耐用；其枝幹亦可製作農具柄把。檉柳科共有5 屬約 90 種，其中最大的檉柳屬就有 55 種，廣泛分布在東半球的溫帶、熱帶和亞熱帶地區。

　　檉柳科植物的簡明特徵：

　　（1）枝條細弱（照片 4-15）。

　　（2）葉鱗片狀，互生（圖 4-9），無托葉。

　　（3）萼及瓣 4-6，花有花盤；心皮 3-5；花柱 3-5；胚珠 2 至多數。

　　（4）蒴果，1 室或不完全 3-4 室。

　　（5）沙漠亦可長，山崩被埋仍可再長。

照片 4-15 檉柳科植物的枝條纖細、葉呈鱗片狀。

圖 4-9 檉柳科植物的鱗片葉互生。

1. 無葉檉柳 *Tamarix aphylla*（**L.**）**Karst.**

（1）接合小枝。

（2）葉鱗片狀，互生。

（3）頂生圓錐花序；花 5 數。

（4）花盤 10 裂（5 個裂成 10 個）。

2. 華北檉柳 *Tamarix chinensis* **Lour.**

（1）小枝極為纖細、柔軟。

（2）葉鱗片狀，互生。

（3）腋生總狀花序。

（4）花盤 5 裂。

*4-10. 杜英科 Elaeocarpaceae

明代李時珍在《本草綱目》「卷三十四香木類」中列有「膽八香」條目，說「膽八樹生交趾南番諸國，樹如稚木犀，葉鮮紅色，類霜楓」，此膽八樹即杜英。杜英的樹皮可作染料，木材為栽培香菇的良好段木，樹形秀美，常被栽種在公園、庭園、綠地做為添景樹或行道樹。球果杜英又稱圓果杜英、印度念珠樹，果去皮後可製念珠。核果球型至橢圓球型，深紫、藍色。杜英科共包含 12 數約 605 種，主要分布在熱帶和亞熱帶地區。

圖 4-10 杜英科植物的老葉變紅。

杜英科植物的簡明特徵：

（1）葉凋前變紅（圖 4-10），葉柄兩端膨大。

（2）花兩性，總狀花序。

植物認識我：簡易植物辨識法

（3）花瓣 5，先端剪裂
（lacciniate）（照
片 4-16）或細鋸齒。

（4）雄蕊多數，著生在
花盤（disc）邊緣。

（5）花藥 2 室，頂孔開
裂或直立。

（6）核果或蒴果。

其他常見老葉變紅的非杜英
科植物還有：樟樹、大頭茶等。

照片 4-16 杜英科錫蘭橄欖花，花瓣先端剪裂。

1. 薯豆；香菇材 *Elaeocarpus japonicus* **Sieb. & Zucc.**

（1）葉長橢圓形，基部圓，粗鋸齒緣。

（2）葉柄長 2.5-3cm，兩端膨大。

（3）花瓣先端全緣或細齒裂。

（4）核果長橢圓形，紫藍熟。

（5）良好香菇材，多遭砍伐，低海拔地區幾乎找不到大徑木。

2. 錫蘭橄欖 *Elaeocarpus serratus* **L.**

（1）葉冬變紅，葉長 20 cm。

（2）葉柄兩端膨大，柄長 3-5 cm。

（3）花瓣先端剪裂。

（4）核果橄欖形，長約 3cm，外果皮綠色，味酸可食。

（5）行道樹。

（6）原產錫蘭（斯里蘭卡）。

例外者：

1. 杜英 *Elaeocarpus sylvestris*（**Lour.**）**Poir**

（1）葉柄只一端膨大。

（2）冬葉變紅，葉倒披針形至倒卵形，波狀緣，基部銳。

（3）花瓣絲狀分裂。

（4）核果卵形，長 1.5-2 cm。

*4-11. 山茶科 Theaceae（又見頁 333，12-2 小枝有稜的植物）

　　山茶科最著名的種類是茶樹，葉含咖啡鹼是世界著名飲料；還有許多種類可以作爲觀賞植物，如山茶花及茶梅等；木荷屬尚有些種類爲良好木財，油茶及山茶的種子可榨油，供食用及工業用途。本科植物大部分屬原產於亞洲東部，多分布熱帶及亞熱帶地區，有 30 屬 700 餘種，臺灣有 9 屬 27 種。有的分類學家將山茶科分入厚皮香科，也有的將厚皮香科植物分入山茶科的。山茶亞科（Theoideae）：花兩性，直徑 2-12cm；雄蕊多輪，花藥短，常爲背部著生，花絲長；子房上位。具蒴果，稀爲核果狀，種子大。厚皮香亞科（Ternstroemoideae）：花兩性稀單性，直徑小於 2cm，如大於 2cm，則子房下位或半下位。雄蕊 1-2 輪，5-20 個，花藥長圓形，有尖頭，基部著生，花絲短。果爲漿果或閉果。

　　山茶科植物的簡明特徵：

　　（1）常綠喬木或灌木。

　　（2）單葉互生，無托葉，幼葉層疊狀堆疊生長（嫩葉包被更嫩幼葉）（圖4-11）、（照片 4-17）。

圖 4-11 山茶科植物的幼葉層疊包被，保護內層脆弱的嫩葉。　照片 4-17 山茶科植物的幼葉層疊包被，保護內層脆弱的嫩葉。

 植物認識我：簡易植物辨識法

（3）花多單生，花常大而艷；花瓣5，萼5，花萼下常有2片對生苞片（圖4-12）、（照片4-18）。

（4）雄蕊多數，附著於花瓣基部（照片4-19）。

（5）子房上位，柱頭3-5裂。

（6）蒴果（如大頭茶）或漿果（如楊桐）。

圖 4-12 山茶科植物的花，花萼下有2片苞片。

照片 4-18 山茶科紅淡比的花苞，花萼下的2片苞片。

照片 4-19 山茶科大頭茶掉落的花瓣，花瓣下黏附有雄蕊。

1. 山茶花 *Camellia japonica* **L.**

（1）葉脈、葉柄均光滑，葉較大，長 4-9 cm，葉緣銳鋸齒。

（2）花紅色、白色，徑 8cm，萼脫落性。

（3）原產大陸、日本。

2. 油茶 *Camellia oleifera* **Abel.**

（1）灌木，芽具粗長毛。

（2）葉柄有毛。

（3）花無柄，單生，萼脫落。

（4）果瓣與中軸一起脫落，種子可搾茶油，供食用和工業用，是中國南方主要油料作物之一。

3. 茶梅 *Camellia sasanqua* **Thunb.**
（1）葉脈、葉柄嫩枝均有毛。
（2）葉較山茶花小，長 3-7 cm。
（3）花頂生，無梗，徑 3-6 cm；瓣凹裂或 2 淺裂。
（4）原產大陸。

4. 茶 *Camellia sinensis*（**L.**）**O. Ktze.**
（1）灌木。
（2）葉橢圓狀披針形，鋸齒緣，長 5-8 cm，寬約 3 cm。
（3）花白色，有柄，1-5 朵腋生，花萼宿存。
（4）果瓣不脫落。

5. 阿薩姆茶；普洱茶 *Camellia sinensis*（**L.**）**O. Ktze. var.** *assamica*（**Mast.**）**Kitam.**
（1）頂芽及小枝被毛茸。
（2）葉長橢圓形，葉脈凹下明顯，長 10-12 cm，寬 4 cm。
（3）原產印度。

6. 大頭茶 *Gordonia axillaris*（**Roxb.**）**Dietr.**
（1）陽性樹種。
（2）老葉冬變紅，圓頭，全緣或疏鋸齒橢圓，胞間開裂。
（3）單生花，大，白色。
（4）蒴果長橢圓形，胞間開裂，殘留中軸。
（5）種子有端翅。

7. 木荷 *Schima superba* **Gard.** *et* **Champ.**
（1）葉先端銳形，常具細鈍鋸齒，背蒼白。
（2）花單生，白色，大。

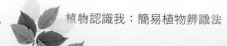

植物認識我：簡易植物辨識法

（3）蒴果壓縮球形。

（4）種子環翅。

（5）木材無邊心材之分。

（6）重要造林樹種。

8. 厚皮香 *Ternstroemia gymnanthera*（**Wright** *et* **Arn.**）**Bedd.**

（1）葉先端圓，楔基，革質，枝端叢生。

（2）花梗細長，長 2cm，苞 2 枚，花徑 1.5 cm。

（3）果紅色，漿果狀，徑 1.5 cm。

（4）觀賞樹木。

（5）產中高海拔闊葉林中。

4-12 楊梅科（詳見頁 357，14-2 特殊花序及花器之科）

楊梅科植物的簡明特徵：

（1）植物體有芳香，喬木或灌木。

（2）單葉互生，常有油脂點；細脈排成小格狀（照片4-20）。

（3）雌雄同株或異株，有時同株樹性別依年互易；無瓣、無萼。

（4）雄花：雄蕊 2 至多數。

（5）雌花：花柱短，兩歧，子房一室，胚珠單一直立基生。

（6）核果；果皮上有許多瘤粒（warts）。

照片 4-20 楊梅科植物葉背細脈排列成細格狀。

*4-13. 海桐科 Pittosporaceae

　　海桐科海桐類植物枝葉繁茂，樹冠球形，下枝覆地；葉色濃綠而又有光澤，經冬不凋；初夏花朵清麗芳香；入秋果實開裂露出紅色種子，也頗爲美觀，是極佳的觀賞樹種。通常可作綠籬栽植，也可孤植，叢植於草叢邊緣、林緣或門旁、或列植在路邊。因爲有抗海潮及有毒氣體能力，故又爲海岸防風林及礦區綠化的重要樹種，並可作城市隔噪聲和防火林帶的下木。果實爲沿腹縫裂開的蒴果；種子通常多數，常有黏質或油質包在外面，種皮薄，胚乳發達，胚小。該科 3 屬約 360 種，分布歐亞大陸的熱帶和亞熱帶。

海桐科植物的簡明特徵：

（1）常綠灌木或喬木。

（2）單葉，互生或近輪生，全緣；**小脈排成細格子狀**（照片 4-21）。

（3）花單朵或成繖房或圓錐花序；萼片 5，花瓣 5，下位；雄蕊 5。

（4）果實爲沿腹縫裂開的蒴果；種子通常有粘質或油質包在外面。

照片 4-21 海桐科台灣海桐葉脈排列成細格狀。

1. 海桐 *Pittosporum tobira* **Ait.**

（1）常綠大灌木。

（2）葉互生，簇生枝端，革質，倒披針形至倒卵形。

（3）圓錐花序，頂生，黃白色，具芳香。

（4）球形蒴果，熟橙色，蒴果開裂露出紅色種子。

（5）耐鹽、抗強風、耐旱、耐寒、耐修剪。

*4-14. 虎皮楠科 Daphniphyllaceae

　　本科植物都是常綠灌木或小喬木；小枝粗壯，常呈紫褐色，具突起小皮孔。單葉互生，常聚集於小枝頂端，全緣，多少具長柄。無托葉；花小，排列成腋生總狀花序，單性，無花瓣，雌雄異株；核果。虎皮楠的老葉冬季不凋落，春季嫩芽、新葉長出，到夏初長成成年葉時，老葉才一起掉落，將光合作用的重責交棒給新的成年葉。新葉、老葉呈新舊迅速交替現象，故有「交讓木」之別稱。在庭園中虎皮楠可孤植或叢植，更宜於與其他觀花果樹木配植。

　　虎皮楠科只有一屬虎皮楠（交讓木）屬（*Daphniphyllum*），共 30 種，分布於亞洲熱帶和亞熱帶。在 1981 年的克朗奎斯特分類法（Cronquist System）中，將虎皮楠科單獨列在虎皮楠部之下。1998 年根據基因親緣關係分類的 APG 分類法將其放在新設立的虎耳草部中。

虎皮楠科植物的簡明特徵：
> （1）常綠喬木或灌木，光滑。
> （2）單葉，互生，常集生枝端，全緣；小脈排成細網格子狀；具長柄，兩端膨大（照片 4-22）。
> （3）花腋生，下位，雌雄異株，稀為異株至雜性，排成總狀；花瓣無。
> （4）核果，卵至橢圓球狀。

1. 虎皮楠；交讓木 *Daphniphyllum glaucescens* **Blume**
> （1）常綠小喬木，高可達 7m。

照片 4-22 虎皮楠科植物葉柄兩端膨大。

（2）葉爲單葉，叢生枝稍，具葉柄，柄帶淡紅色，長 3-4cm；葉片長橢圓狀倒卵形，下表面粉白色，側脈約 8 對。

（3）花單性，雌雄異株；花序爲總狀或圓錐花序；雄花細小；雄蕊 8；雌花花柱 2 歧。

（4）果實爲核果，橢圓形或長球形。

（5）虎皮楠雖爲常綠樹，當初夏新葉長成，老葉全部凋零掉落。

第五章　單葉具托葉及其他易識別性狀的植物科

　　有些植物的葉具有托葉（Stipules），是植物形態描述、植物分類的重要特徵。托葉是從葉柄基部或著葉莖節的兩側生出的附屬物。托葉一般較細小，形狀、大小因植物種類不同差異甚大。有各種不同的形狀：線形、針刺形、捲鬚形等等，但通常多為小葉形。多數有托葉的植物托葉都很小，不過也有少數植物有很大的托葉，例如碗豆的托葉。有些植物如蓼科植物的托葉包圍著莖，並且形成一種半透明的鞘狀構造，叫做托葉鞘（ocrea）。

　　托葉的機能因植物種類的不同而不同，但多數植物的托葉都具有保護嫩葉的功能，如海濱植物黃槿的托葉；有的具有保護植物體免受動物齧食的機能，如刺槐針刺形的托葉；有的具有攀緣的功能，如菝葜屬植物捲鬚形的托葉；還有的具有光合作用的機能，如碗豆的大托葉。托葉有無及托葉的形態常用來鑑識植物的科別。具有托葉的科有蘇木科、含羞草科、蝶形花科、薔薇科、錦葵科、蓼科、茜草科等，其中最特殊的是薔薇科的羽狀托葉、蓼科的膜質鞘狀托葉等，形狀特殊的托葉可作為鑑別某些科的重要特徵。在有些植物中，托葉的存在時期很短，托葉很快就脫落，枝頂的第一、第二片，最多第三片幼葉的托葉尚可見，其下的成年葉托葉掉落，僅留下不明顯的托葉痕跡（托葉痕），稱為早落托葉，如殼斗科植物的托葉。有些植物的托葉能伴隨葉片在整個生長季節中存在，稱為宿存托葉，如茜草科植物，大多葉柄基部有一對葉片狀的托葉始終存在。

　　以下可由托葉連同其他性狀而辨識的科，及各科間的區別特徵 （＊號及粗體字科別在本章敍述，無＊號及非粗體字科的詳細說明在該科括符內之章節）：

一、托葉常存且具特殊形態者

　　托葉能伴隨葉片在整個生長季節中存在，稱為托葉宿存。

*5-1. 蓼科：托葉膜質鞘狀，包被莖部；草本。

5-2. 五加科（2-13）：托葉在葉柄基部連生，抱莖；枝條橫切面有白色髓心；木本。

5-3. 茜草科（7-2）：葉對生或輪生；合瓣花，子房下位；草本及木本。

*5-4. 大戟科：托葉三角形，極小，常呈硬刺狀；心皮 3；草本及木本。

*5-5. 毛茛科：托葉在葉柄下部連生，半透明鞘狀；草本。

5-6. 薔薇科（2-2）：托葉羽狀、羽狀裂、或鋸齒緣；草本及木本。

5-7. 金縷梅科（8-1）：幼莖葉被覆星狀毛；花瓣 4；木本。

5-8. 錦葵科（8-3）：幼莖葉被覆星狀毛；花瓣 5，花萼下有 5-8 小苞片；木本為主。

5-9. 楊柳科（14-2）：常生於水邊沼澤地，大不分種類在高海拔、高緯度；葇荑花序。

托葉與葉柄連生且呈鞘狀者，還有單子葉植物之天南星科、竹芋科（第 17 章）等。

二、托葉早落且具其他易鑑別之特徵者

僅枝頂數片嫩葉有托葉，較下的老葉已無托葉。托葉的存在是短暫的，隨著葉片的生長，托葉很快就脫落，僅留下著生托葉的痕迹（托葉痕），稱為托葉早落。

*5-10. 木蘭科：嫩莖留有環狀的托葉遺痕；單花。

*5-11. 榆科：葉基歪形，樹冠扇形；花小無瓣，4 數。

*5-12. 殼斗科：小枝條有稜，枝幹亦有粗稜；葇荑花序。

*5-13. 樺木科：鋸齒或重鋸齒緣；葇荑花序。

5-14. 鼠李科（4-4）：葉側脈近葉緣處向內彎曲，葉緣細鋸齒；花小。

5-15. 蕁麻科（7-1）：葉對生或互生，莖皮富纖維；花極小；草本為主。

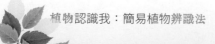
植物認識我：簡易植物辨識法

5-16. 桑科（1-2）：植物體富含乳汁；葇荑、頭狀或隱頭花序。

5-17. 梧桐科（8-2）：幼莖葉有星狀毛；實心的單體雄蕊。

5-18. 紅樹科（7-9）：生長在河海之交的沼澤地，葉對生節膨大；果實在樹上發芽。

5-19. 葡萄科（6-7）：木質藤本，具卷鬚；花小。

5-20. 金粟蘭科（7-8）：葉對生，節膨大；花序穗狀，花小。

5-21. 馬齒莧科（11-4）：肉質植物；花色艷麗，花萼2。

一、托葉常存之科的特徵簡述

*5-1. 蓼科 Polygonaceae （又見頁 301，9-9 大部分或全部種類為水生植物的科）

　　蓼科植物的莖節上，圍繞著半透明的膜質鞘（托葉鞘），這是鑑別蓼科植物的最佳特徵，而且就此一個形態特徵就能確定其科別。蓼科植物為多年生草本植物，極稀種類為灌木或小喬木；莖部通常具膨大的節。單葉互生；托葉鞘褐色或白色，頂端偏斜、截形或 2 裂，常宿存。花序排成穗狀、總狀、頭狀或圓錐狀。旱生或生長在沼澤地、河岸等溼地。本科有多種經濟植物，重要藥材有大黃、扁蓄、何首烏、拳參、草血竭、赤脛散、金蕎麥；糧食作物有蕎麥、苦蕎麥等；染料有蓼藍等；觀賞植物有紅蓼、珊瑚藤等；水蓼為古代為常用調味劑。

　　蓼科約 50 屬，1,120 種。本科植物主要分布於溫帶地區，有少數種類分布於熱帶地區。最近的 APG II 系統（2003 年）則是將蓼科處理為石竹部下的一個科。

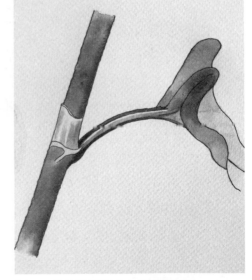

圖 5-1 蓼科植物節上的鞘狀托葉。

蓼科植物的簡明特徵：

（1）多數爲草本，極少數爲藤本
  或喬木。

（2）葉具膜狀鞘（即托葉），包被
  莖部（圖 5-1）、（照片 5-1）。

（3）穗狀花序（照片 5-2），少數
  爲頭狀花序，花萼瓣狀，常
  排成 2 列，無花瓣。

（4）花萼覆瓦狀排列，常增大並
  包被果實。

（5）雄蕊上部離生，基部合生。

（6）雌花心皮 3，形成 1 室子房；
  胚珠單一，基生胎座。

（7）果爲三角形堅果。

（8）很多種類生長在溝渠或潮溼
  地。

上：照片 5-1 蓼科植物節上的鞘狀托葉。
下：照片 5-2 蓼科植物的穗狀花序。

1. 珊瑚藤 *Antigonon leptopus* **Hook. & Arn.**

（1）多年生藤本，莖有角，基部木質。

（2）葉互生，先端銳，基部心形。

（3）花爲腋生總狀花序，花軸頂端形成分叉之捲鬚。

（4）花粉紅色，雄蕊 8。

（5）原產墨西哥。

2. 海葡萄 *Coccoloba uvifera*（**L.**）**L.**

（1）小喬木，高可達 8 m，莖多分枝。

（2）葉互生，革質，扁圓形至倒卵形，長 10-12 cm，寬 15-18 cm，先
  端圓或鈍，基部心形，脈紅色。葉鞘漏斗狀，長約 1 cm。

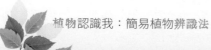
植物認識我：簡易植物辨識法

（3）花序總狀，花白色，有香氣。

（4）堅果爲肉質花被所包；果序葡萄狀。

（5）原產熱帶及亞熱帶美洲。

3. 竹節蓼 *Muehlenbeckia platyclada*（**F. V. Muell.**）**Meisn.**

（1）直立光滑常綠灌木，高可達 2.5 m。

（2）莖綠色，扁平，上有條紋，節收縮。

（3）葉退化成膜質小型葉，長 0.05-0.2 cm，早落。

（4）花綠白色，小，叢生。

（5）原產新幾內亞及所羅門群島。

4. 火炭母草 *Polygonum chinense* **L.**

（1）多年生蔓狀草本，莖肉質。

（2）葉闊卵形至卵狀橢圓形，葉面上有深色紋。

（3）花 10-20 形成頭狀，花被白色。

（4）堅果黑色，爲透明之增大肉質花被所包。

5. 虎杖 *Polygonum cuspidatum* **S. et Z.**

（1）灌木狀之多年宿根性草本，莖中空，高可達 1-2m。

（2）地上部冬天枯萎，翌年再由根莖長出新植物體。

（3）花形成密集穗狀花序，花白至粉紅色。

（4）果有 3 翅。

（5）分布 2,500-3,800 m 高山。

6. 水蓼 *Polygonum hydropiper* **L.**

（1）一年生水生草本，莖紅紫色或紅色。

（2）葉辛辣，兩面密布腺狀斑點。

（3）花頂生或腋生，鬆弛穗狀花序，花黃綠色，有紅暈。

7. 紅蓼 *Polygonum orientale* **L.**
（1）一年生草本，全株密布倒伏長毛。
（2）莖粗壯，多分枝。
（3）葉大，長 20-26 cm。

8. 酸模 *Rumex acetosa* **L.**
（1）多年生草本，具有厚質木質根莖，植株高約 50 cm。
（2）葉味酸；長 18-20 cm，基部亦戟形。
（3）廣布北半球溫帶地區。

9. 羊蹄 *Rumex japonicus* **Houtt.**
（1）多年生草本，莖直立，高 50-80 cm，直根系粗壯。
（2）葉長 10-25 cm，先端鈍，基部圓，緣波狀。
（3）堅果卵形，3 翅。
（4）普遍分布。

5-2. 五加科 （詳見頁 132，2-11 羽狀複葉的科）

五加科植物的簡明特徵：
（1）喬木、灌木、木質藤本;莖具髓心，常具刺，有星狀絨毛（照片 5-3）。
（2）葉互生，單葉，掌狀複葉或羽狀複葉。
（3）托葉連生於葉柄基部，使二者難以區別，包莖（圖 5-2）。
（4）花小，綠色，形成繖形花序；萼與子房連生，瓣 5-10，早落（caducous）。
（5）雄蕊常 5，著生於花盤邊緣。

照片 5-3 五加科植物通草幼葉、葉柄上的星狀毛。

植物認識我：簡易植物辨識法

（6）子房下位，心皮 2 至多數，常 5。

（7）核果。

單葉的五加科植物：

1. 八角金盤 *Fatsia japonica*（Thunb.）
   Decaisne & Planch.

2. 常春藤 *Hedera nepalensis* K.Koch *var.*
   sinensis（Tobl.）Rehd.

3. 蓪草；通脫木 *Tetrapanax papyriferus*
   （Hook.）K. Koch

5-3 茜草科（詳見頁 240，7-2 葉對生不同組合特徵的科）

茜草科植物的簡明特徵：

（1）喬木、灌木，藤本，有時為草本。

（2）**葉對生或輪生，全緣，具托葉（柄間托葉有時似輪生）**（圖 5-3）。

（3）整齊花，萼 4-5 裂，冠 4-5 裂，雄蕊 4-5；花萼宿存。

（4）子房下位，花柱單一。

（5）核果或漿果。

*5-4. 大戟科 Euphorbiaceae（又見頁 89，1-6 植物體具乳汁的科）

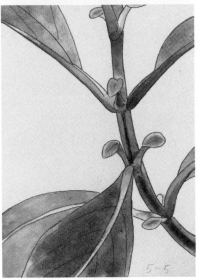

上：圖 5-2 五加科植物托葉與葉柄基部連生，並具大髓心。

下：圖 5-3 茜草科植物葉對生並具托葉。

本科植物廣泛分布在全世界，主要生長在熱帶地區，尤其是中南半島和熱帶美洲種類最多，在熱帶非洲也有許多種。大戟科分布在生態上極不同的地方：既

有耐旱的沙漠型肉質植物，也有耐水的濕生植物；有不少是熱帶森林喬木，也有許多分布廣泛的田間雜草。大戟科以盛產橡膠、油料、藥材、鞣料、澱粉、木材等重要經濟植物著稱，如橡膠樹屬是主要產橡膠的植物；油桐屬產最好的乾性油；烏桕產蠟和油；蓖麻是重要的藥用植物；巴豆爲瀉藥，又可作殺蟲劑，也產丹寧；木薯是熱帶重要的食用植物，有肥厚的塊狀根，極富澱粉，是工業上用粉主要原料之一；變葉木屬、葉下珠屬、麻風樹屬及大戟屬等廣泛栽培作觀賞植物。

大戟屬是遍布全球的大屬，包含 2,000 多種，主要產於亞熱帶及溫帶，熱帶地區較少。大戟屬多種植物有藥用價值，例如大戟（*Euphorbia pekinensis* Rupr.）、狼毒（*E. fischeriana* Steud）、甘遂（*E. kansui* T.N.Liouex S.B.Ho）、飛揚草（*E. hirta* Linn.）等；另外，本屬還有很多觀賞植物，如猩猩草（*E. pulcherrima* Willd. *ex* Kl.）、紫錦木（*E. cotinfolia* L.）等。大戟屬的大戟花序（cyathium）：看似一朵花，實爲一花序，由一杯形總苞、蜜腺及包圍在裡面的一雌蕊及許多雄蕊構成，每一雌蕊及雄蕊均爲朵朵花退化而來。

大戟科有 300 屬大約 6,400 種，是被子植物的第七大科，下分：葉下株亞科（Phyllanthoideae）、大戟亞科（Euphorbioideae）、鐵莧菜亞科（Acalyphoideae）、巴豆亞科（Crotonoideae）等 4 亞科。臺灣有 27 屬 88 種。

大戟科植物的簡明特徵：

照片 5-4 大戟科山漆莖葉柄基部鄰接枝條處有極小、近黑色的三角形托葉。

（1）草本，灌木或喬木，常有乳汁（latex）。

（2）多爲單葉，偶有複葉者。葉互生，冬葉多變紅；**托葉小，三角形（圖5-4）、（照片5-4）。**

（3）花單性，雌雄同株，有時雌蕊異株；花無瓣。

（4）雄蕊 1 至多數，花藥常一大一小。

 植物認識我：簡易植物辨識法

（5）心皮 3，花柱或柱頭 3 叉或 6
　　叉，子房多為 3 室。

（6）蒴果或核果狀。

1. 長穗鐵莧；紅花鐵莧 *Acalypha*
hispida **Burm.**

（1）灌木。

（2）葉綠色，闊卵形，長 10-20
　　cm。

（3）雌花序鮮紅色，濃密懸垂，
　　長達 45 cm。

（4）原產印度。

圖 5-4 大戟科植物具小型之三角形托葉。

2. 威氏鐵莧 *Acalypha wilkesiana* **Muell. -Arg.**

（1）灌木。

（2）葉銅綠色和紅紫班紋交雜，橢圓狀卵形，長 10-20 cm。

（3）花序長 20 cm。

3. 三年桐；光桐 *Aleurites fordii* **Hemsl.**

（1）落葉喬木。

（2）葉基有 2 腺點，但腺點無柄。

（3）果兩端尖突，果皮光滑；種子製桐油。

（4）中國原產。

4. 千年桐；廣東油桐；皺桐；木油桐 *Aleurites montana*（**Lour.**）**Wils.**

（1）落葉大喬木。

（2）葉基 2 腺點有柄。

（3）果皮皺縮；果近圓形，長約 5 cm，種子製桐油，品質佳。

（4）原產兩廣、福建及浙江。

5. 石栗 *Aleurites moluccana*（**L.**）**Willd.**

（1）常綠喬木，嫩葉及花序具星狀毛。

（2）葉卵形，全緣至 3-7 裂。

（3）花白色。

（4）果球狀至壓扁球狀。

（5）原產馬來半島及太平洋群島。

6. 茄苳；重陽木 *Bischofia javanica* **Blume**

（1）半落葉性大喬木。

（2）三出葉，小葉卵形，緣鈍鋸齒。

（3）圓錐花叢，花無瓣；雄花萼片 5，雄蕊 5；雌花萼片 5，早落。

（4）漿果（種子褐色）。

7. 變葉木 *Codiaeum varigatum* **Blume**

有許多不同變種及品種。

8. 饅頭果屬（*Glochidion*）

全世界約 300 種。主要分布於熱帶亞洲、太平洋群島和馬來西亞等地區，少數分布於美洲和非洲。

大戟具乳汁之種類詳見 1-6（pp. 89）

*5-5 毛茛科 Ranunculaceae

毛茛科是被子植物的比較原始的科之一。原始特徵有：雄蕊多數，常呈片狀且螺旋狀排列；心皮離生；胚乳豐富，胚小等，很多特徵與木蘭科相似。但本科植物多爲草本植物，葉多無托葉，花粉具 3 個以上萌發孔，比木蘭科稍爲進化。毛茛科植物含有多種化學成分，植株常含各種生物鹼，根部尤多，很多是藥用植

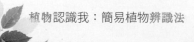

植物認識我：簡易植物辨識法

物，如毛茛、升麻、天葵等；也有劇毒植物，如烏頭；也有不少花色艷麗的植物，如白頭翁、飛燕草等著名的觀賞植物。此外，耬斗菜屬、鐵線蓮屬、銀蓮花屬、翠雀屬、烏頭屬、金蓮花屬、毛茛屬、唐松草屬等，也有不少觀賞花卉。

　　本科植物共 50 屬約 2,000 種，廣泛分布在全世界各地，尤其北溫帶和寒帶為多。

毛茛科植物的簡明特徵：

（1）多年生或一年生草本，少有灌木或木質藤本。

（2）通常呈全裂狀，一般掌狀分裂，少數種羽狀分裂；葉柄基部具葉鞘（圖 5-5）、（照片 5-5）。

（3）聚繖花序，或總狀花序；兩性花，瓣萼常不區分，雄蕊多枚，心皮 3- ∞。

（4）整齊花或不整齊花，螺旋狀排列；花瓣具蜜腺，或基部常有囊狀或筒狀的距（**spur**）（照片 5-6）。

（5）側膜胎座，子房 1 室，胚珠 1。

（6）蓇葖果或瘦果，種子 1。

（7）胚乳油狀。

上：圖 5-5 毛茛科植物托葉鞘狀，連生於葉柄基部。

中：照片 5-5 毛茛顆毛茛葉柄基部的鞘狀托葉。

下：照片 5-6 毛茛科耬斗菜花冠基部突出的棒狀距。

1. 烏頭 *Aconitum carmichaeli* **Debx.**

（1）多年生草本，莖高 100-130 cm。

（2）塊根通常 2-3 個連生在一起，呈圓錐形或卵形，母根稱烏頭，旁生側根稱附子。

（3）葉互生，革質，卵圓形，有柄，掌狀 2 至 3 回分裂，裂片有缺刻。

（4）圓錐花序；藍紫色花，萼片 5，花瓣 2。

（5）蓇葖果長圓形，由 3 個分裂的子房組成。

2. 白頭翁 *Anemone coronaria* **L.**

（1）多年生草本，地下部具黑灰色不規則扁圓形之塊莖，株高 20-40cm。

（2）葉爲羽狀複葉，從地下莖簇生。

（3）花梗亦由地下部中間抽出，花單生開在花莖頂端，有單瓣、重瓣之分，花色有紅、桃、藍、白等各色，無眞花瓣。

（4）結實時有長鬚著生，成熟時呈銀白色，故有「白頭翁」之稱，球根秋天種植春天開花。

3. 鐵線蓮類 *Clematis* **spp.**

（1）本屬植物，多爲木質藤本。

（2）二回三出複葉，小葉狹卵形至披針形，全緣。

（3）花單生或爲圓錐花序，萼片大，花瓣狀，花色有藍色、紫色、粉紅色、玫紅色、紫紅色、白色等。

4. 大飛燕草 *Delphinium hybridum* **Steph.** *ex* **Willd.**

（1）多年生宿根性草本花卉。

（2）葉互生，掌狀深裂，每一葉片再細裂成線形，葉緣爲粗鋸齒狀。

（3）總狀花序頂生，花朵由下自上開放，每一小花具花瓣狀萼片 5 枚；單瓣品種的花瓣爲 2-4 枚，呈近圓形或寬倒卵形，亦有重瓣的品種；花朵具有長距，是其分類上重要特徵；花色有藍、紫、粉紅、紅、白等色。

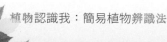

（4）果實爲 3 個聚生的蓇葖果。

（5）原產於歐洲南部之溫帶地區。

5. 毛茛 *Ranunculus japonicus* **Thunb.**

（1）直立草本。

（2）花黃色，萼片和花瓣均 5 片，基部常有蜜腺，雄蕊和心皮均爲多數，
離生。

（3）瘦果。

6. 石龍芮 *Ranunculus sceleratus* **L.**

（1）一年生草本，莖直立，高 15-45 cm。

（2）葉片寬卵形，3 淺裂，全緣或有疏圓齒，側生裂片不等地 2 或 3 裂。

（3）夏季開花，花序常具較多花；花瓣 5。

（4）聚合果矩圓形，長約 0.7cm；瘦果寬卵形，長約 0.12cm。

（5）生於溪溝邊或濕潤地。

5-6 . 薔薇科（詳見頁 107，2-2 羽狀複葉之科）

薔薇科植物的簡明特徵：

（1）喬木，灌木，草本或藤本。

（2）有羽狀複葉，也有單葉，
互生。本科植物的識別特
徵：具 2 托葉，**托葉羽
狀裂，或鋸齒緣**（照片
5-7）。

（3）花兩性，萼 5、瓣 5、雄
蕊爲 4 或 5 的倍數；雌蕊
1 、 2 、 5 或多數。

照片 5-7 薔薇科植物羽狀緣之托葉。

（4）花托發達，常隆起或凹陷；花萼、花瓣、雄蕊及部分花托常連生成花萼筒（**Hypanthum**）。

（5）心皮 1- 多數，多離生。

（6）果有瘦果、蓇葖果、梨果、核果。

薔薇科常見的單葉種類：

1. 繡線菊 *Spiraea formosana* **Hay.**

（1）小灌木。

（2）花白色，花托杯狀，聚成繖房花序。

（3）分布高海拔。

2. 火刺木 *Pyracantha koidzumii*（**Hay.**）**Rehder**

（1）灌木，小枝先端常成棘刺。

（2）葉先端凹。

（3）果紅，俗稱狀元紅；果深紅色。

3. 枇杷 *Eriobotrya japonica* **Lindl.**

（1）葉背具絨毛。

（2）果黃色＞ 4 cm。

4. 西洋蘋果 *Malus pumila* **Mill.**

（1）幹有刺（枝條），葉長橢圓形。

（2）瓣白色有紅暈。

（3）果大。

（4）1890 年由美國傳教士傳入。

5. 梨 *Pyrus serotina*（**Burm. f.**）**Nakai**

原產長江流域至兩廣，品種很多。

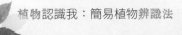 植物認識我：簡易植物辨識法

6. 杏 *Prunus armeniaca* **L.**

（1）葉卵圓形，長 6-8 cm，寬 4-7 cm，基部圓形或略心形，葉柄 2-3.5 cm。

（2）花有短柄，白色或淡紅色，單生。

（3）果球形，淡黃色，徑 2-2.5 cm。

7. 梅 *Prunus mume* **S. et Z.**

（1）葉寬 3-5 cm，葉柄 1-2 cm，葉菱形。

（2）花幾無柄，紅、白色。

8. 桃 *Prunus persica* **Stokes**

（1）葉長橢圓形，細鋸齒緣。

（2）花單生，粉紅色。

9. 李 *Prunus salicina* **Lindl.**

（1）葉形介於桃與梅之間。

（2）花白色。

5-7. 金縷梅科 （詳見頁 277，8-1 幼葉幼枝被星狀毛之科）

金縷梅科植物的簡明特徵：

（1）喬木或灌木，植物體常具星狀毛（照片 5-8）。

（2）單葉互生；**托葉 2，多對生。**

（3）花小，常形成頭狀花序或總狀花序。

照片 5-8 金縷梅科紅花檵木幼嫩枝葉上的星狀毛。

（4）花瓣 4（照片 5-9）；心皮 2，花柱離生，常反曲。

（5）果爲蓇果，2 或 4 裂。

5-8. 錦葵科（詳見頁 281，8-3 幼葉幼枝被星狀毛之科）

錦葵科植物的簡明特徵：

（1）多數種類爲灌木或草本；**樹皮含多量纖維，外被星狀毛。**

（2）單葉，互生，有托葉。

（3）花瓣 5，萼 5 裂，花柱 5 或 10 裂，具小苞片（bracteole = 副萼 epicalyx），雄蕊合生成中空筒狀之單體雄蕊，花絲先端游離（照片 5-10）。

（4）子房 5 或 10 室。

（5）蓇果。

5-9. 楊柳科 Salicaceae（詳見頁 360，14-5 特殊花序、花器內容之科）

楊柳科植物的簡明特徵：

（1）喬木或灌木，視生長地點而定（可長於冰磧地）。

（2）**葉互生，具不同形狀的托葉**（圖 5-6）、（照片 5-11）。

上：照片 5-9 金縷梅科紅花檵木的花有 4 瓣。

中：照片 5-10 錦葵科扶桑之單體雄蕊。

下：圖 5-6 楊柳科之葉形托葉。

植物認識我：簡易植物辨識法

（3）雌雄異株，花比葉先長
　　（florescence precocious）。

（4）無花瓣，僅有苞片，有些有毛。

（6）雄蕊 2-12。

（7）心皮 2-4，胚珠基底著生。

（8）子房基部具花盤或蜜腺。

（9）蒴果 2-4 裂，胚珠成熟後珠柄長
　　出長毛；果實開裂時，種子飛
　　散，稱為飛絮（silky hairs）（照
　　片 5-12）。

（10）分布溫帶。

上：照片 5-11 楊柳科水柳的不規則葉
形之托葉。
下：照片 5-12 楊柳科楊屬植物在蒴果
上即將飄散的飛絮。

二、托葉早落科的特徵簡述

*5-10. 木蘭科 Magnoliaceae（又
見頁 345，13-2 植物各部分及葉揉
之有香氣的科）

　　木蘭科是具備許多原始性狀的科。其原
始特徵如下：木本；單葉、全緣、羽狀脈；
花單生，雄蕊多數、不定數，分離，螺旋狀排列，花絲短，藥隔大；心皮多數、
離生；胚小，胚乳豐富等。木蘭科植物是研究被子植物起源、發育、進化的珍貴
材料，學術價值極高。

　　木蘭科中有許多是著名的觀賞植物，如木蘭、白玉蘭、白玉蘭、洋玉蘭等，
早春白花滿樹，艷麗芳香，均為馳名的庭園觀賞樹種。其中的木蘭（*Magnolia
denudate* Desr.）是中國著名的珍貴觀賞植物，尤其是在寺院中常有種植，庭園
亦經常栽種之。「木蘭枝葉俱疏。其花內白外紫，亦有四季開者。深山生者尤大，
可以為舟；其香如蘭，其花如蓮」，晉代陶弘景所著醫書《名醫別錄》曰：「木

蘭生零陵山谷及太山。皮似桂而香。」花香、葉香、皮香、木材也香，故《楚辭》列木蘭爲香木之首。許多喬木種類，樹幹挺直、材質輕軟、紋理直、結構細，易加工，不變形，可做建築、家具、裝飾等用材；厚朴、辛夷等爲著名的中藥材；一些種類的花和葉可提取芳香油、香精等。

　　廣義的木蘭科包括有木蘭科、八角茴香科、五味子科、水青樹科等，狹義的木蘭科指木蘭亞科和鵝掌楸亞科。本科有 13 屬，200 餘種，分布於亞洲熱帶和亞熱帶，少數在北美南部和中美洲。臺灣原生的木蘭科植物有 2 屬 7 種。

　　木蘭科植物的簡明特徵：

　　（1）全爲木本，常具油管，有芳香，即爲「芬多精」。

　　（2）單葉互生，全緣；托葉包被幼芽，脫落後在節上形成**托葉遺痕**（照片 5-13）。

　　（3）花單生，兩性，花大而豔；瓣萼通常區分不明顯，特稱爲花被片（tepals）（照片 5-14），爲 3 的倍數。

　　（4）雄蕊多數，螺旋狀排列於花軸基部；花藥長形。

　　（5）心皮多數，離生，螺旋狀排列於伸長之花軸（稱之爲**子房柄**，或**雌蕊柄** gymnophore，stipe）。

　　（6）蓇葖果（follicle），小部分爲翅果（samara）。

照片 5-13 木蘭科白玉蘭托葉掉落後在枝條上留下之環狀托葉遺痕。

照片 5-14 木蘭科植物之花，由外而內分別爲：花被片、雄蕊、心皮。

植物認識我：簡易植物辨識法

（7）種子具假種皮，有絲狀胚珠柄（funicle）。

（8）主要分布於北半球之暖溫帶。

1. 木蘭；玉蘭 *Magnolia denudata* **Desr.**

（1）落葉小喬木，高可達 15 m；樹冠卵形或近球形。

（2）葉倒卵狀長橢圓形，先端突尖而短鈍。

（3）花大，先葉開放，芳香，碧白色，有時基部帶紅暈。

（4）聚合果，種子心臟形，黑色。

2. 辛夷；木筆 *Magnolia lilifera* **Desr.**

（1）落葉性小喬木，高達 3-5 m。

（2）葉互生，葉片倒卵形至倒卵狀披圓形。

（3）花先葉開放，單生枝端；花被淡紫色。

（4）蓇葖果頂端圓形，多數，聚合成圓筒形。

3. 夜合花 *Magnolia coco*（**Lour.**）**DC.**

（1）小灌木，晚上開放，有淡淡香味，非常迷人。

（2）葉墨綠色，革質；葉脈網狀，明顯。

（3）最外層花被片（萼）3，綠色，內層 6，乳白色。

（4）耐蔭，觀花、觀葉。

4. 洋玉蘭；大花玉蘭 *Magnolia grandiflora* **L.**

（1）常綠大喬木。

（2）葉革質，葉背褐色毛，葉緣反捲。

（3）葉革質，背分布鏽色毛，嫩枝及芽均有鏽色毛。

（4）花大，直徑可達 15cm。

（5）原產美國。

5. 白玉蘭 *Michelia alba* **DC.**

（1）常綠大喬木。

（2）突耳（葉柄上之托葉遺痕）在葉柄基部。

（3）花白。

（4）原產印尼。

6. 黃玉蘭 *Michelia champaca* **L.**

（1）突耳長達葉柄之五分之四。

（2）花橙黃色。

（3）原產印度。

7. 含笑花 *Michelia figo*（**Lour.**）**Spreng.**

（1）灌木，幼枝及葉柄有密生褐色絨毛。

（2）花黃白色，味香。

（3）原產華南。

8. 鵝掌楸 *Liriodendron chinense* **Sarg.**

（1）落葉大喬木，高達 40 m。

（2）葉先端截形，馬褂狀，具長柄。

（3）單花頂生，花被片 9。

（4）翅果不開裂。

（5）鵝掌楸屬全世界 2 種，一產北美，一產中國中部。

*5-11. 榆科 Ulmaceae

榆科多數種類的木材堅硬、細緻，耐磨損，韌性強，材質優良，可供家具、器具、建築、車輛、橋梁、造船、農具等用；枝皮、樹皮纖維強韌，可代麻製繩、織袋，或作造紙及人造棉原料，中國著名的宣紙就是以榆科的青檀枝皮和樹

 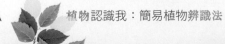 植物認識我：簡易植物辨識法

皮爲原料，製作而成的。有些生長較快、材質優良的喬木樹種，如櫸木已作爲造林樹種，廣泛在各地山區栽種。一些樹種如榔榆除廣爲造林外，由於葉形美、樹冠造型特殊，成爲庭園觀賞樹種或盆栽樹種，也栽植爲行道樹。山黃麻具種子銀行（sees bank）現象，是崩壞地常見的先驅樹種。

　　榆科約 16 屬 230 餘種，主要分布在北半球溫帶區域，大部分在亞洲，沒有原生於澳洲的種類。1981 年的克朗奎斯特（Cronquist）系統將其分在蕁麻部中，1998 年根據基因親緣關係分類的 APG 分類法認爲應該分在薔薇部，並將朴屬（*Celtis*）及相似的朴族幾個屬另劃入大麻科（Cannabaceae）。但本書仍採用克朗奎斯特系統。

榆科植物的簡明特徵：
- （1）喬木或灌木。
- （2）單葉互生，**葉基歪形；托葉 2，早落**（圖 5-7）。
- （3）花單性，雜性花或雙性花；聚繖花序；無瓣，花萼鐘狀，4-8 裂。
- （4）雄蕊 4-5 與花被同數而對生。
- （5）心皮 2，連生，花柱二叉；胚珠懸垂。
- （6）核果或翅果。
- （7）台灣有 5 屬 9 種，常見的樹種爲朴樹與山黃麻。

圖 5-7 榆科植物的鑑別特徵：托葉早落、葉基歪形。

1. 朴樹；沙朴 *Celtis sinensis* **Persoon**
- （1）落葉喬木，嫩枝有茸毛。
- （2）葉緣具多數鈍鋸齒。
- （3）分布平地、山麓。
- （4）中國大陸亦產。

2. 山黃麻 *Trema orientalis* **Blume**

（1）小枝被短柔毛。

（2）葉兩面亦密布白茸毛。

（3）花雜性，成聚繖花序，花被黃綠色。

（4）核果。

（5）全台 0-1,000m，溪畔、崩壞地及砍伐跡地。

（6）木材可供造紙、模板、木屐之用。

3. 榔榆 *Ulmus parvifolia* **Jacq.**

（1）樹皮雲片狀剝落。

（2）葉兩面粗糙，基甚歪。

（3）翅果。

（4）為全世界榆屬葉最小之種。

4. 櫸木；雞油 *Zelkova serrata*（**Thunb.**）**Makino**

（1）落葉大喬木，樹皮雲片狀剝落。

（2）葉表面粗糙，葉基僅稍歪。

（3）核果歪形，表面有網紋。

（4）重要造林樹種，一級木。

*5-12. 殼斗科 Fagaceae（又見頁 332，12-1 小枝有稜的植物；頁 359，14-3 特殊花序、花器內容之科）

　　殼斗科植物是亞熱帶和溫帶森林的主要構成樹種，其外型特殊的果實，成為森林中許多動物重要的食物來源。其中的麻櫟類（*Quercus* spp.）、櫧類（*Castanopsis* spp.）的堅果產量很大，果實中含大量的澱粉，是鼠類、松鼠等哺乳類動物以及許多鳥類秋冬季節重要的食品。上述動物對於殼斗科植物果實的傳播和散布有重要的關聯，動物吃剩的殼斗科植物果實儲存在地下，可在來年春

 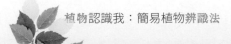 植物認識我：簡易植物辨識法

天，在與母株相隔甚遠的其他地方生根發芽，繁衍殼斗科植物族群。世界殼斗科植物有 11 屬約 900 種，台灣大約有 40 多種殼斗科植物，和樟科植物在中海拔地區形成優勢種森林，構成所謂的「樟櫧林帶」（Lauro-fagaceous forest）。殼斗科林木古代就為人類利用，自古至今都是重要的經濟樹種。

本科大部分種類為造林樹種，木材可供建築、製造器皿、種植香菇；堅果（nut）和殼斗（cupule）合稱為「橡子」（acorn）。堅果內的種子含豐富澱粉，可做牲畜飼料或釀酒；有些種類如槲樹的葉可以養殖柞蠶；板栗類的堅果自古以來就是各地人類的糧食；苦櫧的種仁是製作粉條和豆腐的原料，製成的豆腐稱為苦櫧豆腐。

橡木桶是歐美地區的一種儲酒容器，其使用歷史甚至可以追溯到遠古時代，被視為一種藝術、身份和品位的象徵。橡木桶在釀製葡萄酒的過程中，桶內的單寧、香蘭素、橡木內酯、丁子香酚等化合物質會溶解在葡萄酒中，可快速催酒成熟，短時間內使酒變得更加香醇，更接近琥珀色。但並非所有的殼斗科樹木都適合製作酒桶，綜合世界各地的成功經驗，對於葡萄酒行業來說，最為常用、最適合的樹種只有產於法國、奧地利、捷克、斯洛文尼亞、波蘭等歐洲國家的夏櫟（*Quercus robur* L.），以及主產於美國的美洲白櫟（白橡木）（*Quercus alba* L.）等。

殼斗科植物的簡明特徵：
　　（1）常綠或落葉喬木，幼芽具鱗片。
　　（2）葉互生，有托葉。**小枝有稜，托葉早落**（圖 5-8）。
　　（3）花單性，雌雄同株。
　　（4）雄花：直立或下垂葇荑花序（照片 5-16），萼 4-6 裂。
　　（5）雌花：單生或叢生於雄花序基部，外面有總苞；花柱 3，子房下位，3 室（稀 6 室），每室胚珠 2。

圖 5-8 殼斗科植物托葉早落、小枝具稜。

（6）果爲堅果，總苞成熟後變硬成殼斗狀，包被果實部分或全部（照片 5-16；17）；殼斗外之鱗片凸起或針狀。

1. 板栗 *Castanea mollissima* **Blume**
（1）葉背平滑，總苞刺有毛。
（2）嫩葉及芽之鱗片有絨毛。
（3）原產中國各省。

2. 長尾尖櫧 *Castanopsis carlesii*（**Hemsl.**）**Hay.**
（1）葉先端長尾漸尖，背褐鏽色。
（2）殼斗全包被堅果。
（3）殼斗鱗片瘤狀凸起（短刺）。
（4）分布普遍。

3. 印度栲 *Castanopsis indica* **A. DC.**
（1）葉卵形，漸尖，基楔形，緣有粗齒。
（2）堅果全爲殼斗所包，外密生長細刺。

4. 青剛櫟 *Cyclobalanopsis glauca*（**Thunb.**）**Oerst.**
（1）嫩葉及幼枝有毛。
（2）葉上半有鋸齒，背灰白。
（3）殼斗環 5-8。堅果子彈形。

上：照片 5-15 殼斗科植物的菜荑花序。
中：照片 5-16 殼斗科植物如小西氏石櫟殼斗僅包被部分堅果。
下：照片 5-17 有些殼斗科植物如板栗殼斗包被全部堅果。

植物認識我：簡易植物辨識法

（4）分布普遍，台灣、大陸、日本皆有之。

5. 短尾葉石櫟 *Pasania harlandii*（**Hance**）**Oerst.**
= *Pasania brevicaudata*（**Skan**）**Schottky**
（1）小枝 5 稜。
（2）葉幾乎全緣，長橢圓形，長 10-15 cm，先端短尾狀，側脈 8-10 對。
（3）殼斗無柄，堅果圓錐狀。

6. 栓皮櫟 *Quercus variabilis* **Blume**
（1）樹皮具栓皮，森林火災時有保護作用。栓皮可製瓶塞。
（2）葉背有灰白色絨毛，葉緣芒狀鋸齒。
（3）殼斗鱗片線形。
（4）火災跡地多，因皮厚故可免於被火燒毀。

*5-13. 樺木科 Betulaceae（又見頁 359，14-4 特殊花序、花器內容之科）

　　本科許多喬木樹種的木材堅硬，尤其是鐵木屬（*Ostrya*）的植物，以前常被用來製造車輪、水車等耐磨損的部件，現在這些部件一般都被金屬製品取代。樺木屬的植物除作為家具、建築用材外，有許多種類如白樺（*Betula platyphylla* Suk.）的樹皮白色、黑樺（*Betula dahurica* Pall.）樹皮暗黑色、紅樺（*Betula albosinensis* Burk.）樹皮紅褐色，都有很高的觀賞價值，可作為園景樹或行道樹栽植。中國東北的赫哲族人常用白樺的樹皮製作船隻和許多種實用的手工藝品。古代中國皇帝用弓箭之弓多用樺木製。湖北省博物館展有出土戰國 3 公尺多長的戈和柄（綢帶多層竹片纏制），推知中國北方古人弓身和戈柄用樺木製作，而南方的古人則用竹片。本科榛樹類中的歐榛（*Corylus avellana* Linn.）、大果榛（*Corylus maxima* Mill.）和榛（*Corylus heterophylla* Fisch.）被廣泛種植以收穫其可食用的堅果。另外，本科赤楊屬（*Alnus*）植物根常具根瘤，為木本固氮植物，是荒山或崩塌地造林的最佳樹種。

以前樺木科的植物被分為兩科：樺木科和榛木科，如哈欽森系統
（Hutchinson System）但現在不論是克朗奎斯特系統（Cronquist System）
或 APG II 分類法都將兩者處理成一科。

樺木科植物的簡明特徵：
　（1）落葉喬木或灌木。
　（2）單葉互生，托葉早落，重鋸齒
　　　　緣（圖 5-9）。
　（3）花單性，雌雄同株雄花：葇荑
　　　　花序（照片 5-18），每一苞片
　　　　內有雄花 3；花被膜質，4 裂，
　　　　雄蕊 2-4，花絲短。
　（4）雌花：毬果狀或葇荑狀；每一
　　　　苞片內有雌花 3，無花被；子房
　　　　2 室，花柱 2。
　（5）果為翅果或堅果，外有膜質總
　　　　苞包被。
　（6）共有 6 屬，大約 200 種，主產
　　　　溫帶及寒帶。

1. 白樺 *Betula platyphylle* **Suk.**
　（1）樹皮灰白色，層層剝裂。
　（2）葉厚紙質，三角狀卵形。

上：圖 5-9 樺木科植物葉緣重鋸齒。
下：照片 5-18 樺木科植物的雄葇荑
花序。

2. 赤楊 *Alnus japonica*（**Thunb.**）**Steud.**
　（1）具根瘤菌（Frankia，豆科者為 Rhizobium），能改良土壤。
　（2）落葉喬木，高可達 20 m。
　（3）葉互生，卵或長橢圓形，細鋸齒緣，長約 10 cm。

  植物認識我：簡易植物辨識法

（4）雄花爲葇荑花序；雌花則成密穗狀花序，暗紅色。

（5）果呈毬果狀，長約 2 cm；小堅果扁平，有狹翅。

3. 榛 *Corylus heterophylla* **Fisch.**

（1）灌木或小喬木，高 1-7 m。

（2）葉寬倒卵形，緣有不規則重鋸齒。

（3）雌花排成頭狀。

（4）果爲堅果，外有葉狀之總苞。

5-14. 鼠李科（詳見頁 163，4-4 特殊葉性狀科）

鼠李科植物的簡明特徵：

（1）單葉，對生或互生；具托葉。

（2）葉側脈近葉緣處向內彎曲，
葉緣細鋸齒（照片 5-19）。

（3）花爲聚繖花序，細小，瓣 5
（稀 4）；具花盤。

（4）雄蕊數與瓣同，並與之對
生；每室胚珠 1。

（5）常爲核果。

5-15. 蕁麻科（詳見頁 237，7-1 單
葉具托葉的科）

蕁麻科植物的簡明特徵：

（1）草本或軟質木本，常被覆螫
毛（stinging hairs）。

（2）單葉，互生或對生；具 2 托
葉（照片 5-20）。

上：照片 5-19 鼠李科黃鱔藤之葉，側脈先
端向內彎曲。
下：照片 5-20 蕁麻科有些植物葉對生，具
托葉。

（3）花小，叢生或聚繖花序，無花瓣。

（4）雄蕊 4，與萼片對生；花絲在蕾中彎曲，開花時伸直。

（5）雌花子房 1 室，胚珠直立。

（6）果為瘦果或肉質核果。

5-16. 桑科 （詳見頁 79，1-2 具乳汁的科）

桑科植物的簡明特徵：

（1）喬木或灌木，稀藤本和草本；
全株具乳汁，具鐘乳體。

（2）單葉互生；托葉明顯，早落，
常留下托葉遺痕（照片 5-21）。

（3）花單性，頭狀花序，菜荑花序
或隱頭花序（Syconium）。

（4）花無花瓣，花萼通常 4 片。

（5）雌花 2 心皮；花柱 2 裂。

（6）果為瘦果或漿果，由整個花序
的花結實後，聚生成複合果
（Multiple fruit）。

5-17. 梧桐科（詳見頁 279，8-2 幼枝葉
具星狀毛的科）

梧桐科植物的簡明特徵：

上：照片 5-21 桑科印度橡膠樹枝條上
有環狀托葉遺痕。

下：照片 5-22 梧桐科掌葉蘋婆幼葉及
花被上有星狀毛。

（1）樹皮具長纖維，木本。

（2）植物體具星狀毛（照片 5-22）。

（3）單葉或掌狀複葉，互生。

植物認識我：簡易植物辨識法

（4）花兩性或單性，花萼具黏液細胞，花瓣 5 或無。

（5）花藥 2 室，但可可樹 4 室。

（6）雄蕊合生成筒（**單體雄蕊** Monadelphous stamen），**實心**。

（7）果爲蒴果（capsule），蒴片 1-5。蒴片一則爲蓇葖果；種子多具翅。

5-18. 紅樹科（詳見頁 253，7-9 單葉、葉對生不同組合特徵的科）

紅樹科植物的簡明特徵：

（1）小枝節間膨大（照片 5-23）。

（2）具呼吸根、支柱根（prop root）、膝根（Knee root）。

（3）葉對生，革質，有托葉（早落）。

（4）花兩性，萼 3-14。

（5）雄蕊多數。

（6）果實在樹上發芽，特稱胎生植物（Vivipary plant）。

照片 5-23 紅樹科紅茄苳葉對生、節稍膨大。

照片 5-24 葡萄科植物是具卷鬚獲悉盤的木質藤本。

5-19. 葡萄科（詳見頁 226，6-7 一大部分爲藤本植物的科）

葡萄科植物的簡明特徵：

（1）多數爲木質藤本，**具捲鬚**（tendrials），或有吸盤（照片 5-24）。

（2）單葉、羽狀或掌狀複葉，具托葉，早落；葉互生或有時基部對生。

（3）花序與葉對生；萼小，全緣或 4-5 裂；瓣 4-5；雄蕊 4-5。

（4）子房 2-6 室，每室 1-2 胚珠。

（5）漿果。

5-20. 金粟蘭科（詳見頁 252，7-8 單葉、葉對生不同組合特徵之科）

金粟蘭科植物的簡明特徵：

（1）草本或灌木，常有香氣。

（2）葉對生，節膨大（照片 5-25）；托葉小。

（3）花序穗狀，花小（照片 5-26）。花兩性或單性，無被。

（4）雄蕊 1-3 個，花絲附於子房上，或 3 枚連成單體；子房上位，1 室。

（5）核果。

照片 5-25 金粟蘭科植物節膨大。　　照片 5-26 金粟蘭科植物花序穗狀。

5-21. 馬齒莧科（詳見頁 322，11-4 肉質植物之科）

馬齒莧科植物的簡明特徵：

（1）草本或亞灌木，常肉質。

（2）葉具鱗片狀或剛毛狀之托葉。

植物認識我：簡易植物辨識法

（3）**花色豔麗**，但隨即凋
　　　謝（有日照才開），
　　　花萼2（照片5-27）。

（4）雄蕊數和花瓣數相
　　　同，相互對生。

（5）基生胎座，胚珠1至
　　　多數。

（6）蒴果上裂。

照片5-27 馬齒莧科植物花豔麗、花萼2。

第六章　大部分為藤本植物之科

　　藤本植物無主莖，亦無一定的高度，多不能自立。須以其他植物或物體為支柱，利用莖葉捲繞，或以氣根、吸盤附著，或是以刺勾住他物，攀緣上升的植物。因此植物能纏繞在樹體上、岩石頂、住家庭園的拱門、外牆、圓頂之上。此類須依附在其他物體，或匍匐於地面上生長的藤類植物，又可區分成以下各類：

1. 纏繞植物（**twining plants**）：莖柔軟，以莖本身纏繞其他植物體或物體上升，如何首烏、馬兜鈴等。
2. 攀緣植物（**climbing plants**）：莖細長柔弱，生出特別的結構，如卷鬚、倒鉤刺或不定根等，攀緣他物上升，豌豆、葡萄、絲瓜、黃藤等屬此類。攀緣植物和纏繞植物都有木本和草本之分。
3. 蔓性植物（**trailing plants**）：莖較柔弱，幼苗期或植株尚小時，能直立生長，但枝條伸展時，需攀附他物支撐或上升的植物，如茉莉、懸鉤子類。
4. 匍匐植物（**runner plants**）：利用匍匐莖（stolon）平臥在地面上生長蔓延之植物。分匍匐莖（creeping stems），卽莖平臥在地面上，莖上產生不定根的莖，如馬鞍藤、草莓等；平臥莖（procumbent stems），卽莖平臥在地面上，莖上不產生不定根的莖，如蒺藜等。

　　主要的藤本植物科之簡易區別（＊號及粗體字科別在本章敍述，無＊號及非粗體字科的詳細說明在該科括符內之章節）：

　＊6-1.　馬兜鈴科：草質藤本，葉互生，常被有灰白粉，基部多為心形。
　　6-2.　木通科（3-1）：木質藤本，掌狀複葉互生。
　＊6-3.　五味子科：木質藤本，葉揉之有香味；漿果狀。
　＊6-4.　獼猴桃科：木質藤本，幼莖、葉、葉柄密布粗毛。
　＊6-5.　西番蓮科：木質藤本，具捲鬚，葉柄有腺點；花大而艷。
　＊6-6.　瓜科：草質藤本；具捲鬚；花大，子房下位。

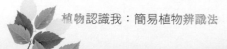
植物認識我：簡易植物辨識法

*6-7. 葡萄科：木質藤本，具捲鬚；花極小。

6-8. 蒺藜科（2-10）：草質藤本；一大一小羽狀複葉，對生。

*6-9. 金蓮花科：草質藤本，葉盾形；花萼有距。

6-10.旋花科（1-10）：草質纏繞藤本，具乳汁。

*6-11.防己科：木質纏繞藤本；花極小。

*6-12.胡椒科：節膨大，節上長不定根，全株有強烈氣味；肉質穗狀花序。

其他有少數種類為藤本植物之科：

番荔枝科、五加科（2-11）、含羞草科（2-3）、蘇木科（2-4）、蝶形花科（2-5）、金虎尾科（7-19）、八仙花科（7-3）、夾竹桃科（1-8）、蘿藦科（1-9）、茜草科（7-2）、紫葳科（2-14）、忍冬科（7-7）、毛茛科（5-5）、木犀科等（2-13）。

科的特徵簡述：

*6-1. 馬兜鈴科 Aristolochiaceae

　　馬兜鈴果實形狀很像馬兜下之鈴鐺，所以才取名為「馬兜鈴」。馬兜鈴的花瓣退化，漏斗形的花冠其實是花萼，喇叭型開口並有帶毛之管狀通道直抵花的內部。雌蕊放出極為強烈之腐臭屍體氣味，吸引昆蟲（通常是蒼蠅類 Flies）入內。花冠管接近雌雄蕊處較狹窄的喉部，長滿向下生長的細毛，蟲體極易順著細毛進入花冠腔道內，但無法輕易鑽出。馬兜鈴之雌蕊接受到花粉後，花冠喉部管壁上的細毛才會軟化凋萎，昆蟲才能順利離開。重見天日後授粉昆蟲，又被另朵馬兜鈴花的氣味吸引過去，再度替別株馬兜鈴進行授粉工作。

　　大部分的蝴蝶幼蟲是廣食性類屬，任何植物皆可當其食物。唯有鳳蝶類蝴蝶幼蟲，食性較為專一，「馬兜鈴」是鳳蝶類幼蟲之主要糧食，蝴蝶僅產卵在馬兜鈴屬的植物體上。台灣之馬兜鈴植物共有 5 種，包括瓜葉馬兜鈴、蜂窩馬兜鈴、異葉馬兜鈴、大葉馬兜鈴與港口馬兜鈴。通常母蝶在交尾受精之後，會利用觸角探測各種植物之氣味，尋找適合自己幼蟲生長的馬兜鈴種類，產卵其上。

馬兜鈴科大部分是多年生植物，有草本和藤本，全世界共有 8 屬約 400 種，台灣有 2 屬 11 種，馬兜鈴屬 5 種，細辛屬 6 種，藤本和草本各半。

　　馬兜鈴科植物的簡明特徵：

（1）藤本（馬兜鈴屬）或多年生草本（細辛屬）。

（2）葉互生，常被有灰白粉，基部多為心形（圖 6-1）、（照片 6-1），脈掌狀；無托葉。

（3）花兩性，無花瓣，花萼花瓣狀，暗紫色或褐色，有臭氣（照片 6-2）。

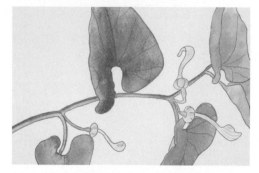

圖 6-1 馬兜鈴科植物多有心形葉基。

（4）雄蕊 6- ∞；子房下位，4-6 室。

（5）蒴果常自基部開裂。

（6）全世界 8 屬，約 400 種，分布於熱帶至溫帶。

照片 6-1 藤本、葉基心形的馬兜鈴科植物。

照片 6-2 馬兜鈴科植物的花是花萼，通常暗紫色。

1. 瓜葉馬兜鈴 *Aristolochia cucurbitifalia* **Hay.**

（1）多年生藤本，莖具縱條紋，根肉質。

（2）葉掌狀分裂，裂片通常 5 裂，瓜葉形。

植物認識我：簡易植物辨識法

（3）花通常 2-3 朵簇生於葉腋，呈胃狀，外面淡褐色帶紫色，內面暗紫色。

（4）蒴果卵狀紡錘形。

（5）爲鳳蝶類之食源。

2. 大葉馬兜鈴 *Aristolochia kaempfer* **Willd.**

（1）多年生蔓性或攀緣性藤本，植株披毛。

（2）葉形變化大，心形至圓形，全緣或 3 裂；葉基心形或耳形，羽狀脈。

（3）花單生葉腋，花管彎成 U 形，開口深紫褐色。

（4）蒴果卵球形，具 6 粗縱稜。

3. 蜂窩馬兜鈴 *Aristolochia foveolata* **Merr.**
4. 異葉馬兜鈴 *Aristolochia shimadai* **Hayata**
5. 港口馬兜鈴 *Aristolochia zollingeriana* **Miq.**

非藤本的草本植物：

1. 薄葉細辛 *Asarum caudigerum* Hance

2. 大花細辛 *Asarum macranthum* Hook. f.

3. 杜蘅 *Asarum forbesii* Maxim

6-2. 木通科（詳見頁 149，3-1 掌狀複葉之科）

木通科植物的簡明特徵：

（1）木質藤本，木材具廣闊髓線。

（2）掌狀複葉，互生（圖 6-2）。

（3）心皮 3，雄蕊 6。

（4）果爲漿果狀，多汁，有色。

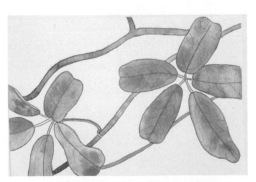

圖 6-2 木通科植物爲掌狀複葉的木質藤本。

*6-3. 五味子科 Schisandraceae

五味子在《神農本草經》中列爲上品，唐朝《新修本草》說：「其皮肉甘酸，核辛苦，全果都有鹹味，五味皆有」，故名五味子。其性溫不燥，除具有收斂固澀作用外，還有益氣生精、寧心安神、滋腎養陰的功效。古人認爲，五味子爲五行之精，常服能返老還童、延年益壽。包括兩個屬：北五味子屬（*Schisandra*）和南五味子屬（*Kadsura*）。

恩格勒（Engler）系統之五味子科歸屬在木蘭科，成爲五味子亞科，但哈欽森（Hutchinson）、克朗奎斯特（Cronquist）系統則單獨列爲一科。2009 年的 APG II 分類法中，立有五味子科，並將八角茴香科併入五味子科。

五味子科植物的簡明特徵：

（1）木質藤本。

（2）葉互生，常有**透明的腺點**（圖 6-3），不具托葉。

（3）花單性，同株或異株。花被片多數。

（4）雄蕊多數，合成球狀體。

（5）心皮多數，離生。

（6）漿果集合成球狀或穗狀，紅色。

圖 6-3 五味子科植物葉有揉之有香氣。

1. 南五味子 *Kadsura japonica*（L.）Dunal

（1）常綠木質藤本，全株平滑無毛。

（2）葉肉質互生，基部有小苞數片，長橢圓形或披針狀長橢圓形，近於全緣。

（3）花單性，雌雄異株，花朵單生於葉腋，下垂。

（4）漿果熟時紫紅色，多漿，多數圍生於肉質花托周圍，果集成球狀。

（5）分布山麓至海拔 1,000 m。

2. 北五味子 *Schisandra chinensis*（**Turcz.**）**Baill.**

（1）落葉木質藤本，長達 8cm，最長可達 15 cm。

（2）單葉互生，倒卵形成橢圓形，葉緣有具腺點的疏細齒。

（3）果為聚合漿果，集成穗狀近球形，成熟時為艷紅色。

（4）產東北、華北。

3. 阿里山北五味子 *Schisandra arisanensis* **Hayata**

（1）落葉木質大藤本植物，莖甚長，多分枝。

（2）葉卵狀披針形，葉緣齒狀。

（3）花單生於葉腋，雌雄異株；花淡紅色。

（4）果實漿果狀，聚生於伸長的果軸上。

（5）分布海拔 1,500-2,400m 的山地叢林內。

*6-4. 獼猴桃科 Actinidiaceae

　　奇異果即獼猴桃，原生地在中國。1904 年，紐西蘭有一所女子中學的校長把中國湖北的獼猴桃種子帶回紐西蘭，送給當地的果樹專家，後來輾轉送到當地知名的園藝專家亞歷山大手中，培育出紐西蘭獼猴桃。所育出的獼猴桃以紐西蘭國鳥「kiwi」命名，稱奇異果「kiwifruit」。奇異果的名稱風行全世界，大多數中國人都不知道奇異果就是原產中國的獼猴桃。

　　獼猴桃科包括 3 屬大約 360 種，分布在亞洲、中美洲和南美洲的溫帶和亞熱帶地區，有喬木、灌木和木質藤本。本科植物多數為小喬木或灌木，單葉螺旋排列，葉緣有齒，無托葉或多托葉，一般都有毛，果實多為漿果。台灣有 2 屬。郝欽森（Hutchinson）系統將本科分成兩科：藤本的獼猴桃科（Actinidiaceae），和喬木、灌木性狀的水冬瓜科（Saurauiaceae），在植物科別的辨識上反而比較方便，本書採用之。

獼猴桃科植物的簡明特徵：

　　（1）木質藤本或小灌木，嫩枝被有粗毛（圖6-4）。

　　（2）單葉，互生，無托葉。

　　（3）花兩或單性，聚成聚繖花序或圓錐花序；花瓣5；雄蕊10至多數。

　　（4）漿果（照片6-3）。

圖 6-4 獼猴桃科植物枝葉大　照片 6-3 獼猴桃科獼猴桃的果實。
多有粗毛。

1. 獼猴桃 *Actinidia chinensis* **Planch.**

　　（1）落葉大藤本，幼枝赤褐色，密生柔毛，老時則爲光滑無毛。

　　（2）葉圓形或廣橢圓形，葉緣有細鋸齒，有細柔毛。

　　（3）花初開時爲白色；花瓣5；雄蕊多數；子房密生柔毛，花柱絲狀，多數。

　　（4）果實爲漿果，長圓形、橢圓形或圓形，密生褐色毛茸；種子細小，
　　　　　黑褐色，多數。

2. 臺灣獼猴桃 *Actinidia callosa* **Lindl. var.** *formosana* **Finet & Gagnep.**

　　（1）多年生攀緣性的落葉木質藤本灌木，莖長可達7m；嫩枝被有絨毛。

植物認識我：簡易植物辨識法

（2）單葉互生，紙質，葉形卵狀長橢圓形，葉緣為細鋸齒緣，葉面皺摺。

（3）雌雄異株，花白色，單瓣腋生，聚繖花序，1-5 朵花。

（4）漿果倒卵形至橢圓形，有斑點或被有痂狀鱗片和褐黃色絨毛，長 3-4 cm，直徑 2-2.5cm。

（5）生長於中、北部海拔 400-2,000 m 之山區。

3. 台灣羊桃 *Actinidia chinensis* **Planch. var.** *setosa* **Li**

（1）落葉藤本，莖、枝、葉、果均密被銹褐色毛。

（2）葉多為略近於圓形，先端凹至短突尖，基部圓至略心形。

（3）聚繖花序腋生；花橙黃色；子房略球形，密被淡褐色長毛。

（4）果略球形無橢圓形，徑約 3 cm，全身密被淡褐色毛。

（5）生長於海拔 1,400-2,700 m 的山地，全台各地均有分布，較常見。

*6-5. 西番蓮科 Passifloraceae

　　百香果原產於巴西、巴拉圭，1610 年間傳入歐洲。西班牙傳教士發現百香果的 3 個花柱，極似十字架的 3 根釘；花瓣有斑點，有耶穌出血形象，故西班牙人以受難花（Passioflos）名之，英文轉譯之為 Passion Flower（熱情花）。百香果的花有許多絲狀副花冠，平展像鐘面的數字盤，3 柱頭分別代表時針、分針和秒針，所以日本人稱之為時計果（鐘錶果）。此果在中文地區的常見不同名稱：台灣稱百香果；中國大陸稱西番蓮、熱情果、百香果、雞蛋果；香港稱熱情果、百香果、西番果、巴西果。

　　西番蓮科共有 18 屬約 530 種植物，多分布在熱帶地區，主要是南美洲。最常見的是作為觀賞花卉之藍花西番蓮（*Passiflora caerulea* L.）、紅花西番蓮（*Passiflora coccinea* Aubl.）和作為水果的西番蓮（*Passiflora edulis* Sims.）。本屬許多種類具美麗花朵，在原生地之外被大量種植供觀賞，並已培育出數以百計的雜交品種。百香果則廣泛地在全世界熱帶及亞熱帶地區種植作果汁原料。

西番蓮科植物的簡明特徵：

（1）攀緣藤本，**具捲鬚**。

（2）葉具托葉，捲鬚與葉對生。**葉柄上通常有 2 腺體**（圖 6-5）。

（3）萼 5，常花瓣狀；瓣 5，瓣與雄蕊之間具**副花冠**（corona）（照片 6-4），杯狀。

（4）雌蕊 3 心皮；雄蕊 5 或更多。

（5）漿果；種子具假種皮（aril）。

圖 6-5 西番蓮科植物具卷鬚，葉柄上有2腺體。

照片 6-4 西番蓮科植物的花：花柱3、雄蕊5，紫白相間之絲狀物是副花冠。

1. 百香果；時計果 *Passiflora edulis* **Sims.**

（1）木本藤本，莖光滑。

（2）葉卵形至橢圓形，3 裂，長 10-18 cm。

（3）果橢圓，長 5-6 cm，徑 4-6 cm，成熟時紫色。

（4）種子假種皮橘黃色，種子黑色。

（5）原產巴西。

2. 毛西番蓮 *Passiflora foetida* **L. var.** *hispida*（**DC.**）**Killip**

（1）草質藤本，捲鬚，腋生，莖密被長毛。

植物認識我：簡易植物辨識法

（2）果卵狀球形，徑 1.5 cm，成熟時橘紅色，果爲毛狀之總苞所包被。

（3）原產南美。

3. 大果西番蓮 *Passiflora uadrangularis* **L.**

（1）木質藤本，莖有 4 翅。

（2）葉大型卵形至卵狀橢圓形，長 10-25 cm。

（3）花單一，腋生，徑 10-12 cm，開花時豔麗，有香味。

（4）果極大，卵狀橢圓形，成熟時黃綠色或淡黃色，長 15-25 cm，徑 10-15 cm 物爲副花冠。

（5）原產熱帶美洲。

4. 豔紅西番蓮 *Passiflora vitifolia* **Kunth.**

（1）常綠蔓性藤本，莖呈蔓性，具有彈簧狀卷鬚。

（2）單葉互生，掌狀 3 深裂，裂片 3 枚，長橢圓形，淺疏鋸齒緣。

（3）花腋生；花被片 10 ，分內外兩輪；副花冠絲狀 4 輪，外輪紅色，內 3 輪白色。

（4）果實爲漿果，長卵形。

（5）產中、南美洲的尼加拉瓜、秘魯

5. 藍花西番蓮 *Passiflora caerulea* **L.**

（1）多年生草本藤本植物。比其他種類的西番蓮有更高的耐寒性。

（2）花深藍色，本種因花色豔而成爲園藝植物，是十分受歡迎的觀花園藝。

（3）原產於巴西。

*6-6. 瓜科；葫蘆科 Cucurbitaceae

　　大多數瓜科的植物是一年生的草質藤本，花通常比較大，大部分種類花瓣不是黃色就是白色。果實由 3 心皮的下位子房發育而成，實際上和漿果類似，特稱爲瓠果（pepo）或瓜果，是瓜科（葫蘆科）專有的果實。

瓜科又稱葫蘆科，共有約 118 屬 825 種，臺灣有 22 屬 38 種。本科植物包括黃瓜、冬瓜、西瓜、南瓜、絲瓜等常見的蔬菜和瓜果，是世界上最重要的食用植物科之一，其重要性僅次於禾本科、豆類和茄科。瓜科廣泛分布在全球熱帶和亞熱帶地區，但被引種到世界各地栽培。

瓜科植物的簡明特徵：

（1）一年生草質藤本，卷鬚與葉成 90 度角側生（圖 6-6）。

（2）花單性，花大，黃色（圖 6-7）或白色（照片 6-5）；萼 5，花冠裂片 5。

（3）雄蕊 1-5，常 3，藥 1室者 1，藥 2 室者 2。

（4）子房下位，心皮 3，合生，側膜胎座，胚珠多數。

（5）瓠果（pepo）。

照片 6-5 瓜科之匏瓜花白色，子房下位。

圖 6-6 瓜科植物是具卷鬚的草質籐本。

圖 6-7 瓜科之絲瓜花大、金黃色、子房下位。

植物認識我：簡易植物辨識法

1. **冬瓜** *Benincasa hispida*（**Thunb.**）**Cogn.**
   （1）一年生草質藤本，莖上有茸毛。
   （2）葉稍圓掌狀淺裂，表面有毛。
   （3）黃色花。
   （4）圓形、扁圓或長圓形果實，大小因品種而不同。

2. **西瓜** *Citrullus lanatus*（**Thunb.**）**Mansfeld**
   （1）一年生蔓性草本植物。
   （2）葉互生，有深裂、淺裂和全緣。
   （3）雌雄異花同株，花冠黃色。
   （4）果實有圓球、卵形、橢圓球、圓筒形等。

3. **甜瓜** *Cucumis melo* **L.**
   （1）一年生匍匐性藤本狀草本。
   （2）葉近似圓形或多少為腎形，葉緣有粗鋸齒。
   （3）花雌雄同株，花冠黃色。
   （4）果實常依品種不同形狀各有不同。

4. **胡瓜；黃瓜** *Cucumis sativa* **L.**
   （1）一年生草質藤本。
   （2）葉五角狀心形子互生。
   （3）雌雄同株異花，花黃色。
   （4）果實圓柱形，通常有刺。

5. **南瓜** *Cucurbita moschata*（**Duch.**）**Poiret**
   （1）一年生雙子葉草本植物，莖的橫斷面呈五角形。
   （2）葉子心臟形，葉脈間有白斑。
   （3）雌雄異花同株，黃色的花冠裂片大，雌花花萼裂片葉狀。
   （4）果實近圓形、扁圓形或梨形，成熟後有白粉，褐色，有斑紋。

6. 瓠瓜；匏瓜；葫蘆 *Lagenaria siceraria*（**Molina**）**Standl.**

（1）一年生草質藤本，具有軟毛，卷鬚分枝。

（2）葉橢圓狀或心狀，互生。

（3）夏秋開白色花，雌雄同株。

（4）果大小形狀多種，果肉白色。

7. 絲瓜 *Luffa cylindrica*（**L.**）**Roem.**

（1）一年生草質藤本，五棱，莖節有分枝卷鬚。

（2）葉掌狀或心臟形，被茸毛。

（3）雌雄異花同株，花黃色；雄花爲總狀花序，雌花單生。

（4）果長圓筒狀，表面粗糙，有墨綠色縱溝；纖維網狀。

8. 苦瓜 *Momordica charantia* **L.**

（1）一年生攀緣草本。

（2）葉 5 至 7 掌狀深裂，裂片呈橢圓形，外沿有鋸齒。

（3）春夏之交開花，雌雄同株，黃色。

（4）果實長橢圓形，表面具有多數不整齊瘤狀突起。

*6-7. 葡萄科 Vitaceae（又見頁 211，5-19 單葉具托葉及其他易識別性狀的植物科）

　　葡萄科有些種類是著名的景觀用爬藤類植物，如蛇葡萄屬、白粉藤屬、地錦屬、崖爬藤屬的植物，其中地錦屬包括產自中國及日本的地錦與產於北美的五葉地錦。葡萄是重要的水果和釀酒原料，世界葡萄有 8,000 個品種以上，比較優良的品種有數十個：按用途可分爲鮮食、釀酒、製葡萄乾等品種。常見的優良鮮食品種有：巨峰、白香蕉、牛奶、龍眼等。

　　本科有 16 屬，約 770 餘種，其中火筒樹屬約有 70 種。主要分布於熱帶和亞熱帶，少數種類分布於溫帶。克朗奎斯特（Cronquist）系統將火筒樹屬列爲一個科（火筒樹科），本書因之。APG 分類法將火筒樹屬列入葡萄科。

植物認識我：簡易植物辨識法

葡萄科植物的簡明特徵：

（1）多數爲木質藤本，具捲鬚（**tendrils**）（圖 6-8），或吸盤（照片 6-6）。

（2）葉互生，多數爲單葉，少數種類爲羽狀或掌狀複葉，具托葉，早落。

（3）花小（照片 6-7），成聚繖、
繖形狀圓錐或總狀花序，
腋生或於節上與葉對生；
萼小，全緣或 4-5 裂；瓣
4-5；雄蕊 4-5。

（4）子房 2-6 室，每室 1-2 胚珠。

（5）漿果。

圖 6-8 葡萄科植物是具卷鬚的木質藤本。

照片 6-6 葡萄科有些種類如爬牆虎，卷鬚演變成吸盤。

照片 6-7 葡萄科多爲木質藤本，花極小。

1. 虎葛 *Cayratia japonica*（**Thunb.**）**Gagnep**

（1）攀緣灌木，捲鬚 2 裂。

（2）葉光滑，鳥足狀，具 5 小葉，葉緣鋸齒。

（3）花序繖房狀，腋生；花 4 數。

2. 錦屏藤 *Cissus sicyoides* **L.**

（1）多年生常綠蔓性半木質藤本，從莖節長出細長的紫紅色的氣根，懸掛於空中，長達數公尺，固本植物又名「珠簾」。

（2）單葉，心狀卵形，深綠色，長 5-10 cm。

（3）聚繖花序與葉對生，繖房狀；花小，4 瓣，淡黃色，徑約 0.5 cm。

（4）漿果近球形，徑約 1cm，青綠色，熟後變紫黑色。

3. 粉藤 *Cissus repens* **Lam.**

（1）大藤本，除花序外，全株光滑。

（2）單葉，闊卵形，長 7-12 cm，基心形；背面稍有白粉。

（3）花序有白粉。

（4）漿果倒卵形，徑 0.6 cm，紫色。

4. 地錦 *Parthenocissus tricuspidata*（**S.** *et* **Z.**）**Planch.**

（1）落葉藤本，以吸盤狀捲鬚攀緣他物。

（2）葉鳥足狀 3 深裂，緣有粗鋸齒。

（3）聚繖花序，著生於較短之 2 葉枝條上；花 5 數。

（4）漿果徑 0.6-0.8 cm，藍黑色。

5. 光葉葡萄；葛藟 *Vitis flexuasa* **Thunb.**

（1）多年生藤本，枝條幼時被紅色細絨毛。

（2）葉三角狀卵形，表面光滑；背面沿脈有毛。

（3）漿果黑熟，徑 0.6-0.8 cm。

6. 葡萄 *Vitis vinifera* **L.**

（1）落葉藤本，老莖皮細長片狀剝落。

（2）葉近圓形，長 7-20 cm，3-5 淺裂，緣具不規則粗鋸齒。

（3）漿果大小、形狀、色澤隨品種而有不同。

（4）原產亞洲西部，2,000 多年前引入中國。

植物認識我：簡易植物辨識法

6-8. 蒺藜科（詳見頁 131，2-10 羽狀複葉之科）

蒺藜科植物的簡明特徵：

　（1）匍匐草本。

　（2）偶數羽狀複葉，大的複葉與小的複葉交互對生（圖 6-9）。

　（3）花黃色，細小，單生於葉腋。

　（4）果爲蒴果，由 5 枚堅硬不開裂的分果瓣所組成，每個分果銳刺 1 對
　　　（照片 6-8）。

圖 6-9 蒺藜科植物羽狀複葉對生，葉片一大　照片 6-8 蒺藜科植物具刺狀果實。
一小。

*6-9 金蓮花科 Tropaeolaceae

　　原產南美洲之秘魯、玻利維亞至哥倫比亞的安地斯山脈中。金蓮花中文的最
早藥用記載始於清 ・ 趙學敏的《本草綱目拾遺》，稱金蓮花「治喉腫口瘡、浮
熱牙宣、耳痛目疼」，「明目、解嵐瘴」。

　　本科植物稍肉質、莖枝具匍匐性或攀緣性，匍匐在地面蔓生。由於葉片酷似
蓮葉，花金黃色系而得名，又有旱蓮花之稱。本科植物花萼合生成長筒狀向後延
伸成花距（spur），花距有管狀、兜狀、囊狀等不同形狀。花距有時長在花瓣，
有時長在花萼，是花瓣或花萼向後或向側面延長成的結構，有花距的植物不多，

是鑑別植物科別最明顯的特徵之一。有花距的植物除金蓮花科外，尚有罌粟科、毛茛科、鳳仙花科、菫菜科、蘭科等。距裡面通常有腺體，分泌的蜜汁，昆蟲被吸引來吸食花蜜，達到植物傳粉的目的。

金蓮花科植物的簡明特徵：

（1）稍肉質匍匐或蔓狀藤本。

（2）單葉基生或莖生，**盾狀葉**或掌狀深裂，具長柄。

（3）花單聲或排成總狀；萼合生成長筒狀，有花距（圖 6-10）。

（4）花瓣 12，線形，有短柄；花色有淡黃、橙黃、深紅、乳白等色（照片 6-9）。

（5）雄蕊多數；心皮多數。

（6）核果。

圖 6-10 金蓮花科植物葉盾狀、花萼有距。　　照片 6-9 金蓮花有一片花萼有距。

1. 金蓮花；旱蓮 *Tropaeolum majus* **Linn.**

（1）一年生或多年生、稍肉質草本蔓生植物，常有液汁。

（2）單葉互生或下部的對生，葉片盾狀。

（3）花單生，兩性，左右對稱；萼片 5，其中之一延長成一長距。

（4）花瓣淡黃、橙黃或深紅；雄蕊 8 枚；子房上位，3 室，柱頭 3。

（5）果實由三個核果組成，成熟後即分離成三片，果皮有稜。

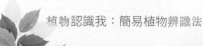 植物認識我：簡易植物辨識法

6-10. 旋花科 Convolulaceae（詳見頁 96，1-10 具乳汁之科）

旋花科植物的簡明特徵：
(1) 蔓狀藤本或草本；具乳汁。
(2) 單葉互生，無托葉；子葉摺扇狀（plicate）。
(3) 花 5 數，整齊花；單生或排成聚繖花序；**花冠扇狀（圖 6-11）**；花萼永存；具苞片，苞片常大而豔。
(4) 雄蕊 5，著生於花冠基部，心皮 2，柱頭 2，胚珠每室 2，基生。
(5) 蒴果，種子 2 或 4 個。

圖 6-11 旋花科植物草質藤本，具乳汁。

*6-11. 防己科 Menispermaceae

防己在《神農本草經》中記載之名稱為防巳。「巳者，蛇象也」，「蛇長而冤曲垂尾，巳字像蛇」，防巳者，防蛇也，表示古時也取用為防蛇藥。晉、唐、宋時等均以「防巳」為名。明‧李時珍《本草綱目》誤植為「防已」（已經的已），至民國復刻《本草綱目》進一步錯植為「防己」（自己的己），沿用至今。

防己科植物共有約 71 屬 450 種，主要分布於熱帶和亞熱帶地區，台灣有 6 屬。本科植物有些種類的根可供藥用，有些種類的藤可用於編織。主要藥用屬有蝙蝠葛屬（*Menispermum*）、木防己屬（*Cocculus*）、天仙藤屬（*Fibraurea*）、千金藤屬（*Stephania*）、青牛膽屬（*Tinospora*）等，主要的藥材種類有：粉防己、千金藤、青風藤、金果欖、北豆根、地不容、錫生藤、木防己、黃藤等。

防己科植物的簡明特徵：

(1) 大部分是攀緣或木質藤本植物（圖6-12），稀直立灌木或喬木。

(2) 單葉互生，無托葉，有時有掌狀分裂。

(3) **花小，單性，雌雄異株**；聚成總狀、圓錐、聚繖或頭狀，有3小苞片；萼片通常6；花瓣6或缺；雄蕊3-12；心皮通常3。

(4) 果爲核果狀；種子彎曲爲馬蹄形或腎形（照片6-10）。

上：圖6-12 防己科植物花極小。

下：照片 6-10 防己科千金藤果實扁圓形，種子彎曲爲馬蹄形。

1. 木防己 *Cocculus orbiculatus*（L.）DC

(1) 木質藤本，全株被短毛，塊根條狀。

(2) 葉薄革質或紙質，卵形或心形；葉緣全緣，但常作三淺裂。

(3) 花序呈聚繖花序，腋出；花濃綠色，小型。

(4) 果實爲核果，球形，成熟時黑色。

(5) 各地多有分布，生於灌叢、村邊、林緣等處。

2. 千金藤 *Stephania japonica*（**Thunb.** *ex* **Murray**）**Miers**

(1) 多年生常綠纏繞藤本；全株平滑。

(2) 葉互生，全緣，闊卵形至三角形，葉柄盾狀著生。

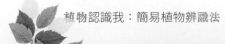

植物認識我：簡易植物辨識法

（3）雌雄異花異株；複繖形花序，淡綠白色。

（4）核果，扁圓形，平滑，成熟時呈朱紅色。

3. 粉防己 *Stephania tetrandra* **Moore**

（1）多年生落葉纏繞藤本；根通常圓柱形或長塊狀。

（2）莖柔弱纖細，圓柱形，有細縱條紋，稍扭曲。

（3）葉互生，葉柄盾狀著生；葉片薄紙質，三角狀寬卵形，基部略呈心形或截形，全緣。

（4）花小，單性，雌雄異株；雄花聚集成頭狀聚繖花序，呈總狀排列，花黃綠色；雄蕊4。雌花成短縮的聚繖花序，子房橢圓形，花柱3，乳頭狀。

（5）核果球形，成熟時紅色，內果皮骨質。種子環形。

（6）近代所用「漢防己」實際多是指「粉防己」，是近代「防己」的主流用品。

*6-12. 胡椒科 Piperaceae（又見頁 350，13-6 植物體各部分具香氣之科）

本科以香料植物胡椒著名。胡椒原產於印度西南海岸西高止山脈的熱帶雨林，由葡萄牙人傳入馬來群島；又由荷蘭人傳入斯里蘭卡、印度尼西亞等地。現已遍及世界各地的熱帶地區。目前商品上有黑胡椒、白胡椒之分：胡椒果實成熟變紅時採收，去外果皮曬乾，則種仁呈白色，磨製而成的粉狀物呈白色，稱白胡椒。果實未成熟，還是綠色時採收，曬乾或烘乾後，果皮呈墨綠至黑色、皺縮，磨製而成的粉粒狀物，常呈黑色，稱黑胡椒。胡椒味辛辣，是應用極廣的調味劑。

胡椒科包括5屬，約3,100種植物，分布在熱帶、亞熱帶地區，臺灣有3屬22種。本科植物都含香精，其中胡椒屬植物應用最廣。不論是克朗奎斯特（Cronquist）系統，還是2003年的APG II分類法都將胡椒科分入胡椒部。

胡椒科植物的簡明特徵：

（1）草本，灌木或攀緣藤本，常
　　　有香氣。

（2）莖節通常膨大，並由莖節處
　　　長出不定根（圖 6-13）。

（3）單葉互生，對生或輪生，全
　　　緣，具葉柄；托葉常與葉柄
　　　合生。

（4）肉質的穗狀花序（照片
　　　6-11），與葉對生。花極小，
　　　無花被；雄蕊 1-10 枚；子
　　　房上位，柱頭 1-5。

（5）漿果核果狀或小堅果狀。

1. 胡椒 *Piper nigrum* L

（1）木質攀援藤本。莖節膨大，
　　　常生不定根。

（2）葉互生，近革質，卵狀橢圓
　　　形，具托葉。

（3）花常單性異株，無花被；穗
　　　狀花序與葉對生，常下垂；
　　　雄蕊 2；子房 1 室，1 胚珠。

（4）漿果球形，無柄，熟時紅色。

上：圖 6-13 胡椒科植物節彭大、由節上
生不定根。

下：照片 6-11 胡椒科植物的肉質穗狀花
序。

2. 蔞藤；荖藤；蒟醬 *Piper betle* Linn.

（1）攀援藤本；枝稍帶木質，長達數公尺，節上常生不定根。

（2）葉革質，斜卵狀長橢圓形或卵狀心形，表面平滑。

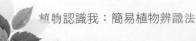

（3）花單性，雌雄異株，無花被，穗狀花序；雄花序長約 9 cm，總花較短，常下垂；雌花序長 1.5-3.5 cm，子房嵌於肉質花序軸的凹陷處。

（4）漿果與花序軸合生成肉質花穗，長條形而彎曲，嫩時深綠色，熟時褐色。

3. 鈍葉椒草 *Peperomia obtusifolia*（L.）A. Dietr.

（1）多年生著聲草本；莖肉質，高 20-40 cm。

（2）葉互生，倒卵形，長達 10 cm 左右，先端鈍圓或微凹，基部楔形；柄長約 2 cm。

（3）穗狀花序頂生，長達 15 cm；花兩性，小形，密生；雄蕊 2 枚。

（4）漿果。

第七章　單葉、葉對生不同組合特徵的科

　　葉對生的植物比葉互生的植物科和種類都較少，因此，葉對生的性狀比葉互生的性狀更適宜作鑑別特徵。加上一或兩個其他特徵，即可輕易地鑑識葉對生植物科別。例如：葉對生，同時具托葉之科，常見的只有蕁麻科和茜草科，可馬上用來鑑識兩科植物。另外，植物具以下特徵：葉對生，葉柄基部連生或略連生的植物；葉對生，莖節膨大的植物；葉對生，小枝或嫩莖的橫切面四方形的植物等，具有各組合特徵的植物都僅有數科。上述具相同特徵組合的科之間，又可以用花序，或花的大小、形態，或其他營養器官、生育地的特性、植物體（葉）的氣味來區別彼此。

　　以下單葉對生植物（＊號及粗體字科別在本章敘述，無＊號及非粗體字科的詳細說明在該科括符內之章節），各科間的的簡易區別如下：

一、葉對生，有托葉
*7-1.　蕁麻科：托葉早落；花小，無花瓣。
*7-2.　茜草科：葉對生，托葉長存；花大，整齊花。

二、葉對生，兩片葉的葉柄基部在莖節上連結癒合，或略連生
*7-3.　八仙花科：亞灌木或木質藤本；無性花有顯著之瓣狀萼片。
*7-4.　石竹科：草本；花瓣先端剪裂。
*7-5.　馬錢科：木本；合瓣花，整齊花。
*7-6.　龍膽科：草本；合瓣花，花冠裂片間有小裂片。
*7-7.　忍冬科：木本為主；合瓣花，子房下位。
*7-8.　金粟蘭科：草本和木本，莖節膨大；花小，無瓣。
*7-9.　紅樹科：全木本，生河口濕地，莖節膨大；胎生植物。
*7-10.爵床科：草本為主，葉十字對生，莖節膨大；花艷麗，常具顯著之苞片。

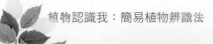
植物認識我：簡易植物辨識法

三、葉對生，小枝或嫩莖的橫切面，呈四方形或略呈四方形

*7-11. 馬桑科：葉無柄，三出脈。

*7-12. 黃楊科：木本，葉革質；花無瓣。

*7-13. 千屈菜科：草本和木本；花瓣有柄，皺縮，雄蕊多數。

*7-14. 馬鞭草科：木本植物爲主，枝葉有臭味；種子 1-4。

*7-15. 唇形科：草本植物爲主，枝葉有香味；種子 1-4。

*7-16. 玄參科：草本植物爲主；蒴果，種子數多。

四、葉對生，植物體具乳汁

7-17. 夾竹桃科（1-8）：花粉粒狀。

7-18. 蘿藦科（1-9）：花粉集生成花粉塊。

五、葉對生，葉柄具關節 （在葉片與葉柄連接處，有一明顯膨大的關節）

*7-19. 金虎尾科（黃褥花科）：葉柄、花梗均有關節；花瓣有柄，皺縮，雄蕊 10。

一、葉對生，有托葉的科

7-1. 蕁麻科
7-2. 茜草科

科的特徵簡述：

*7-1. 蕁麻科 Urticaceae（又見頁 158，4-1 特殊葉片性狀的科；頁 209，5-15 單葉具托葉的科）

　　蕁麻科最大的屬是冷水麻屬，有 500 至 600 種，此外如樓梯草屬有 300 種，蕁麻屬有 80 種。本科植物莖皮常有長纖維，表皮細胞有鍾乳體，所以在葉上和

枝幹上有點狀或長形淺色斑紋。花細小，多
單性，聚成二級頭狀或假穗狀花序。有些植
物具螫毛（stinging hair），或稱燄毛，如
咬人貓及咬人狗等。螫毛是植物表皮細胞特
別加厚而形成的堅固的毛，細胞內容消失成
爲毛細管狀，基部附近鈣化，頂端部分矽質
化。這種尖銳的毛，除容易刺傷皮膚外，還
含有組胺和乙醯膽鹼及其他有毒物質。當皮
膚碰觸到這些螫毛時，這些中空螫毛的末端
會扎入皮膚幷斷裂，幷將刺激性的液體注入
到碰觸者的體內，令人或其他動物覺得刺痛。

圖 7-1 蕁麻科常草本，有些種類如
咬人貓被覆螫毛。

　　本科植物共有 54 至 79 屬，大約 2,600 種，
大多是草本，有少數灌木，廣泛分布在除極
地外的世界各地。台灣有 21 屬 63 種。

照片 7-1 蕁麻科植物托葉顯著，早落。

照片 7-2 蕁麻科冷水麻類植物花極小。

　　蕁麻科植物的簡明特徵：
　　（1）草本或軟質木本，常被覆螫毛（stinging hairs）（圖 7-1）。
　　（2）單葉，互生或對生；具 2 托葉（照片 7-1）。
　　（3）花小（照片 7-2），叢生或聚繖花序，無花瓣。
　　（4）雄蕊 4，與萼片對生；花絲在蕾中彎曲，開花時伸直。

（5）雌花只有 1 雌蕊，子房 1 室，胚珠直立。

（6）果爲瘦果或肉質核果。

（7）蕁麻科很多種類莖皮纖維豐富，可作紡織、造紙、人造棉和麻的原料。

1. 密花苧麻；木苧麻 *Boehmeria densiflora* **Hook. et Arn.**

（1）常綠灌木。

（2）葉對生，長卵形至披針形，粗糙。

（3）密生穗狀花序。

2. 冷水麻類 *Pilea* **spp.**

（1）肉質草本。

（2）葉對生，兩葉常不等大。

3. 冷水花；白雪草；鋁葉草 *Pilea cadierei* **Gagnep.**

（1）多年生草本植物，株高約 10-40cm。

（2）葉橢圓形，對生，葉前緣有鋸齒，葉色深綠，葉脈間有銀白色塊斑。

（3）在台灣花期爲秋季，小花白色，聚集呈球型。

（4）原產於越南。

4. 蕁麻；咬人貓 *Urtica thunbergiana* **S. et Z.**

常見葉互生的種類：

1. 苧麻 *Boehmeria nivea* Gaud.
2. 闊葉樓梯草；赤車使者 *Elatostema edule* C. Robinson
3. 冷清草 *Elatostema lineolatum* Wight var. *major* Wedd.
4. 水麻 *Debregeasia orientalis* C. J. Chen
5. 咬人狗 *Dendrocnide meyeniana*（Walp.）Chew
6. 長梗紫苧麻 *Oreocnide pedunculata*（Shirai）Masam.

*7-2. 茜草科 Rubiaceae （又見頁 189，5-3 單葉具托葉的科）

　　茜草科多爲木本，少數爲草本。葉對生，也有 3 枚輪生的種類，葉通常全緣，具托葉。廣布於熱帶和亞熱帶地區，少數草本分布至寒帶。本科植物有極大的經濟價值，如茜草屬植物的根、梔子屬植物的果實可以做染料；咖啡的果是重要的飲料；金雞納屬、鈎藤屬植物是藥用植物；龍船花屬、玉葉金花屬、繁星花、六月雪等是常見的觀賞植物。

　　茜草科是僅次於菊科、蘭科、豆科（部）的雙子葉植物第四大科。最近期的分類系統顯示茜草科有 627 屬，13,000 種以上。臺灣有 46 屬 127 種。本科植物分爲四個亞科：滇丁香亞科（Luculioideae）、茜草亞科（Rubioideae）、金雞納亞科（Cinchonoideae）、仙丹花亞科（Ixoroideae）。

茜草科植物的簡明特徵：
　　（1）喬木、灌木，藤本，有時爲草本。
　　（2）葉對生或輪生，全緣，具托葉（圖 7-2）。
　　（3）整齊花，萼 4-5 裂，冠 4-5 裂，雄蕊 4-5；花萼宿存。
　　（4）子房下位（照片 7-3），花柱單一。
　　（5）蒴果、核果或漿果。

圖 7-2 茜草科植物葉對生，具托葉。　　照片 7-3 茜草科玉葉金花之子房下位花。

  植物認識我：簡易植物辨識法

1. 咖啡樹 *Coffea arabica* **L.**

（1）灌木，枝條平展。

（2）葉紙質，披針形，長 7-15 cm。

（3）果深紅色，長約 1 cm。

（4）原產北非，爲栽植最廣，品質最佳之咖啡。

2. 山黃梔 *Gardenia jasminoides* **Ellis**

（1）灌木或小喬木。

（2）葉近無柄，橢圓至長橢圓形，長 10-15 cm；托葉三角形，合生。

（3）花單一，白色，芳香；花萼 5-7 裂，裂片線形；花冠鐘形，5-8 裂。

（4）果爲漿果，上有 6 稜，其上有宿存萼片，爲黃色染料，藥用。

（5）產低至中海拔闊葉林內。

3. 紅仙丹花 *Ixora coccinea* **L.**

（1）灌木。

（2）葉卵形，心基；托葉生於葉柄間。

（3）聚繖花序；花桔紅。

（4）原產印度。

4. 玉葉金花 *Mussaenda pubescens* **Ait. f.**

（1）藤本植物。

（2）葉長橢圓形至橢圓形，長 8-12cm。

（3）頂生聚繖花序；萼 5 裂，一片常增大成有色苞片；花金黃色。

（4）產低至中海拔林，常見。

5. 滿天星；六月雪 *Serissa serissoides*（**DC.**）**Druce**

（1）常綠灌木。

（2）葉簇生枝端，橢圓形，全緣，長 1-2cm。

（3）花二型：具短花柱、長雄蕊和長花柱、短雄蕊者，各生別株，花白色。

（4）原產中國大陸，爲著名之綠籬植物。

二、葉對生，葉柄基部連結的科

*7-3. 八仙花科

*7-4. 石竹科

*7-5. 馬錢科

*7-6. 龍膽科

*7-7. 忍冬科

*7-8. 金粟蘭科

*7-9. 紅樹科

*7-10.爵床科

科的特徵簡述：

*7-3. 八仙花科 Hydrangeaceae

八仙花類植物的花多排成繖房花序式，或圓錐花序式的聚繖花序。典型野生的八仙花屬種類，花序中都具有孕性（fertile）及不孕性（sterile）二種花：孕性花通常爲兩性花，位於花序的中央，每朵花都具有雌蕊及雄蕊，也有不顯著的花瓣和花萼，爲眞正擔負繁殖功能的花。惟此類兩性花之花形都極小，顏色也不鮮艷，花瓣花萼多呈黃綠色或淺黃色，一點都不顯眼。不孕性花則生長在花序外圍，每朵的雄蕊雌蕊都退化，花瓣也不明顯，惟花萼增大，並具備鮮艷的色彩，有白色、黃色、粉紅色、紫紅色、鮮紅色、紫色、藍色等各種色彩，稱爲瓣狀萼（Petaloid），依種類或品種而有不同，負責招蜂引蝶。兩類型的花各發揮不同的功能，達成繁衍族群的任務。但是人類育種培育的繡球花（*Hydrangea macrophylla* (Thunb.) Ser.）爲滿足人的美觀需求，花序中卻只有艷

 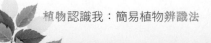植物認識我：簡易植物辨識法

麗的不孕性的無性花,而不具孕性花,無法在自然狀況下結實繁殖,僅能依賴
人工進行無性繁殖。

八仙花科共有 17 屬,約 200 種以上,
分布於亞洲、北美和歐洲東南部。1981 年
的克朗奎斯特(Cronquist)將其分入薔薇
部,2003 年的 APG II 分類法將其列入山茱
萸部,有的分類學家將本科分爲兩科:八仙
花科和山梅花科。

八仙花科植物的簡明特徵:

（1）草本、亞灌木或攀緣藤本。

（2）葉互生或對生,葉對生則**葉基
略連生**(圖 7-3)、(照片 7-4)。

（3）聚繖或繖房花序(Corymb)。

（4）具兩性花,中性花及無性花;
兩性花位於花序中央,**無性花
有顯著之瓣狀萼片**,萼筒多少
連生於子房;花瓣 4-5。

（5）子房下位或半下位,3-6 室。

（6）蒴果。

1. 狹瓣八仙花 *Hydrangea angustipetala* Hay.

（1）葉膜質,卵狀披針形,長 8-12
cm;腺狀鋸齒緣,側脈明顯,
每邊 6。

（2）花瓣狀萼片黃白色,4 片。

（3）產北部中高海拔。

上:圖 7-3 葉對生的八仙花科植物,
葉柄基部常略連生。

下:照片 7-4 八仙花科植物葉柄基部
略連生。

2. 華八仙 *Hydrangea chinensis* **Maxim.**

（1）林下林緣植物，小灌木，枝條紫色。

（2）葉薄革質，長橢圓形，長 7-12 cm，兩面平滑，葉側脈不明顯。

（3）花瓣狀萼片白色，4 片。

（4）分布普遍。

3. 繡球花 *Hydrangea macrophylla*（**Thunb.**）**Ser.**

（1）多年生落葉灌木，高 1-2 m，老枝粗壯。

（2）葉大，對生，葉片肥厚，倒卵形至橢圓形，緣粗鋸齒。

（3）花由許多不孕性花組成之頂生繖房花序；花色白、藍、紫紅。

（4）頂生繖房花序，球形，密花，花色有白色、粉紅、藍色和淡紫色，
　　　幾乎全為無性花。

（5）目前已經超過 500 個栽培種。早期作為庭園花木。

*7-4. 石竹科 Caryophyllaceae

本科植物的經濟用途主要供藥用和觀賞。著名的觀賞植物有石竹（*Dianthus chinensis* L.）、康乃馨（*Dianthus caryophyllus* L.）、剪春羅（*Lychnis coronata* Thunb.）、剪秋羅（*Lychnis fulgens* Fisch.）等；常用的藥用植物為瞿麥（*Dianthus superbus* L.）。

石竹科植物都是草本植物，有 86 屬大約 2,200 種，世界廣布，但大多分布在全球溫帶地區，少數種屬分布在熱帶山區，有些則分布在寒帶。台灣自生 9 屬 23 種。石竹科植物大部分為一年生，也有多年生植物，但地上部分每年枯死，屬於宿根性草本。可分為三個亞科：繁縷亞科（Alsinoideae）、石竹亞科（Silenoideae）和大爪草亞科（Paronychioideae）。

石竹科植物的簡明特徵：

（1）一年或多年生，基部有時木質化。

植物認識我：簡易植物辨識法

（2）葉對生，莖節膨大，葉基連生（圖 7-4）。

（3）花序單生或聚繖（2 叉聚繖）；花萼管狀，花瓣 5，離生，許多種類花瓣先端深裂（圖 7-4）、（照片 7-5）；雄蕊 5 或 10。

（4）子房上位，心皮 3-5，子房 1 室，胚珠多數，中央特立胎座。

（5）種子多數，蒴果齒裂或瓣裂。

圖 7-4 石竹科植物葉對生，　照片 7-5 石竹科石竹的剪裂花瓣。
葉基連生，花瓣剪裂。

1. 玉山石竹 *Dianthus pygmaeus* **Hay.**

（1）多年生草本，莖單一，高 15 cm。

（2）葉線形，長 2-3 cm。

（3）花單一至數朵，粉紅色，瓣先端剪裂，花萼筒下有苞片 4。

（4）中至高海拔向陽草地及岩石隙或邊緣可見。

2. 石竹 *Dianthus chinensis* **L.**

（1）多年生草本，高 30 cm 左右。

（2）葉對生，葉片條形至狹披針形，全緣。

（3）花序為圓錐形聚繖狀；花有白、紅、黃、粉紅、紫紅、橙紅或具有斑紋。

3. 康乃馨 *Dianthus caryophyllus* **L.**
（1）花萼筒綠色。
（2）花瓣先端淺裂。
（3）為著名重要切花植物。

4. 瞿麥 *Dianthus superbus* **L.**
（1）多年生草本，節明顯，略膨大，斷面中空。
（2）葉對生，多皺縮，展平葉片呈條形至條狀披針形。
（3）花瓣棕紫色或棕黃色，捲曲，先端深裂成絲狀。
（4）蒴果長筒形。

5. 菁芳草；荷蓮豆草 *Drymaria cordata*（**L.**）**Willd.**
（1）多年生纖細草本，莖多分枝。
（2）莖具短柄，圓形至腎狀圓形，3-5 出脈。
（3）花淡綠色，聚繖狀。
（4）分布中低海拔林緣。

*7-5. 馬錢科 Longaniaceae（包括 Potaliaceae 灰莉科）

本科鈎吻屬植物產北美和亞洲東南部，屬間斷分布。同種（或近緣種）植物，分布於兩個或多個不相連續的地區，稱間斷分布（discrete distribution）。馬錢屬及醉魚草屬植物廣泛分布於熱帶；灰莉屬植物則分布於亞洲南部和東部。馬錢屬的許多種植物種子均有劇毒，主要含有馬錢子鹼（又稱番木鱉鹼）等多種生物鹼。但炮製後入中藥，有通絡散結、消腫止痛之效。西醫上用種子提取物，作中樞神經興奮劑。馬錢子服用過量會導致中毒，引起全身伸肌與縮肌同時極度收縮，從而劇烈抽搐，出現強直性驚厥，不立即搶救很快就會嚴重佝僂而死。

馬錢科或馬錢子科有 13 屬，分布於全世界的熱帶地區。早期的分類方法在馬錢科內包含有 29 屬 470 多種，某些分類系統如塔克他間系統（Takhtajan System）將其細分為四個科：馬錢科（Strychnaceae）、Antoniaceae、Spigeliaceae、

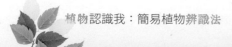

胡蔓藤科（Loganiaceae）。克郎奎斯特系統（Cronquist System）則合 Strychnaceae、Antoniaceae、Spigeliaceae、Desfontainiaceae、灰莉科（Potaliaceae）等，歸在胡蔓藤科（Loganiaceae）下。

馬錢科植物的簡明特徵：
　　（1）灌木或喬木。
　　（2）葉對生，葉基連合（圖7-5）、（照片7-6）。
　　（3）頂生聚繖花序；整齊花，萼4-5裂，花冠4-5裂，雄蕊4-5。
　　（4）子房2室，離生，花柱單一，頭狀或2裂；胚珠每室1至多枚。
　　（5）蒴果或漿果。

圖 7-5 馬錢科植物葉柄基部連生。　照片 7-6 馬錢科灰莉的兩片對生葉柄基部略連生。

1. 灰莉 *Fagraea ceilanica* **Thunb.**
　　（1）常綠灌木，枝條壯碩，具明顯葉痕。
　　（2）葉革質，對生，長橢圓形，長 8-12 cm；全緣。
　　（3）花單生莖頂，花 5 枚。
　　（4）果卵形，長 3.5 cm。

2. 鉤吻；胡蔓藤；斷腸草 *Gelsemium elegans*（**Gardn.** *et* **Champ.**）**Benth.**
　　（1）纏繞木質藤本，枝光滑。

（2）葉對生，卵形至卵狀披針形，頂端漸尖，基部漸狹或近圓形，全緣。

（3）聚繖花序頂生或腋生；花淡黃色；花冠漏斗狀，內有淡紅色斑點。

（4）蒴果卵形。種子有膜質的翅。

（5）全株有劇毒，含吲哚類生物鹼。供藥用。

（6）廣布於長江以南各省區。印度、緬甸、泰國、越南、寮國、馬來西亞和印度尼西亞也有。

3. 馬錢；番木虌 *Strychnos nux - vomica* **L.**

（1）常綠喬木，高 10-13 m。

（2）葉對生，葉片廣卵形，全緣，革質，有光澤，主脈 5 條。

（3）聚繖花序頂生，花小，白色，近無梗。

（4）漿果球形，熟時橙色。種子 1-4，扁平圓形。

（5）原產印度、泰國、越南、緬甸。

4. 醉魚草 *Buddleja lindleyana* **Fort.**

（1）直立灌木，高可達 3 m。

（2）單葉對生，卵形或長橢圓狀披針形，先端漸尖，基部圓或鈍，紙質。

（3）頂生的穗狀花序花小，多數，紫菫色；花冠筒狀，微曲；雄蕊 4。

（4）果實為蒴果，卵圓形，長 0.6 cm，成熟時胞間開裂。

*7-6. 龍膽科 Gentianaceae

龍膽科約有 80 屬，900 多種，主產於世界各地的溫帶地區，多分布在高山地區及高緯度地區。多為草本植物，有些種類被栽培作觀賞植物。

龍膽屬是本科下的一個大屬，包括有 400 餘種，多分布在全世界高山、高緯度地帶，絕大部分為一年生或多年生的草本植物，部分為常綠品種。花為喇叭狀，在北半球的龍膽屬，花通常為藍色或藍紫色，但在南美洲的品種花為紅色。此外少數種類尚有黃色、乳白色等花。

 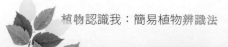

龍膽科植物的簡明特徵：

（1）一年生或多年生草本；莖直立或攀緣性。

（2）葉對生，**基部連合**（圖 7-6），全緣或不明顯細齒緣。無托葉。

（3）花豔麗，單生或成聚繖狀花序；**花冠裂片間有小裂片**（照片 7-7）。

（4）花冠漏斗狀或管狀，常迴旋狀排列；花萼常合生成筒；子房 1 室。

（5）蒴果 2 裂，稀漿果。

圖 7-6 龍膽科植物葉基部連生，花冠裂片間有小裂片。　　照片 7-7 龍膽科植物的花花色鮮豔，花冠裂片間有小裂片。

1. 龍膽類 *Gentiana* **spp.**

（1）一年至多年生草本。

（2）葉對生，稀輪生，有時為根生葉。

（3）花冠藍色或紫藍色為多，有時黃至白色；花冠裂片間有附屬物。

（4）子房基部有 5 腺體。

2. 台灣肺形草 *Tripterospermum taiwanense*（**Masamune**）**Satake**

（1）攀緣性草本，莖光滑。

（2）葉為單葉，對生，闊卵形或卵狀披針形，葉尖短尾狀銳尖。

（3）花序為單頂花序或總狀花序；花冠綠白色，偶雜有紫色。

（4）果實為漿果。

*7-7. 忍冬科 Caprifoliaceae

忍冬科包括大約 800 種植物，主要分布於北溫帶和熱帶高海拔山地，東亞和北美東部種類最多，個別屬分布在大洋洲和南美洲。忍冬科以觀賞植物而著稱，如莢蒾屬（如瓊花）、忍冬屬、六道木屬和錦帶花屬（如錦帶花）等植物都是庭園觀賞花木。忍冬屬（如金銀花）和接骨木屬的一些種是中國傳統的中藥材。臺灣有 4 屬。

克朗奎斯特分類法（Cronquist System）將川續斷和敗醬各單獨列為一科；APG 分類法將黃錦帶、北極花、刺續斷也各單獨列為一個科；但 2003 年經過修訂的 APG II 分類法認為上述個科都可以合併為一個科；APG III 分類法將上述各科合併，即川續斷科、敗醬科、黃錦帶科、北極花科、刺續斷科合併成忍冬科。原屬忍冬科的莢蒾屬（*Viburnum*）約 200 種，則分入五福花科（*Adoxaceae*），但本書還是將莢蒾屬置於本科下。

忍冬科植物的簡明特徵：

（1）多數為灌木及木質藤本，極少部分為草本。

（2）葉對生，單葉；**葉柄基部略聯合**（圖 7-7）；無托葉，或極小。

（3）聚繖花序，花兩性，整齊花或不整齊花，合瓣花，花冠 5 裂，有時二唇瓣。

（4）雄蕊 4~5，生於花冠上；心皮 3-5，子房下位（照片 7-8）。

（5）漿果或核果。

上：圖 7-7 忍冬科植物葉柄基部略連生。
下：照片 7-8 忍冬科糯米條的子房下位花。

植物認識我：簡易植物辨識法

1. 糯米條 *Abelia chinensis* **R. Br.**

（1）落葉灌木，老枝之術皮縱裂，小枝披毛。

（2）葉卵形至長橢圓形，長 1-2 cm。

（3）花無柄，花梗有小苞片 4，花冠粉紅色轉白色；花萼增大宿存。

（4）漿果或瘦果狀核果。

2. 金銀花 *Lonicera japonica* **Thunb.**

（1）半常綠攀緣至蔓狀藤本，小枝、葉均有毛。

（2）葉闊披針形至橢圓形，長 3-8 cm。

（3）花成對腋生，開放後由白變黃。

（4）產低海拔叢林內。

3. 呂宋莢迷 *Viburnum luzonicum* **Rolfe**

（1）落葉灌木，小枝披毛。

（2）卵形，長 5-8 cm，背面被星狀毛；明顯羽狀脈，側脈 7 對。

（3）花白色。

（4）果球形，徑 0.4-0.5 cm，紅色。

（5）低海拔地區常見。

4. 珊瑚樹 *Viburnum odoratissimum* **Ker.**

（1）常綠大灌木至小喬木。

（2）葉革質，倒卵形至橢圓形，長 7-14 cm；全緣或疏淺腺狀齒。

（3）果長橢圓形，長 1 cm，徑 0.5 cm，紅色至黑色。

（4）產南部海拔 300-1,500 m 處。

5. 蝴蝶戲珠花 *Viburnum plicatum* **Thunb.**

（1）落葉灌木，小枝纖細，密披星狀絨毛。

（2）葉卵圓形至長橢圓形，長 4-10 cm，兩面均披毛；鋸齒緣；側脈 6-9 對。

（3）果卵狀球形，徑 0.6 cm，紅色。

（4）產中部、北部海拔 1,800-3,000 m。

台灣有一種為羽狀狀葉草本：

接骨木；冇骨消 *Sambucus chinensis* Lindl.

*7-8. 金粟蘭科 Chloranthaceae （又見頁 212，5-20 單葉具托葉及其他
易識別性狀的植物科）

　　本科植物有草本也有木本植物，是一個很小的科，全世界只有 4 屬 75 種，主要分布於熱帶及亞熱帶地區。台灣產的類群均為兩性花，花小不顯眼，無花被，雄蕊 1-3 枚；雌蕊單心皮，花柱極短；果實為核果。最奇特之處是其藥隔膨大為肉質體，直接著生於子房側面，掉落後在子房表面留下明顯疤痕。

　　金粟蘭科是金粟蘭部（Chloranthales）唯一的科，依 2009 年 APG III 分類法也由金粟蘭科獨自組成金粟蘭部。台灣產本科植物共有 2 屬 3 種。

金粟蘭科植物的簡明特徵：

（1）草本或灌木，常有香氣；莖之節處膨大（圖 7-8）。

（2）葉對生，葉柄多少合生成鞘，**葉柄基部相連（圖 7-8）**；托葉小。

（3）穗狀、總狀或頭狀花序。花兩性或單性，無被。

（4）雄蕊 1-3 個，花絲附於子房上，或 3 枚連成單體；子房上位，1 室。

（5）核果。

圖 7-8 金粟蘭科植物，莖節膨大，葉柄基部略連生。

1. 紅果金粟蘭 *Sarcandra glabra*（**Thunb.**）**Nakai**
（1）生於林下之小灌木。
（2）葉對生，粗鋸齒緣。
（3）果紅色，插花之花材。

2. 金粟蘭；珠蘭 *Chloranthus spicatus*（**Thunb.**）**Makino**
（1）多年生亞灌木植物，莖節明顯。
（2）葉對生，圓卵形至橢圓狀倒披針形，葉厚紙質，光滑；葉緣鈍鋸齒。
（3）單出或穗狀花序，頂生，花小花黃綠色，如粟米狀，香味濃郁。
（4）核果。

3. 四葉蓮 *Chloranthus oldhamii* **Solms.**
（1）葉 4 片，十字對生。
（2）草本，生於林下。
（3）穗狀花序 2-3 分枝，花白色。
（4）陽明山有產，各地亦產。

*7-9. 紅樹科 Rhizophoraceae（又見頁 211，5-18 單葉具托葉及其他易識別性狀的植物科）

紅樹林（Mangrove）主要分布於 25°N 和 25°S 間的熱帶與亞熱帶地區。國際紅樹林組織（International Society for Mangrove Ecosystem）的紅樹林定義：（1）真紅樹林植物（True mangrove）：只出現在河口潮間帶之木本植物，具有為適應環境而演化出之氣生根及胎生現象等，主要指紅樹科（Rhizophoraceae）植物，全世界約 60 種。（2）半紅樹林植物（Minor mangroves）：能在潮間帶生長亦能延伸到陸生生態系之植物，如黃槿、海檬果等。（3）紅樹林伴生植物（Mangrove associates）：伴隨紅樹林生長的草本、蔓藤及灌木，通常生長在紅樹林的邊緣地帶如馬鞍藤、苦藍盤、蘆葦等。

台灣的紅樹科植物原有 4 種，現存水筆仔、紅海欖 2 種；另有 2 種非紅樹科紅樹林植物：海茄苳（馬鞭草科或爵床科）、欖李（使君子科）。台灣的紅樹林主要分布在西部各沿海河口附近，但都遭到相當程度的破壞。淡水河出口沿岸、中港溪出海口及台中市大安區溫仔寮河口，台南四草等地有分布。

圖 7-9 紅樹科植物莖節膨大，種子在樹上發芽成苗，謂之胎生植物。

紅樹科植物的簡明特徵：

（1）小枝節間膨大（圖 7-9）。

（2）具呼吸根、支柱根（prop root）、膝根（Knee root）（照片 7-9）。

（3）葉對生，革質，有托葉（早落）。

（4）花兩性，萼 3-14。

（5）雄蕊多數。

（6）果實在樹上發芽，稱為胎生植物（Vivipary plant）（圖 7-9）、（照片 7-10）。

照片 7-9 紅樹科植物大多具支柱根。實在樹上發芽，為奇特的胎生現象。

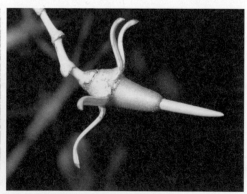

照片 7-10 紅樹科植物的果

  植物認識我：簡易植物辨識法

1. 水筆仔；秋茄樹 *Kandelia candel*（**L.**）**Druce**

（1）花瓣 2 裂，裂片再細分為絲狀；雄蕊多數。

（2）宿存萼之裂片線狀，5 裂片反捲。

（3）分布：新竹以北，以淡水最多。

2. 紅海欖；五梨跤 *Rhizophora mucronata* **Lam.**

（1）花瓣全緣，內部有毛。

（2）宿存萼 4 裂片；雄蕊 8。

（3）支柱根長。

3. 細蕊紅樹 *Ceriops tagal*（**Perr.**）**C. B. Robinson**
4. 紅茄苳 *Bruguiera gymnorrhiza*（**L.**）**Lam.**

*7-10. 爵床科 Acanthaceae（又見頁 381，14-21 特殊花序及花器內容的科）

　　爵床科最大的價值在於觀賞用途，因本科植物大都花色鮮艷，花有藍、紫、鮮紅、粉紅、紫紅、金黃等色，花期長。最重要的植栽特性是本科植物均耐陰、適應性強，具有良好的觀花、觀葉效果，對植栽設計而言，是不可或缺的植物材料。在景觀上的應用方式有多種，可應用在花境、花叢、花群、花台、牆面綠化等，也能栽植在光線微弱的複層林下，作為地被植物，或培育成室內盆栽。很多爵床科植物具有藥用價值，如馬藍（*Strobilanthes cusia* (Nees) Kuntze），全株清熱解毒、涼血，也是重要的染料植物；小駁骨丹（*Gendarussa vulgaris* Nees），葉對骨折、扭挫傷、風濕性關節炎有療效；白鶴靈芝（*Rhinacanthus nasutus* (L.) Kurz），具有潤肺降火、殺蟲止癢的功能等。

　　爵床科大約包括 250 個屬，2,500 餘種植物。大部分生長在熱帶地區，主要是草本、灌木，也有一些藤本或多刺植物，只有少數種類可以生長在溫帶地區。傳統分類都將海茄苳屬（*Avicennia*）植物列在馬鞭草科下，或自成海茄苳科，但根據分子生物學 APG 的分類體系，將其分入本科。臺灣有 14 屬。

爵床科植物的簡明特徵：

（1）草本或灌木；常具鐘乳體（cystolith）。

（2）葉對生（十字對生，decussate）；**節間常膨大**（圖 7-10）、（照片 7-11）。

（3）總狀、穗狀、聚繖花序；**花艷麗，常具顯著之苞片**；有花盤。

（4）萼 4-5 裂；冠 5 裂，2 唇或有時 1 唇，最上方花冠 2 淺裂。

（5）雄蕊 4，二強，或 2。

（6）心皮 2，花柱單一，胚珠每室僅 2。

（7）蒴果，種子具增大並特化成鈎狀的胚珠柄（funiculus）。

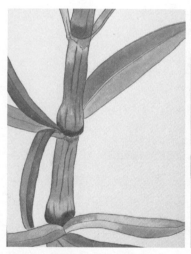 

圖 7-10 爵床科植物葉對生，節 膨大。

照片 7-11 葉對生、節膨大是爵床科植物重要的特徵。

1. 小蝦花 *Calliaspidia guttata*（**Brandegee**）**Bremek.**

（1）多分枝的草本，高達 50 cm。

（2）葉有柄，等大，對生，卵形，全緣，兩面被短硬毛。

（3）穗狀花序頂生；苞片卵狀心形，覆瓦狀排列，磚紅色。

（4）花單生苞腋，花冠白色，有紅色糠粃狀斑點，長約 3.2 cm。

（5）蒴果棒狀。

植物認識我：簡易植物辨識法

2. 爵床 *Justicia procumbens* **L.**

（1）一年生草本，高 15-40 cm。

（2）葉對生，葉片卵形或卵狀披針形至廣披針形。

（3）穗狀花序，花小，淺紫紅色或乳白色。

3. 紅樓花 *Odontonema strictum*（**Nees**）**Ktze.**

（1）常綠灌木，株高 50-150 cm，枝在莖節處腫大。

（2）葉全緣，對生，長 12-20 cm，寬 5-8 cm，闊卵狀披針形。

（3）花頂生，花梗細長，穗狀花序，成串，紅色，花瓣容易脫落。

4. 金葉木 *Sanchezia nobilis* **Hook. f.**

（1）灌木。

（2）葉大，對生，具明顯羽狀脈。

（3）花大而艷麗，橙色至紅色。

（4）原產中美洲。

5. 馬藍 *Strobilanthes cusia*（**Nees**）**Kuntze**

（1）半灌木狀草本，高可達 80 cm。

（2）葉為單葉，十字對生；葉片長橢圓形或長橢圓狀披針形。

（3）花序為小聚繖花序，腋生或頂生；花冠紫藍色。

（4）果實為蒴果，長約 2 cm。

6. 立鶴花 *Thunbergia erecta*（**Benth.**）**T. Anders.**

（1）直立灌木，高達 2 m。

（2）葉對生，長披針形至長圓形，葉基銳形或楔形，長 3-5 cm。

（3）花單一，腋生，花冠漏斗形，淺紫色到濃紫色，雄蕊 4。

（4）果實是蒴果，下半部是圓形，上端扁平而尖。

7. 大鄧伯花 *Thunbergia grandiflora* **Roxb.**

（1）常綠蔓性藤本植物；全株密生細毛，莖葉密被粗毛。

（2）葉對生，濃綠色，廣心型至闊卵形，基部心形或近心形。

（3）花單立或總狀花序；花大型美麗，花冠藍色或淡紫色。

8. 翠蘆莉 *Ruellia brittoniana* **Leonard**

（1）多年生宿根性草本，株高 20-100 cm。莖略呈方形，紅褐色。

（2）葉對生，線狀披針形。

（3）花自腋出，花冠藍紫色、粉紅色及白色，花期極長。

（4）原產於墨西哥。

三、葉對生，小枝四方形的科

*7-11. 馬桑科

*7-12. 黃楊科

*7-13. 千屈菜科

*7-14. 馬鞭草科

*7-15. 唇形科

*7-16. 玄參科

科的特徵簡述：

*7-11. 馬桑科 Coriariaceae

馬桑類植物全株含毒，主要成分為馬桑內脂（coriamyrtin）、吐丁內脂（tutin）等，果實的毒性更強。誤食嫩枝葉及果實，會全身發麻，冒冷汗、噁心、嘔吐、心跳減緩、血壓上升、呼吸加快、痙攣、昏迷乃至死亡。

 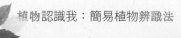 植物認識我：簡易植物辨識法

馬桑科只有 1 屬，馬桑屬，約有 30 種，灌木或小喬木，在世界各地不連續分布。植物分布的不連續現象（disjunction），又叫間斷分布，指的是有些植物的分布區散落成幾部分，分布在全世界幾處分隔遙遠的地區，各地區間有高山、沙漠、廣大海洋等障礙，阻斷植物的散播。最典型而大規模的不連續分布現象，就發生在馬桑科的馬桑屬（*Coriaria*）植物，此單一屬分布遍及全世界的溫帶地區，包括歐洲南部地中海附近、亞洲南部與東部（台灣也有台灣馬桑 *Coriaria intermedia* **Matsum.**）、中美洲與南美洲、太平洋中的紐西蘭與巴布亞新幾內亞等四個地區，不僅跨越不同大陸，且涵蓋南北兩半球。

馬桑科植物的簡明特徵：

（1）小喬木至灌木，小枝四稜形，具狹翼（照片 7-12）。

（2）單葉對生，三出脈，**無柄**，全緣（圖 7-11）；無托葉。

（3）花小，排成總狀；花瓣 5，肉質，開花後增大，包被果實；雄蕊 10；心皮 5-10。

（4）蒴果圓球形，成熟時由綠轉紅褐至紫黑。

（5）根部有根瘤，可生長在貧瘠土壤（照片 7-13）。

（6）單屬科。

上：照片 7-12 馬桑科植物葉對生、小枝四稜。
中：圖 7-11 馬桑科植物葉對生，幾無柄，三出脈。
下：照片 7-13 馬桑科植物根部有根瘤，可生長在貧瘠土壤。

1. 馬桑 *Coriaria intermedia* **Matsum.**

（1）小喬木至半落葉灌木；嫩枝帶有紫紅色。

（2）葉對生，全緣，葉長橢圓形至卵狀披針形，三出脈；葉柄短，常帶紫紅色。

（3）單性花，排成總狀，雌雄同株，腋生；花小，綠色。

（4）蒴果圓球形，成熟時紫黑色，果爲增大之花瓣所包。

（5）分布全台低至高海拔山區林緣、路旁及河床。

*7-12. 黃楊科 Buxaceae

黃楊生長慢，但木質緻密堅韌，木材爲製作工藝品良材，古代常用來製作梳子，近代用以刻印，現代則用於雕刻神像。本科植物主要供觀賞，黃楊類許多種植株耐蔭、耐修剪，是極重要的綠籬樹種。黃楊葉小革質，冠形優雅，可單植、叢植作爲庭園樹；也適合栽培成盆栽。

黃楊科只有 4-5 個屬，共約 90-120 種，大都是灌木或小喬木，廣泛分布在全世界各地。2003 年修訂的 APG II 分類法確定黃楊科爲一個獨立的科，建議可以和雙蕊花科（Didymelaceae）合併，成立一個黃楊部。

圖 7-12 黃楊科植物葉對生，小枝四稜、葉革質。　照片 7-14 黃楊科植物葉革質對生、小枝四稜。

黃楊科植物的簡明特徵：

  （1）常綠喬木或灌木。

  （2）葉革質，多對生（圖 7-12）、（照片 7-14），不具托葉。

  （3）總狀花序或密集的穗狀花序；花單性，花小，雌雄同株，無花瓣。

  （4）子房 3 室，胚珠 2。

  （5）蒴果，開裂或稍肉質。

1. 黃楊 *Buxus microphylla* **S. & Z. ssp.** *sinica*（**Rehd. & Wils.**）**Hatusima**

  （1）常綠灌木，枝四方形，黃灰色，光滑。

  （2）葉對生，卵形，革質，長 2.5-3 cm，先端凹，葉脈羽狀平行；全緣。

  （3）雌花無柄；花萼 6，黃綠色；花柱 3。

  （4）果球形，徑 1cm。

  （5）木材可刻印章；綠籬、觀賞。

2. 雀舌黃楊 *Buxus harlandii* **Hance**

  （1）小灌木。

  （2）葉倒披針形至倒卵形或長橢圓形，長 1-3 cm。

  （3）原產廣東及海南島。

*7-13. 千屈菜科 Lythraceae

本科有些種類，如九芎可長成大喬木。九芎紋理通直，結構細緻，自古以來便用於建築，製作家具、舟車、橋梁等，亦可作細工雕刻用材；且其木質堅硬，耐燒植高，臺灣優良之薪炭材之一。在台灣，九芎大直徑木樁極易發根，另長成獨立大樹，常用在崩塌地、河岸及邊坡供水土保持。九芎木材乾燥後不會反翹，是做農具的用材。本科多數屬，如紫薇屬（*Lagerstroemia*）、千屈菜屬（*Lythrum*）、雪茄花屬（*Cuphea*）等許多種類，花顏色鮮艷美麗，是著名的觀花植物，常栽培供觀賞。

千屈菜科有 32 屬大約 500-600 種植物，絕大部分是草本，也有少數灌木或喬木。廣泛分布在全世界熱帶、亞熱帶和溫帶地區。2003 年的 APG II 分類法將石榴科和菱科劃歸成為千屈菜科的亞科。

千屈菜科植物的簡明特徵：

（1）絕大部分是草本，也有少數灌木或喬木；枝條常四稜（圖 7-13）。

（2）葉對生或輪生，極稀互生，全緣。不具托葉。

（3）花兩性，腋生。花單生，聚繖花序或圓錐花序。

（4）**花瓣有柄，皺縮**（圖 7-13）、（照片 7-15）；雄蕊少數至多數。花 萼合生，裂片常帶有附屬物（appendages）。

（5）果爲蒴果。

圖 7-13 千屈菜科植物葉對生， 小枝四稜、花瓣皺縮有柄。

照片 7-15 千屈菜大花紫薇的花，花瓣皺縮、有柄。

1. 紫薇 *Lagerstroemia indica* **L.**

（1）落葉小喬木，樹皮光滑，秋天裂開掉落。

（2）葉對生，近無柄，長 2.5-7 cm。

（3）花粉紅色至紫色。

2. 大花紫薇 *Lagerstroemia speciosa*（**L.**）**Pers.**

（1）落葉喬木，株高 8-15 m 枝條初爲綠色，冬葉變紅。

（2）葉大，橢圓形，葉長 12-20 cm，葉柄短。

（3）圓錐花序，花形大，花淡紫至紫藍色。

（4）蒴果，種子有翅。

（5）原產熱帶亞洲、澳洲；斯里蘭卡、印度、馬來西亞、越南及菲律賓。

3. 千屈菜 *Lythrum salicaria* **L.**

（1）多年生草本；莖直立，多分枝，枝通常具 4 棱。

（2）葉對生或三葉輪生，披針形或闊披針形。

（3）聚傘花序簇生，花紅紫色或淡紫色。

（4）蒴果扁圓形。

（5）生於河岸、湖畔、溪溝邊和潮濕草地。

4. 細葉雪茄花 *Cuphea hyssopifolia* **H. B. K.**

（1）常綠亞灌木，植株低矮，僅 10-60 cm 高；嫩枝有赤色細毛茸。

（2）單葉對生，葉形為線形、線被針形，葉長 2-2.5 cm，中肋帶紅色。

（3）單頂花序；四季開花，花紅紫色。

（4）蒴果褐色，長橢圓形似雪茄，所以叫做「細葉雪茄花」。

（5）原產墨西哥、瓜地馬拉。

5. 水芫花 *Pemphis acidula* **J. R. Forst. & G. Forst.**

（1）常綠小灌木，莖多分枝，密被白色短毛。

（2）單葉，對生，近無柄，厚，肉質；長橢圓形或倒披針狀長橢圓形，
全緣。

（3）花單立，腋出，白色或紅色；花萼鐘形，；花瓣 6 片，卵形，皺曲。

（4）果實為蒴果，長約 0.6 cm，蓋裂，倒卵形；種子多數，具有稜角。

（5）生長於南部恆春半島海岸之珊瑚礁上，較常見，蘭嶼及綠島上，亦
可見到。

*7-14. 馬鞭草科 Verbenaceae（又見頁378，14-17特殊花序及花器內容之科）

按照傳統的分類，本科植物大部分為木本，只有少數為草本，常具特殊的氣味（臭味）。本科植物，有些為貴重木材，如柚木、石梓等；有些種類可供藥用，如馬鞭草、海埔姜等；也有許多觀賞花卉種類，如龍吐珠、金露花、馬纓丹等。

馬鞭草科為唇形部下的一科，成員物種大多為熱帶植物。本科的特徵是單葉對生；花兩性，花冠合瓣，合成鐘狀、杯狀或筒狀，也有二唇形的；果實為蒴果和核果。約80屬3,000種，主要分布於熱和亞熱帶地區。根據APG分類法，本科共包含了35屬1,200餘種，並將原屬本科的海茄苳屬（*Avicennia*）劃入爵床科。其他原屬於本科的常見植物被移入他科的有：紫珠屬（*Callicarpa*）、蕕屬（*Caryopteris*）、海州常山屬（*Clerodendrum*）、石梓屬（*Gmelina.*）、臭娘子屬（*Premna*）、柚木屬（*Tectona*）、牡荊屬（*Vitex*）被劃歸唇形科。但為辨識植物方便，本書仍舊沿用傳統的分類系統。

馬鞭草科植物的簡明特徵：

（1）灌木或喬木，稀草本，**小枝四方形**（圖7-14）、（照片7-16）。

（2）葉對生，單葉或複葉。

圖 7-14 馬鞭草科植物葉對生，小枝四稜、通常葉揉之有臭味。　照片 7-16 馬鞭草科之蔓荊，葉對生、小枝四稜。

 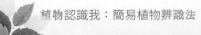 植物認識我：簡易植物辨識法

（3）花左右對稱；花萼 5 裂，永存，有時增大；花冠爲 2 唇瓣。

（4）雄蕊 4，二強雄蕊（**didymous**），常突出花冠筒之外。

（5）花柱著生子房頂端；心皮 2，每心皮 2 室；子房頂端僅淺裂。

（6）果爲 4 分離小堅果或堅硬核果。

1. **杜虹花** *Callicarpa formosana* **Rolfe**

（1）全株被褐色星狀毛。

（2）葉橢圓形至倒卵形，長 7-18 cm，鋸齒緣，兩面密被星狀毛。

（3）花淡紫紅色。

（4）核果紫色，徑 1-2 mm。

2. **日本紫珠** *Callicarpa japonica* **Thunb.**

（1）常綠或落葉灌木，枝條疏至密生星狀毛，幼時常爲紅紫色。

（2）葉橢圓形、卵形或倒卵形，鈍齒緣。

（3）花淺紫色至淺粉紅色。

（4）果球形，紫色。

3. **臭茉莉** *Clerodendrum chinensis*（**Osbeck**）**Mabberley**

（1）灌木，枝條光滑。

（2）葉闊卵形至心形，長 4-15 cm；葉全緣或稀疏齒緣，背面有細點。

（3）頂生聚繖花序或圓錐花叢；花芳香，白色或玫瑰色。

（4）原產東南亞。

4. **苦藍盤；苦林盤** *Clerodendron inerme*（**L.**）**Gaertn.**

（1）蔓性灌木，小枝有短毛。

（2）葉草質，十字對生，卵形至橢圓狀，長 6-8 cm；全緣。

（3）花序爲 3 朵花之聚繖花序；花淡紅色；花絲紫紅色。

（4）產海濱，防砂造林樹種。

5. **龍船花** *Clerodendron paniculatum* **L.**

　（1）常綠小灌木，枝光滑至稀毛。

　（2）葉卵狀心形，長 12-20 cm，基部心形；全緣，有時 3-5 淺裂。

　（3）頂生圓錐花序，花紅色或橘紅色，有時為白色。

　（4）產低海拔地區。

6. **龍吐珠** *Clerodendron thomsonae* **Balf.**

　（1）常綠蔓狀小灌木，小枝平滑。

　（2）葉長橢圓狀卵形，長 5-12 cm，近心基；全緣。

　（3）萼白色，5 片；花冠筒細長，裂片紅色。

　（4）核果藏於宿存萼內。

　（5）原產非洲。

7. **海州常山** *Clerodendron trichotomum* **Thunb.**

　（1）灌木或小喬木。

　（2）葉卵形至三角形，長 6-20 cm，基截形或近心形；全緣或疏鋸齒緣。

　（3）花序為圓錐花叢；花白色。

　（4）果藍色，有紅色宿存萼。

　（5）產低至中海拔。

8. **金露花** *Duranta repens* **L.**

　（1）常綠灌木至小喬木，小枝四稜。

　（2）葉倒卵形至橢圓形，全緣。

　（3）總狀花序；花淡紫色。

　（4）核果橙黃，有增大之宿存萼。

　（5）原產南美，為常見之綠籬植物。

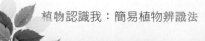 植物認識我：簡易植物辨識法

9. 馬纓丹 *Lantana camara* **L.**

（1）灌木，全株具惡臭；小枝條上生鉤刺。

（2）葉闊卵形，長 4-7 cm；鈍鋸齒緣。

（3）花序頭狀，花紅、紫紅、橘紅、黃等色，具長梗。

（4）核果，紫黑色。

（5）原產熱帶美洲，已馴化，有毒他作用。

10. 柚木．*Tectona grandis* **Linn. f.**

（1）落葉喬木─低海拔重要造林樹種。

（2）全株幼嫩部分、花、果均被星狀毛；小枝四稜形。

（3）葉對生，倒卵形，先端圓或銳，楔基，長可達 50 cm。

（4）圓錐花叢頂生，長可達 70 cm。

（5）核果爲膜質之增大宿存萼所包被。

（6）原產中南半島。

11. 黃荊 *Vitex negundo* **L.**

（1）灌木或小喬木，枝被灰色短毛。

（2）掌狀複葉對生，小葉多爲 5 片，偶 3-7 片，全緣或不規則齒牙。

（3）頂生聚繖圓錐花序；花淡紫色。

（4）恆春半島多（乾季時全面落葉）。

12. 海埔姜；蔓荊 *Vitex rotundifolia* **L. f.**

（1）匍匐性小灌木；幼枝密被毛。

（2）單葉，灰白色，葉倒卵形至橢圓形，長 3-4.5 cm。

（3）海岸防砂造林樹種。

*7-15. 唇形科 Lamiaceae（Labiatae）（又見頁 351，13-8 植物各部分及葉揉之友香氣的科；又見頁 379，14-18 特殊花序及花器內容的科）

　　唇形科植物由於其花瓣分爲上下兩部分，類似「唇」形，花萼 5 裂，花瓣合瓣形成二唇或合成花冠筒而得名。唇形科的植物一般都含有揮發性芳香油，可以提取香精，藥用或烹飪做調料。許多品種被人工種植，不僅可以應用，有許多品種作爲容易成活的鮮花種植。例如薄荷、迷迭香、九層塔（羅勒）、鼠尾草薰衣草、紫蘇、丹參、益母草等。本科還包含多種中藥，如黃芩、夏枯草、藿香、廣藿香等。這些植物一般都很容易用插枝繁殖。

　　唇形科（Lamiaceae），過去也稱作唇形花科（Labiatae）是被子植物中次於菊科、蘭科、豆科（部）、茜草科、禾本科的第六大科，雙子葉植物中第四大科。有 237 個屬 7,173 種，廣泛分布於全球，是乾旱地區的主要植被。臺灣有 46 屬 142 種。

　　唇形科植物的簡明特徵：
　　（1）草本植物，植物體芳香。
　　（2）葉對生，莖四方形（圖 7-15）、（照片 7-17）。

圖 7-15 唇形科植物葉對生，小　　照片 7-17 唇形科植物，葉對生、小枝四稜。
枝四稜、葉揉之有香味。

（3）聚繖花序，或在節上形成輪傘花序；花萼宿存，瓣萼均 5 裂。

（4）雄蕊 2 或 4，常為二強雄蕊，生於花冠筒上。

（5）花柱基生（gynobasic），子房深 4 裂，柱頭常 2 裂；胚珠基生。

（6）果為 4 小堅果，每小果種子 1。

1. 益母草 *Leonurus japonicus* **Houtt.**

（1）一至二年生草本，莖直立，高 40-120 cm。

（2）葉片卵狀心形，3 全裂或深裂，裂片復為羽裂，呈不整狀線形。

（3）花聚生節上呈輪繖花序；花白色或淡粉紅色。

2. 薄荷 *Mentha canadensis* **L.**

（1）芳香草本。

（2）葉背有腺點。

（3）為腋生花束，花冠 4 裂，近輻對稱，雄蕊 4。

3. 羅勒；九層塔 *Ocimum basilicum* **L.**

（1）一年生或越年生亞灌木，植株高度為 50-90cm。

（2）葉對生，呈卵形或卵狀披針形，葉色分為淺綠、綠及紫紅、暗紅色等。

（3）輪繖花序頂生，開唇形白色或淺粉紅色的花，花小。

（4）小堅果暗褐色，長圓形。

4. 紫蘇 *Perilla frutescens*（**L.**）**Britt.**

（1）一年生草本或亞灌木；全株呈紫色或綠紫色。

（2）葉對生，圓卵形，先端長尖，鈍鋸齒緣。

（3）穗狀或總狀花序，頂生或腋生，花紅色或淡紅色。

（4）堅果，種子卵形。

5. 彩葉草 *Coleus x hybridus* **Voss**

（1）多年生草本，高可達 50-90 cm，莖及分枝四方形。

（2）單葉對生，闊卵形至圓形，葉緣鋸齒緣或齒緣，葉面色彩變異甚大，一般以紅色為主，而混雜有綠色，黑色，黃色，紫色等。

（3）花序頂生，花白色或藍色。

（4）果實橢圓形，微扁平。

*7-16. 玄蔘科 Scrophulariaceae（又見頁 379，14-19 特殊花序及花器內容的科）

　　本科植物大部分是草本，稀有木本。單葉對生，無托葉；花兩性，花冠合瓣，常為兩唇形，雄蕊生長在花冠筒上；果實為蒴果，種子極多。有許多有名的觀賞植物，如金魚草屬（*Antirrhinum*）、婆婆那屬（*Veronica*）、蒲包花屬（*Calceolaria*）等；常用的藥用植物，如地黃、毛地黃、玄蔘等。玄蔘科與馬鞭草科、唇形科形態特徵相似，如對生葉、小枝切面四方形、花冠合生、二強雄蕊等。但玄蔘科植物體不具特殊香氣、果實內種子數極多，可與後二者植物體具強烈氣味、果實內種子僅 1-4 粒，可資區別。

　　玄蔘科原來是一個大科，包括 275 屬約 5,000 種，分布在世界的地的溫帶地區和熱帶的山區。但最新對基因分析研究，已將許多屬劃出，有的獨立成科，如泡桐科（Paulowniaceae）、蒲包花科（Calceolariaceae）、通泉草科（Mazaceae）等。除了原本的玄蔘科，有的植物移到其他科，如列當科（Orobanchaceae）、車前科（Plantaginaceae）、母草科（Linderniaceae）、透骨草科（Phrymaceae）等。

圖 7-16 玄蔘科植物葉對生，小枝四稜。

植物認識我：簡易植物辨識法

玄參科植物的簡明特徵：

（1）多數爲草本，極少數爲木本。

（2）葉對生，輪生或互生，莖四稜，揉之無香氣（圖 7-16）。

（3）花左右對稱，花冠 5 裂，2 唇瓣。

（4）雄蕊 4，二強雄蕊，有時有第 5 之退化雄蕊，或雄蕊 2。

（5）心皮 2，胚珠多數，中軸胎座。

（6）蒴果；種子數多。

1. **天使花** *Angelonia salicariifolia* **Humb. & Bonpl.**

（1）多年生草本花卉，植株高度約 30-70 cm，全株密被短柔毛。

（2）單葉對生，線狀披針形，葉緣呈淺缺刻，有明顯的葉脈。

（3）花朵從葉腋間由下而上逐漸開放，花色有紫、淡紫、粉紫、白等。

（4）蒴果，種子細小。

2. **金魚草** *Antirrhinum majus* **L.**

（1）多年生草本植物，高約 30-100 cm。

（2）莖下部葉對生，上部葉常互生，具短柄，葉披針形至長橢圓形。

（3）總狀花序，花朵著生於莖頂，密被腺毛，花冠有白色、黃色、紅色、紫色等多種色彩。

（4）蒴果卵形，長約 1.5 cm，內藏細小種子，數目極多。

3. **毛地黃** *Digitalis purpurea* **L.**

（1）多年生草本，枝被毛。

（2）葉極大，卵狀長橢圓形至卵形，長 12-25 cm，含毛地黃素，爲強心藥。

（3）頂生總狀花序；花紫色或白色。

（4）原產歐洲，逸生在中高海拔。

4. **通泉草** *Mazus pumilus*（**Burm.** *f.*）**Steenis**

（1）一年生草本植物，成株高約 10-25 cm。

（2）根生葉叢生狀，莖生葉對生；葉倒卵形或匙形，不規則粗鋸齒緣。

（3）總狀花序，頂生；花冠紫色或淺藍紫色，花冠分為二唇狀，上唇 2 裂，下唇 3 裂。

（4）果實為蒴果，球型；種子多數，淡褐色。

5. **倒地蜈蚣** *Torenia concolor* **Lindl.**

（1）多年生葡匐草本。

（2）葉卵形，長 2-5 cm。

（3）花單一，深藍色。

四、葉對生，植物體具乳汁的科

7-17. 夾竹桃科 Apocynaceae（詳見頁 92，1-8 植物體具乳汁之科）

夾竹桃科植物的簡明特徵：

（1）喬木、灌木或藤本，全株具乳汁（圖 7-17）。

（2）葉對生或輪生，無托葉。

（3）花兩性，放射相稱，單生或聚繖花序；花 5 數；花冠 5 裂，喉部常有毛或鱗片；雄蕊 5；花萼內側常具腺體。

（4）花藥箭形，常在花柱輳合，花粉粒狀。

（5）花冠管狀，裂片迴旋狀排列；心皮 2；花柱合生成 1，頂端肥大。

圖 7-17 夾竹桃科植物葉對生或輪生，具乳汁。

植物認識我：簡易植物辨識法

（6）蒴果或蓇葖果，稀漿果狀或核果狀。

（7）種子具種髮。

7-18. 蘿藦科 Asclepiaceae（詳見頁 95，1-9 植物體具乳汁的科）

蘿藦科植物的簡明特徵：

（1）多數為纏繞藤本，或為灌木，稀喬木，全株具乳汁（圖 7-18）。

（2）花粉集合成透明或蠟質透明塊，稱為花粉塊（**Polinia**）。

（3）其他特徵與夾竹桃科相同。

（4）子房為離生心皮構成，花柱 2，分離幾達柱頭，柱頭 1，盾狀。

（5）其他特徵與夾竹桃科相同。

圖 7-18 蘿藦科植物葉對生，具乳汁。

五、葉對生，葉柄具關節的科

7-19. 金虎尾科（黃褥花科）

科的特徵簡述：

*7-19. 金虎尾科（黃褥花科）Malpighiaceae

金虎尾科，又稱黃褥花科，共有約 75 屬 1,300 餘種，分布在全球熱帶地區，但大部分原產在熱帶美洲，主要在加勒比海地區、美國南部。臺灣有 4 屬 6 種。常見的植物中，花瓣邊緣皺縮或齒緣，瓣具柄的只有 2 科，一為本科，另一則為

千屈菜科，兩科均含有花色艷麗的熱帶植物。兩科的區別點如下：金虎尾科萼外具對生腺體、雄蕊 10、心皮 3；千屈菜科花萼外光滑、雄蕊多數、心皮 5。本科植物單葉對生，葉柄基部和花梗均有關節，無需花果特徵就能鑑別本科植物。

　　1981 年的克朗奎斯特（Cronquist）系統將本科列入遠志部，1998 年根據基因親緣關係的 APG 分類法將本科放置在新單獨分出的金虎尾部中。

　　金虎尾科植物的簡明特徵：

圖 7-19 金虎尾科植物花瓣具柄，花梗有關節。

（1）喬木、灌木，常爲木質藤本。

（2）葉對生，**葉柄具關節**或肉質線體（照片 7-18；19）。

（3）花豔麗，略左右對生；瓣 5，緣有毛（fringed）或齒緣，有柄（圖 7-19）；萼 5，外具對生腺體。花梗亦具有關節（圖 7-19）。

（4）雄蕊 10，排列成輪，有時一輪退化成不孕雄蕊，花絲基部連生。

（5）心皮 3；3 室，每室 1 胚珠。

（6）果爲具翅之蒴果，或爲肉質核果狀。

照片 7-18 金虎尾科植物葉對生、葉柄基部有關節。

照片 7-19 金虎尾科植物葉對生、葉柄基部有關節。

  植物認識我：簡易植物辨識法

1. 刺葉黃褥花；紅花金虎尾 *Malpighia coccigera* **L.**

（1）常綠喬木，高 1 m。

（2）葉革質，橢圓狀卵形至卵形，長 8-15 cm。

（3）花淡紅色；花萼 5，2 片具 2 腺體，2 片具 1 大型腺體，另片則腺體
　　退化。

（4）漿果紅色。

（5）原產印度南部。

2. 黃褥花；巴佩道櫻桃 *Malpighia glabra* **L.**

（1）常綠光滑灌木。

（2）葉對生，卵形至長橢圓形，長 3-7 cm，全緣；葉柄極短。

（3）花紅色，艷麗。

（4）果核果狀，深紅色，扁圓形，徑 0.8 cm。

（5）原產南美。

3. 三星果藤 *Tristellateia australasiae* **A. Richard**

（1）常綠蔓性藤本灌木，以柔軟的莖部纏繞攀爬，開花於枝端。

（2）葉對生，先端銳或銳尖，基部圓或略呈心形；葉基有 2 腺體；葉柄
　　具關節。

（3）總狀花序，頂生；花冠 5 瓣，鮮黃色具長花柄；雄蕊 5 長 5 短，花
　　絲紅色。

（4）翅果星芒狀，呈三星背貼狀。

第八章 幼葉幼枝被星狀毛的科

　　植物的枝、葉、果實等器官的表皮細胞常生有毛狀的附屬物，叫做**表皮毛**（**epidermal hair**）。表皮毛廣泛分布於旱生植物，是覆蓋在植物體表面的一種保護構造，是植物體與環境接觸的最外層。葉片表皮毛能保護葉片、防止強光灼傷、減少蒸騰的作用。大多數表皮毛由表皮細胞變化而來，有的由單細胞組成，有的由多細胞組成；有的是活細胞，也有的是死細胞。有些表皮毛呈現灰白色、銀色、黃色或其他顏色。表皮毛的種類很多，按形狀可分成頭狀、星狀、鈎狀、鱗片狀等，使植物有不同的外觀，可作為鑑別植物的重要性狀。星狀毛（stellate hair）是植物的表皮毛的一種，指有數根毛從基點向各方輻散，成為星狀形的構造，星狀毛的芒數量因種而有異，有僅 2-3 條者，也有 5-8 或甚而數十條者。有些植物葉表面、葉柄、嫩枝等極易見到的器官，植物體的營養器官被覆星狀毛的科不多，配合其他特徵，很容易鑑別植物的科別。

　　主要的被星狀毛科（＊號及粗體字科別在本章敘述，無＊號及非粗體字科的詳細說明在該科括符內之章節），及各科間的的簡易區別如下：

*8-1.　金縷梅科：托葉絲狀，生葉柄上；花瓣 4，絲縷狀。

*8-2.　梧桐科：掌狀復葉或單葉，無托葉；實心之單體雄蕊。

*8-3.　錦葵科：托葉顯著，樹皮含多量纖維；空筒狀之單體雄蕊。

　8-4.　五加科（2-12）：掌狀復葉、羽狀復葉或單葉，托葉連生葉柄基部；繖形花序。

*8-5.　安息香科：單葉，無托葉；合瓣花或離瓣花。

科的特徵簡述：

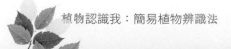
植物認識我：簡易植物辨識法

*8-1. 金縷梅科 Hamamelidaceae（又見頁 197，5-7 單葉具托葉的科）

本科植物全部是木本，有些屬植物木材可供建築及製作家具；有些有觀賞價值；有些種類的樹脂還可作香料及藥用：本科植物蘇合香（*Liquidambar orientalis* Mill.）樹幹的香樹脂，經加工精製而成的油狀液體，稱蘇合香（Storesin 或 Oriental Sweetgum），是著名的七香之一（其他六香：檀香、沉香、龍腦香、降眞香、安息香、乳香），主產於非洲、印度及土耳其等地。南北朝時期的《名醫別錄》已收載蘇合香，並列爲上品，說蘇合香能「辟惡，殺鬼精物」，「去三蟲，除邪，令人無夢魘，久服通神明，輕身長年。」另一種源自本科植物的香料爲楓香脂，是採自楓香樹的乾燥樹脂，呈類圓顆粒狀或不規則塊狀，大小不一，表面淡黃色至黃棕色，氣清香，燃燒時更濃。作爲祛風活血藥、解毒止痛藥、止血藥、生肌藥。

金縷梅科下有 27 個屬及大約 130 種，全都是灌木或小喬木。大部分生長在亞洲的亞熱帶地區。早期的分類系統，例如克朗奎斯特系統（Cronquist system, 1981, 1988）將金縷梅科分類爲金縷梅部下的一個科；近期的 APG 和 APG II 分類系統（APG system, 1998, 2003）則將金縷梅科分類爲虎耳草目下的一個科。蕈樹屬（*Altingia*）、楓香樹屬（*Liquidambar*）、半楓荷屬（*Semiliquidambar*），這三個屬以前被分類在金縷梅科內，目前已經由金縷梅科分出，三個屬併入新成立的楓香科（Altingiaceae）內。本書還是採用傳統分類法。

金縷梅科植物的簡明特徵：

（1）常綠或落葉喬木或灌木，植物體常具星狀毛（照片 8-1）。

照片 8-1 金縷梅科紅花檵木具托葉、幼嫩枝葉被星狀毛。

圖 8-1 金縷梅科楓香具托葉、　照片 8-2 金縷梅科紅花檵木每朵花有花瓣4。
幼嫩枝葉被星狀毛。

（2）單葉互生，葉片有時掌裂；**托葉 2**（圖 8-1），多對生。

（3）花小，常形成頭狀花序或總狀花序。

（4）**花瓣 4（照片 8-2）**；心皮 2，花柱 2 離生，常反曲。

（5）果爲蒴果，2 或 4 裂。

1. 楓香 *Liquidambar formosana* **Hance**

（1）落葉喬木；樹脂可製人造琥珀。

（2）掌狀葉具長柄。

（3）花單性，無花瓣；雄花由頭花排成總狀花序；雌花頭狀花序。

（4）果球形，有刺，由多數蒴果集合而成；種子有翅。

2. 檵木 *Loropetalum chinense*（**R. Br.**）**Oliver**

（1）常綠灌木，有時爲小喬木。

（2）單葉互生，綠色，卵圓形，先端急尖。

（3）花兩性，3-8 朵簇生；花瓣 4，線形，白花。

（4）木質蒴果，有星狀毛；種子長卵形，長 4-5 mm。

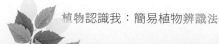
植物認識我：簡易植物辨識法

3. 紅花檵木 *Loropetalum chinense*（**R. Br.**）**Oliver var.** *rubrum* **Yieh**

（1）常綠灌木或小喬木。樹皮暗灰或淺灰褐色，多分枝。

（2）嫩枝紅褐色，密被星狀毛。

（3）葉革質互生，卵圓形或橢圓形，長 2-5 cm，全緣，暗紅色。

（4）花瓣 4 枚，紫紅色，線形長 1-2 cm。

（5）蒴果褐色，近卵形。

4. 金縷梅 *Hamamelis mollis* **Oliv.**

（1）落葉灌木或小喬木，高可達 9 m；具有星狀短柔毛。

（2）葉互生，寬倒卵形，邊緣有波狀齒，表面粗糙，背面有密生絨毛。

（3）腋生數朵金黃色小花，花瓣 4 片，狹長如帶，長 1.5-2 cm，芳香。

（4）蒴果兩裂。

（5）花瓣如絲縷近似蠟梅，故稱爲金縷梅，是早春重要觀花樹木。

*8-2. 梧桐科 Sterculiaceae（又見頁 156，3-5 掌狀複葉的科；又見頁 210，5-17 單葉具托葉的科；又見頁 373，14-13 特殊花序及花器內容的科）

　　梧桐科植物大都是分部熱帶地區的喬木或灌木，其最著名的是可可樹。可可爲世界三大飲料植物之一，種子爲做可可粉和巧克力糖的原料。本科中的梧桐在中國很出名，傳說鳳凰只能棲息在梧桐樹上。梧桐的木材共鳴良好，非常適合製作樂器，許多著名的古琴都是用梧桐木製造的。很多種類的莖皮富纖維，可作麻袋、繩索和造紙的原料。胖大海是藥用植物，種子供治咽喉炎、喉痛、扁桃腺炎等症。梧桐、午時花等爲庭園觀賞植物。

　　在 APG 分類法和修訂後的 APG II 分類法中，很多科植物成爲亞科，包括梧桐科。許多原來的獨立科都處理成亞科，合併到錦葵科下。錦葵科包含地的亞科如下：木棉亞科、杯萼亞科、刺果藤亞科、非洲芙蓉亞科、扁擔杆亞科、山芝麻亞科、錦葵亞科、梧桐亞科、椴樹亞科等。但梧桐科仍然被許多分類學家認爲應自成一個系統，下面共有 70 個屬，大約 1,500 種植物。

梧桐科植物的簡明特徵：

（1）樹皮具長纖維，木本。

（2）莖、葉的幼嫩部分常有星
狀毛（圖 8-2）。

（3）大多為單葉，極少數種為
掌狀複葉，互生。

（4）花兩性或單性，花萼具黏
液細胞，花瓣 5 或無。

（5）雄蕊的花絲常合生成管狀
（單體雄蕊 **Monadelphous
stamen**），實心（照片
8-3）。花藥 2 室，但可
可樹 4 室。

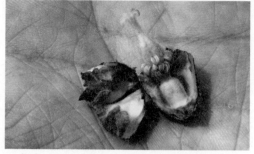

上：圖 8-2 梧桐科植物枝葉被星狀毛。
下：照片 8-3 梧桐科植物花之單體雄蕊。

（6）果為蒴果（capsule），
蒴片 1-5。蒴片一則為蓇葖果；種子多具翅。

1. 梧桐 *Firmiana simplex*（L.）W. F. Wight

（1）落葉喬木—，「梧桐一葉落，天下盡知秋」。

（2）樹皮青綠色，故又名青桐。

（3）葉心形，3-5 裂。

（4）膜狀（葉狀）蓇葖果。

2. 裂葉蘋婆 *Sterculia foetida* L.

（1）落葉喬木，樹高可達 25 m。

（2）掌狀複葉，簇生枝端，小葉 7-9，橢圓形，先端尖。

（3）圓錐花序頂生，花被 5 裂，暗紅色，具強烈臭味。

（4）蓇葖果壓扁球形或木魚形，淺紅色。種子熟時紫黑色。

（5）原產熱帶亞洲、非洲、澳洲，大約在 1900 年間由印度引進台灣。

植物認識我：簡易植物辨識法

3. 蘋婆 *Sterculia nobilis* **L.**

（1）常綠中喬木；樹冠圓形或短卵形，樹高 10-15 m。幼嫩枝葉呈紫紅色。

（2）葉薄革質，全緣，橢圓形，兩面平滑無毛；柄兩端膨大。

（3）圓錐花序腋生或頂生；萼鐘形，乳白色至淡紅色，5 裂。

（4）結如豆莢之蓇葖果，厚革質，熟時裂開；種子 3-5 粒，深褐或黑色。

4. 可可樹 *Theobroma cacao* **L.**

（1）常綠性小喬木，樹高約 8 m。

（2）葉形大，長可達 25 cm。

（3）花、果生在樹幹上。

（4）果實生長於主幹或老枝上。果實長橢圓形，表面有 10 條隆起稜線，並具疣狀凸起。

（5）種子製可可粉。

*8-3. 錦葵科 Malvaceae（又見頁 198，5-8 單葉具托葉的科；又見頁 374，14-14 特殊花序及花器內容的科）

本科是極為重要的經濟作物，如棉屬植物的種子纖維是棉絨的主要來源，世界各國均廣泛栽培。棉花主要有如下幾種：亞洲棉或粗絨棉（*Gossypium arboreum* L.），原產印度。由於產量低、纖維粗短，不適合機器紡織，目前已被淘汰。海島棉或長絨棉（*Gossypium barbadense* Linn.），原產南美洲。纖維長、強度高，是世界上最優良的棉纖維。陸地棉或細絨棉（*Gossypium hirsutum* Linn.），原產中美洲，適應性廣、產量高、纖維較長、品質好。本科也有莖皮纖維植物，如大葉木槿、黃槿、大麻槿等。觀賞植物有朱槿、木芙蓉、木槿、風鈴花、蜀葵等，都是馳名世界的觀花植物。

錦葵科原有 40 屬約 900 種，分布於熱帶到溫帶。在 APG 分類法和修訂後的 APG II 分類法中，許多科合併到錦葵科，成為亞科：如木棉亞科、杯萼亞科、刺果藤亞科、非洲芙蓉亞科、扁擔杆亞科、山芝麻亞科、錦葵亞科、梧桐亞科、椴樹亞科等，共有 75 屬，1,000-1,500 種。

錦葵科植物的簡明特徵：
(1) 多數種類為灌木或草本，有粘液；樹皮含多量纖維，幼莖葉被星狀毛。
(2) 單葉，互生，掌狀脈；有托葉（圖 8-3）。
(3) 花萼片 5，其下有 5-8 小苞片（bracteole＝副萼 epicalyx）；花瓣 5，雄蕊常多數，雄蕊合生成中空筒狀之單體雄蕊（照片 8-4），花絲先端游離。
(4) 花柱 5 或 10 裂，子房 5 或 10 室。
(5) 蒴果。

圖 8-3 錦葵科植物具托葉、枝葉被星狀毛。　　照片 8-4 錦葵科扶桑花之單體雄蕊。

1. 風鈴花 *Abutilon striatum* **Dicks.**
(1) 常綠灌木。
(2) 葉掌狀 5 裂。
(3) 花具長梗，單生，腋生，下垂如懸鈴；瓣橙黃色而有暗紅色細紋。
(4) 原產瓜地馬拉。

2. 蜀葵 *Althaea rosea*（**Linn.**）**Cavan.**
(1) 二年生草本，高可達 2 m，莖枝密被刺毛。

  植物認識我：簡易植物辨識法

（2）葉近圓形，5-7 淺裂，上面疏被星狀毛，背布星狀長硬毛。

（3）花腋生，花大，徑 6-10 cm，有紅、紫、白、粉紅、黃和黑紫等色。

（4）原產大陸西南地區。

3. 木芙蓉 *Hibiscus mutabilis* **L.**

（1）落葉灌木，全株被星狀毛。

（2）葉心形，5 或 7 裂，表面被星狀刺毛，背面短絨毛。

（3）農曆 9 月開花（拒霜），花初開白，漸變粉紅，後呈紫紅，故別稱「三醉芙蓉」。

4. 朱槿；佛桑 *Hibiscus rosa-sinensis* **L.**

（1）常綠灌木。

（2）葉卵形至狹卵形，齒牙緣。

（3）花色多種。

（4）原產雲南、廣東。

5. 洛神葵 *Hibiscus sabdariffa* **L.**

（1）亞灌木。

（2）葉 3-5 深裂。

（3）花萼肥厚肉質，5 裂，紫紅色。

（4）果爲宿存花萼所包。

6. 木槿 *Hibiscus syriacus* **L.**

（1）葉卵形至菱狀卵形，3 淺裂。

（2）花淡紫色、桃紅色或白色，早上開花下午即凋萎。

7. 黃槿 *Hibiscus tiliaceus* **L.**

（1）葉心臟形，托葉大。

（2）幼枝、嫩葉大星狀毛。

（3）花黃，雄蕊筒未超出花冠；副花冠紫紅色。

（4）海岸樹種。

（5）樹皮可做草裙或繩子。

8. 南美朱槿；捲瓣朱槿 *Malvaviscus arboreus* **Cav.**

（1）灌木。

（2）葉心形，淺裂。

（3）花單生，腋生，紅色，花瓣不開放，螺旋捲；花柱稍越出花外。

（4）原產牙買加。

8-4. 五加科 Araliaceae（詳見頁 132，2-11 羽狀複葉的科）

五加科植物的簡明特徵：

（1）喬木、灌木、木質藤本；莖具髓心，常具刺，有星狀絨毛（照片 8-5）。

（2）葉互生，單葉，掌狀複葉或羽狀複葉。

（3）**托葉連生於葉柄基部**（圖 8-4），包莖。

（4）花小，綠色，形成繖形花序；瓣 5-10，早落。

（5）雄蕊常 5，著生於花盤邊緣。

（6）子房下位，心皮 2 至多數，常 5。

（7）核果。

照片 8-5 五加科鴨腳木幼嫩枝葉被星狀毛。

圖 8-4 五加科植物之托葉連生於葉柄基部、幼嫩枝葉被星狀毛。

植物認識我：簡易植物辨識法

*8-5. 安息香科 Styracaceae

　　「安息香」是安息香科植物蘇門答臘安息香樹，或暹羅安息香樹，或其他同屬植物的樹幹，經割破後滲出的一種香膠性樹脂。安息香樹脂含有蘇門樹脂酸（sumaresino-licacid）、桂皮酸松柏醇脂（coniferyl cinnamate, lubanyl cinnamate）、苯甲酸（benzoic acid）、桂皮酸（cinnamic acid）等。安息香確實有讓人平靜、安撫情緒的能力。安息香是相當溫暖的精油，可以清除負面能量並轉換為正向。清除痛苦的印記，療癒無法言說的痛苦，令靈魂深層的騷動得以平定。突然感到劇烈孤獨、憂鬱或焦慮，跌入情緒深谷時，安息香是重要的精油。帶有沉穩香草甜味的安息香，對於呼吸系統的問題特別有助益，可以幫助去痰、咳嗽、喉嚨痛，稀釋後塗抹在胸腔，可以緩解呼吸道的不適。

　　本科植物多屬喬木或灌木，植株通常被星狀短柔毛或鱗片狀毛，稀無毛。葉通常互生，單葉；托葉無或很小。本科多數喬木種類為陽性樹種，生長迅速，在熱帶、亞熱帶林區中常為上層樹種，但在群落構成中並非優勢植物。約 11 屬，180 種，主要分布亞洲東南部至馬來西亞和美洲東南部；少數分布至地中海沿岸。

安息香科植物的簡明特徵：
　　（1）喬木或灌木，幼莖、葉背、花被常被星狀毛（圖 8-5）、（照片 8-6）。
　　（2）單葉互生全緣或有齒。
　　（3）總狀花序，瓣 4-7 裂；雄蕊為花瓣的 2 倍，著生於花瓣基部。
　　（4）核果或蒴果。

圖 8-5 安息香科植物枝葉被星狀毛。　　照片 8-6 安息香科之安息香幼嫩枝葉被星狀毛。

1. 安息香 *Styrax benzoin* **Dryand.**

（1）喬木，高 10-20 m，樹皮綠棕色，嫩枝被棕色星狀毛。

（2）葉互生，長卵形，葉緣具不規則齒牙，葉被密被白色短星狀毛。

（3）總狀或圓錐花序腋生及頂生；花萼及花瓣外面被銀白色絲狀毛；雄蕊 8-10；花柱細長。

（4）果實扁球形，長約 2 cm，灰棕色。

2. 野茉莉 *Styrax japonicas* **Struik**

（1）灌木或小喬木，高 4-8 m。

（2）葉互生，紙質或近革質，橢圓形至卵狀橢圓形。

（3）總狀花序頂生，有花 5-8 朵；花白色，花梗纖細，下垂。

（4）核果卵形，頂端具短尖頭，密被灰色星狀絨毛。

3. 烏皮九芎；台灣安息香 *Styrax formosana* **Matsum.**

（1）落葉小喬木，樹皮灰黑色與九芎之紅褐色，全株幼嫩部分密被星狀毛茸。

（2）單葉互生，具葉柄，菱狀長橢圓形，葉基楔形，葉尖漸尖形，葉緣全緣至淺鋸齒緣。

（3）花序為總狀花序或聚繖花序；花冠白色，雄蕊 10 枚。

（4）蒴果卵形或橢圓形，先端具短喙，表面常具皺紋，成熟果實懸垂滿樹。

4. 假赤楊；翼子赤楊葉 *Alniphyllum pterospermum* **Matsum.**

（1）落綠喬木，高可達 20 m，樹幹通直；小枝條斜上昇狀，具有星狀毛。

（2）葉互生，長橢圓形或長橢圓狀披針形，細鋸齒緣，紙質，表面散生星狀毛茸，背面則密生星狀毛茸。

（3）圓錐花序；花被 5 數；雄蕊 10，花絲不等長；子房 5 室，花冠白或淡紅色，長約 1.5 cm。

（4）蒴果長橢圓形，5 瓣裂。

 植物認識我：簡易植物辨識法

第九章　大部分或全部種類為水生植物的科

　　水生植物一般是指能長期或周期性在水中或潮濕土壤中正常生長的植物，可再細分為挺水性水生植物、沉水性水生植物、浮葉性水生植物、挺水性水生植物及漂浮性水生植物等四類。多數水生植物可以開花產生種子繁殖，但許多水生植物可以根莖、萌蘗和切段進行無性生殖。以下簡述之：

1. 挺水植物（emerged plants）：植物的根、根莖生長在水下的泥土中，莖、葉挺出水面。這類植物在空氣中的部分，具有陸生植物的特徵；生長在水中的部分（根或地下莖），具有水生植物的特性，通常有發達的通氣組織。多生長在沼澤、河岸和湖岸水緣淺水處，水深 <1m 的植物屬之，這些植物統稱為挺水型植物，如水蓼、水丁香等。挺水植物以風或昆蟲進行授粉。

2. 浮葉植物（floating-leaved Plants）：植物葉片漂浮在水面上，但植株根部或地下莖固著在水底土壤中，植物體不會隨水流飄移，如睡蓮、萍蓬草、荇菜等。多數的浮葉植物的浮水葉片通常呈寬大的圓形、心形或橢圓形，由葉柄支撐，平貼在水上；同時有和浮水葉形態不同的沉水葉，以便適應環境的改變。浮葉植物 多半分布在池塘、湖泊或是其他水流緩慢的淡水水域中。

3. 沉水植物（submerged plants）：植物體全部長期沉沒在水下，僅在開花時花柄、花才露出水面。葉大多為帶狀或絲狀，葉片上的葉綠體大而多，排列在細胞外圍，能在水中微弱光線下行光合作用。根不發達或退化，植物體的各部分都可吸收水分和養料，通氣組織特別發達，如金魚藻、聚藻、菹菜等。

4. 漂浮植物（floating plants）：此類植物的根系已經完全退化，無根或根系太短，無法固著土壤。植物體懸浮在水面上，且因水流或風力而四處漂移。如常見的大萍、浮萍等。漂浮型水生植物種類較少，生長、繁衍速度特別快，可能會成為水中的為害植物。

　　主要的水生植物科（* 號及粗體字科別在本章敘述，無 * 號及非粗體字科的詳細說明在該科括符內之章節），及各科間的的簡易區別如下：

*9-1. 蓮（荷）科：浮葉植物；幼年葉浮在水面上，成年葉離水挺立。

*9-2. 睡蓮科：浮葉植物；幼年葉、成年葉全浮於水面上。

*9-3. 蓴菜科：浮葉植物；植物體具長根莖，具細長浮水之莖。

*9-4. 金魚藻科：沉水植物；莖纖細，葉片輪生。

*9-5. 狸藻科（蒾菜科）：沉水植物或浮葉植物；葉叢生或互生。

*9-6. 蓴菜科：浮葉植物；葉圓心或腎形，具長柄有葉鞘；花瓣5。

*9-7. 水馬齒科：浮葉植物；葉對生；花無瓣，雄蕊1。

*9-8. 小二仙草科：挺水、浮葉植物；葉羽毛狀，對生或輪生。

 9-9. 蓼科（5-1）：挺水植物；托葉膜質鞘狀，包被莖部。

*9-10. 菱科：浮葉植物；浮水葉菱形，沉水葉葉片小，僅見於幼苗或幼株。

　　以下部分種類為水生植物的雙子葉植物科，以各科葉序、托葉、莖形態等鑑別特徵可辨識之：

1. 爵床科（7-10）：如水蓑衣類（*Hygrophila* spp.）。

2. 菊科（14-12）：如光冠水菊類（*Gymnocoronis* spp.）、闊苞菊類（*Pluchea* spp.）。

3. 千屈菜科（7-13）：如千屈菜、水莧菜類（*Ammannia* spp.）、水豬母乳類（*Rotala* spp.）等。

4. 柳葉菜科（14-24）：水丁香類（*Ludwigia* spp.）等。

5. 玄參科（7-16）：石龍尾類（*Limnophila* spp.）、母草類（*Lindernia* spp.）等。

6. 毛茛科（5-5）：石龍芮（*Ranunculus sceleratus* Linn.）、水辣菜（*Ranunculus cantoniensis* DC.）等。

　　其他常見的水生植物科，如澤瀉科、眼子菜科、菖蒲科、香蒲科、浮萍科等，屬單子葉植物，在第十六章敘述。

　　科的特徵簡述：

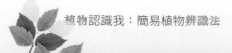

*9-1. 蓮科 Nelumbonaceae

2003 年 APG II 分類法認爲蓮科系一獨立科，與睡蓮科不同。蓮科只有 1 屬，卽蓮屬，而蓮屬植物全世界僅有 2 個種，分別爲中國蓮（*Nelumbo nucifera* Gaertn.）及美洲黃蓮（Nelumbo lutea (Willd.) Pers.）。

荷花及睡蓮之差異：

荷（蓮）葉爲圓盾狀、全緣，葉柄圓柱形密生小刺。生育初期的荷葉浮於水面上，稱爲「荷錢」及「浮葉」；成熟葉片挺立出水，稱爲「立葉」。睡蓮葉片則貼緊水面生長，其葉緣爲鋸齒或圓滑。荷花花朶爲單生，具花托（蓮蓬）；睡蓮則無蓮蓬構造。荷花花瓣爲橢圓形至長橢圓形，而睡蓮花瓣較爲尖窄，呈長橢圓、披針呈倒卵形。荷花之果實俗稱蓮子，老熟後果皮變成黑褐色，結構緻密、極爲堅硬。睡蓮之果莢及種子細小，有如芝麻般的種子。

蓮科植物的簡要特徵：

（1）多年生水生草本，無地上莖，有節。

（2）根莖肥大，橫走，具多節，節上生根，節間多孔。

（3）葉根生，有長柄，從地下莖產生，盾形葉，幼年葉浮在水面上，**成年葉離水挺立（圖 9-1）**。

（4）花大，單生，花莖常高於葉。花被片 22-30，外層 4-5，綠色，花萼狀，較小，向內漸大，花瓣狀；雄蕊 200-400，心皮 12-40，分離，埋於增大的花托之內（照片 9-1）。

上：圖 9-1 荷（蓮）科植物初生葉浮水，成年葉挺水。

下：照片 9-1 蓮花雄蕊多數，雌花心皮埋在海綿質的花托中。

（5）堅果長橢圓形或球形，果皮革質，長在膨大的花托內。

1. 荷；蓮 *Nelumbo nucifera* **Gaertn.**
（1）根莖生長在池塘或河流底部的淤泥上，而荷葉挺出水面。
（2）荷葉最大可達直徑 60 cm。
（3）花通常為單花，僅少數花莖上長著雙朵花。
（4）花一般長到 150cm 高。

2. 美洲黃蓮 *Nelumbo lutea*（**Willd.**）**Pers.**
（1）挺水植物，生長在湖泊、沼澤等水域。
（2）根莖陷在淤泥中，但花和葉挺立在水面上。
（3）葉柄長度可達 2m 或更長，末端是寬而圓的大葉片，直徑 50-80 cm。
（4）花色為白色至淡黃色，花芬芳直徑達 25cm。花瓣 12，離生心皮多數。
（5）果實多數，球形。

*9-2. 睡蓮科 Nymphaeaceae

睡蓮科為睡蓮部的一科，含 5 屬，全球約 70 多個種，為生長於熱帶及溫帶的多年生水生植物。由於睡蓮科植物是古老的雙子葉植物，又有某些單子葉植物的特徵，所以是研究雙子葉植物的起源，及被子植物的進化過程非常重要的植物類別。

睡蓮科的 5 個屬，分別為：合瓣蓮屬（*Barclaya*）、芡屬（*Euryale*）、萍蓬草屬（*Nuphar*）、睡蓮屬（*Nymphaea*）、王蓮屬（*Victoria*）。「大王蓮」原生於亞馬遜流域及巴拉那 - 巴拉圭流域，花與睡蓮相似，但更為碩大，且花萼部分布滿尖刺。其巨型葉片為主要特徵，直徑甚至可達 3m，葉緣特化向上翹起，形成一船行結構，浮力較大，可承載重物。

睡蓮科植物的簡要特徵：

（1）多年生水生草本，有圓柱狀的地下莖。

（2）葉盾形或心形，常漂浮於水面上（圖 9-2）。

（3）單花，兩性，大而顯著，花梗從地下莖長出；萼片 4-5 枚，通常為綠色；花瓣多數，由外而內漸變雄蕊（照片 9-2）；雄蕊多數；雌蕊心皮 3-35 枚。

（4）果為堅果或漿果。

圖 9-2 睡蓮科植物的所有葉都浮水。　　照片 9-2 睡蓮科植物雄蕊多數，雌花心皮多數、分離。

1. 睡蓮 *Nymphaea tetragona* **Georgi**

（1）為植物學上舉證雄蕊特化成花瓣之實例。

（2）睡蓮的葉子和花浮在水面上，不同於荷花的「出淤泥而不染」。

（3）睡蓮秋季開白色花，午後開放，晚間閉合，可以連續開閉三四日。

2. 芡 *Euryale ferox* **Salisb.**

（1）一年生水生草本，全株有很多尖刺。

（2）葉浮於水面，葉片心形至圓狀盾形，徑 20-130 cm，上表面深綠色，多皺摺，下表面深紫色，葉脈凸起；葉柄長。

（3）夏、秋開紫色花，單生於花莖頂端。花萼 4；雄蕊多數；心皮 8。

（4）漿果球形，海綿質，污紫紅色，密生尖刺，與花蕾均形似雞頭，內有種子數粒。種子球形，黑褐色。

（5）原產東亞、北印度、克什米爾和南亞，生於湖塘池沼中。

3. 王蓮 *Victoria cruziana* **Orbigny**

（1）水生草本植物，具地下莖，根狀莖直立塊狀，肥厚，具刺。

（2）單葉互生，直徑可達 1-3 m，葉背常深紅色，葉脈上常具 2-3 cm 長之尖刺。

（3）漿果，球形，種子黑色。

（4）原產南美熱帶地區，巴拉圭、玻利維亞、阿根廷等地。

（5）台灣目前有亞馬遜王蓮（*Victoria amazonica* (Poepp.) Sowerby）、小葉王蓮（*Victoria cruziana* Orbigny）、馬托王蓮（*Victoria mattogrossensis* Malme）等三種。

4. 台灣萍蓬草 *Nuphar shimadae* **Hayata**

（1）多年生草本植物，地下有厚實的黃色塊莖。

（2）葉長橢圓形或闊卵形，浮於水面，基部箭狀心形，全緣，邊緣有一缺刻深裂至中央。

（3）夏至秋季開花，花單出，花梗粗長，挺出水面。花瓣退化，花冠黃色。

（4）漿果卵圓形。

（5）台灣特有的浮葉性水生植物，台灣分布於中、北部低海拔沼澤或池塘中。

*9-3. 蓴菜科 Cabombaceae

蓴菜科又名水盾草科，屬多年生水草，多生於湖泊沼澤中，該植物科的特徵為地下蔓延之根莖十分發達。中國文學作品中，有許多有關蓴菜的記載，如《詩

經》〈魯頌〉提到：「思樂泮水，薄采其茆。魯侯戻止，在泮飲酒」之「茆」即蓴菜。《世說新語》記載有「晉朝張翰因見秋風起，乃思吳中鱸魚蓴羹」因而辭官回故里的故事。蓴菜嫩葉未展開時，外被以透明黏液，可採作羹湯，味極鮮美，爲菜餚中之珍品。《本草綱目》記載蓴菜具有腸胃方面之保健效果。

　　一般來說，該科有 2 屬，7 種。在較早的分類系統中（如恩格勒系統等），蓴菜屬（*Brasenia*）、睡蓮屬（*Nymphaea*）和芡屬（*Euryale*）三屬均被包含在睡蓮科中。在後來的一些分類系統中（如克朗奎斯特系統等），則將睡蓮屬和芡屬包含在睡蓮科中，而把蓴菜屬與水盾草屬（*Cabomba*）一起從睡蓮科中分離出來，建立蓴菜科（Cabombaceae）。1998 年根據基因親緣關係的 APG 分類法，蓴菜科獨列；2009 年 APG III 分類法亦主張本科與睡蓮科保持分離，確立了本科在睡蓮部的獨立地位。

蓴菜科植物的簡要特徵：
　　（1）多年生水生草本，有多年生的根莖；莖被膠狀物質。
　　（2）葉互生，沉水葉掌狀深裂而具絲狀片段，浮水葉橢圓形，盾狀著生
　　　　　（圖 9-3）、（照片 9-3）。
　　（3）花腋生，單生，暗紫色；萼片 3；花瓣 3；雄蕊 3-18；心皮 2-18。
　　（4）堅果矩圓卵形，果不開裂。

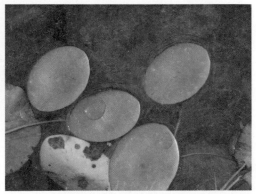

圖 9-3 蓴菜科植物葉橢圓形、葉柄盾狀著生。　　照片 9-3 蓴菜科植物葉橢圓形、浮水。

1. 蓴 *Brasenia schreberi* **Gmel.**

(1) 多年生水生草本。根莖匍匐；莖纖細，分枝。

(2) 葉互生，漂浮水面，有細長葉柄，長 25-40 cm；葉片盾狀着生，橢圓狀長圓形或卵形。

(3) 花瓣 3-4，紫紅色，宿存；雄蕊 12-18；心皮 4-18，分離。

(4) 堅果革質，長卵形，長約 1cm，頂部有喙狀宿存花柱。種子 1-2 枚。

*9-4. 金魚藻科 Ceratopyllaceae

該科植物爲多年生沉水草本，全株都在水面以下生存，莖長可達 1m 以上；無根；莖漂浮，具分枝。僅 1 屬，即金魚藻屬（*Ceratophyllum*），全世界約 7 種，廣泛分布。金魚藻也可以進行無性繁殖，任何一段莖都可以發育成長成獨立植株。金魚藻分泌對藻類有毒的物質，可以抑制水中藻類的生長，避免藻類在水中大量繁殖。

在 APGII 和 APGIII 分類法中，金魚藻部既不屬於單子葉植物，也不屬於雙子葉植物，而是隸屬於獨立的類群。

金魚藻科植物的簡要特徵：

(1) 多年生沉水草本；無根，莖漂浮，有分枝，纖細。

(2) 葉片輪生，2-4 回裂，二叉狀分歧（圖 9-4）、（照片 9-4），先端有 2 剛毛。

(3) 花單性，雌雄同株，微小；無花被。雄花有多數雄蕊；雌花 1 心皮。

(4) 堅果革質，卵形或橢圓形，先端有長縮存花柱，基部有 2 刺，有時上部還有 2 刺。

(5) 僅 1 屬，金魚藻屬約有 7 種，廣泛分布。

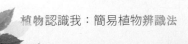
植物認識我：簡易植物辨識法

圖 9-4 金魚藻科植物葉細裂、　　照片 9-4 金魚藻科植物葉細裂、輪生。
輪生。

1. 金魚藻 *Ceratophyllum demersum* **L.**

（1）葉二回裂，葉裂片呈二叉狀。

（2）水族箱觀賞用，可供金魚食草。

*9-5. 狸藻科（葳菜科）Lentibulariaceae

狸藻科爲多年生沉水或漂浮植物，共有 4 屬，約 230 種，全世界均有分布，爲相當普遍之捕蟲植物。狸藻的原生地環境涵蓋面也很廣，按其生長習性主要可分爲水生、附生、陸生和淺水生。也有極少數的狸藻生長於流水的岩壁、石縫、樹幹等特殊的環境中。多數種類花期長，會開出成片的小花。植株翠綠或黃綠色，有長達 100cm 以上的柔細的主莖軸，再由莖軸兩旁長出分枝，在分枝長出羽狀針形裂葉。其捕蟲囊顏色通常是綠色至黃綠色，側生於葉器裂片上，斜卵球狀，側扁，長 1-3mm，具短柄。其食物主要爲水中的水蚤、線蟲和蚊子幼蟲等小型無脊椎動物。此等小生物爲尋找庇護或者是被捕蟲囊分泌的蜜汁所吸引來到捕蟲囊口，感應毛被碰觸，原本半癟的捕蟲囊迅速鼓起，形成一股強大的吸力，同時膜瓣打開，將囊口的水流連同獵物一起吸入囊中，並迅速關上膜瓣。

狸藻科植物的簡要特徵：

（1）一或多年生水生草本，多具食蟲性。莖細，長或極短。

（2）葉基生，多分叉，具
　　　捕蟲囊（圖9-5）。

（3）總狀花序，花著生於
　　　花莖上；花冠唇形，
　　　具距，上唇全緣或先
　　　端凹缺，下唇2-6裂。

（4）雄蕊2；子房上位，1
　　　室，2心皮。

（5）蒴果球形，瓣裂、或
　　　周裂、或不規則開裂。

圖9-5 狸藻科植物沉水葉多分叉，具捕蟲囊。

1. 黃花狸藻 *Utricularia aurea* **Lour.**

（1）浮於水面或在潮濕泥地蔓生，長30-100cm。

（2）葉互生，羽狀深裂，裂片線形，多數；葉耳半圓形，羽裂。

（3）捕蟲囊多數，生於葉裂片。

（4）總狀花序腋生，花冠黃色。

2. 絲葉狸藻 *Utricularia gibba* **L.**

（1）小型的多年生沉水或漂浮性食蟲植物。

（2）葉1-3回叉狀分枝，絲狀分裂，膜質。

（3）捕蟲囊卵形，疏鬆排於莖及葉上。

（4）總狀花序腋生，花冠黃色。

*9-6. 睡菜科 Menyanthaceae

睡菜分布廣泛，古人認識睡菜，稱之為「醉草」、「綽菜」、「瞑菜」。

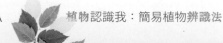

植物認識我：簡易植物辨識法

其中，醉草出自《本草綱目》，而綽菜、瞑菜二名則出自晋代嵇含的《南方草木狀》。《南方草木狀》記載：「綽菜，夏生於池沼間，葉類茨（慈）菇，根如藕條。南海人食之，云令人思睡，呼爲瞑菜」，顯示吃「睡菜」有令人思睡的特性，故有睡菜、瞑菜之名。睡菜科植物極耐寒，喜開闊、全光照的環境。其中的睡菜屬（*Menyanthes*）爲三出複葉，伸出水面；總狀花序；荇菜屬（*Nymphoides*）爲單葉，浮於水面；花多數，簇生節上。

睡菜科植物爲多年生之浮葉草本植物，有 5 屬，約有 70 種，世界性分布。睡菜科以往被放置於龍膽科下的睡菜族（*Menyanthideae*）。不過其水生的習性、葉互生的特徵和龍膽科有很大的不同。後來根據解剖學及植物化學分析的證據，都顯示睡菜應該成爲「科」的位階。傳統的植物分類系統，例如：恩格勒系統將睡菜科處理爲龍膽部下的一個科；克朗奎斯特（Cronquist）系統將睡菜科分類爲茄部下的一個科。而最近的 APG 分類法則是將睡菜科分類爲菊部下的一個科。

睡菜科植物的簡要特徵：

（1）濕生或水生多年生植物，具細軟長莖。

（2）葉常互生，圓心或腎形，基部凹缺（照片9-5）；具長柄，上表面綠色，下表面帶淡紫紅色。

照片 9-5 睡菜科小莕菜葉基部有凹缺。

（3）花兩性，花萼 5 深裂；花冠鐘形，5 深裂，裂片裡面有毛；雄蕊 5；心皮 2。

（4）蒴果近球形，2 裂。

1. 小莕菜 *Nymphoides coreana*（**Lev.**）**Hara**

（1）多年生水生草本植物。細長線形球莖，固定在水面下的泥土裡。

（2）葉漂浮於水面上，卵狀心形至圓形，有一缺口；葉柄細長。

（3）花冠裂片白色，花瓣緣絲狀，集生於節上，離水面開花。近花中心部分黃色，具緣毛，花瓣 3-7 枚。

（4）蒴果，種子黑褐色，具稀疏瘤狀突起。

2. 印度莕菜 *Nymphoides indica*（L.）**Kuntze**

（1）多年生水生草本植物。細長線形球莖，固定在水面下的泥土裡。

（2）葉漂浮於水面上，卵狀心形至圓形，有一缺口；葉柄細長。

（3）花冠裂片白色，花瓣緣絲狀，集生於節上，離水面開花。近花中心部分黃色，具緣毛，花瓣 3-7 枚。

（4）蒴果，種子黑褐色，具稀疏瘤狀突起。

3. 龍骨瓣莕菜 *Nymphoides hydrophylla*（Lour.）**Kuntze**

（1）沼澤生浮水草本，長 10-30cm。莖細長，節上生根。

（2）葉常數枚簇生節上，膜質，心形，葉柄纖細。

（3）花 2-10 朵簇生節上；花冠開展，白色，稀淡黃色。

（4）蒴果球形，表面有不規則的短刺。

4. 莕菜 *Nymphoides peltata* **O.Kuntze**

（1）多年生水生植物，枝條有二型，長枝匍匐於水底；短枝從長枝的節處長出。

（2）葉卵形，上表面綠色，邊緣具紫黑色斑塊，下表面紫色，基部深裂成心形。葉柄長度變化大。

（3）花大而明顯，徑約 2.5cm；花冠黃色，5 裂，裂片邊緣成鬚狀；雄蕊 5，雌蕊柱頭二裂。

（4）蒴果橢圓形，不開裂。種子多數，圓形，扁平。

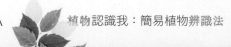

*9-7. 水馬齒科 Callitricheaceae

　　水馬齒科分布廣泛，有 1 屬，約 44 種。一年生挺水植物或沉水植物。本科
植物花小，單性花，單生或有時雄花及雌花並生於葉腋。雄花包於 2 膜質小苞片
內，只有 1 雄蕊，這是非常特殊的植物性狀；雌花無柄或近無柄。本科植物常生
長在溼地、水田中。台灣有 2-3 種，最常見的如水馬齒（*Callitriche verna* L.）。
水馬齒類植物的體型和葉形變化很大，此變化與生育環境的水多寡有關，長在水
中的植株較高大，葉較寬且長；長在較乾的地方，植株矮小，匍匐在地上，葉短
且窄。因而，植物體型與葉形不能作為分別種類的依據，必須以花或果實來區分
種類。

　　水馬齒科植物的簡要特徵：
　　（1）一年生草本，具細長莖。
　　（2）葉對生，線形至倒卵形，全緣。
　　（3）花腋生，小，單性，單生或有時雄花及雌花並生於葉腋。
　　（4）雄花具 1 雄蕊，包於 2 膜質小苞片內。雌花無柄或近無柄；子房 4 裂；
　　　　花柱 2。
　　（5）果實小，4 裂，具緣或翼。種子具膜質種皮。

1. 水馬齒 *Callitriche verna* L.
　　（1）水中葉線形，長約 1cm，寬 1.5 mm；浮水及挺水葉倒卵形或長橢
　　　　圓形，長 6-10 mm，寬 2-5 mm，圓形至凹缺，楔形或向基部漸尖，
　　　　3 脈。
　　（2）果實橢圓形至倒卵形，邊緣具翼，上端翼最寬。
　　（3）常見於北部、中部及東部地區溝渠、水田或池塘中，尤以春季最為
　　　　常見。

*9-8. 小二仙草科 Haloragaceae

為多年生沉水或挺水之雙子葉植物，共8屬，約有120種，全世界均有分布，主產大洋洲。本科植物，多生長在溝渠，池塘，水田中。平常以沉水狀態呈現，不過在枯水期，則會呈現挺水狀特徵。

小二仙草科植物的簡要特徵：
（1）草本或亞灌木，常生於水中。
（2）葉互生、對生或輪生，沉水葉常極分裂（照片9-6）。

（3）單生或為繖房花序、圓錐花序，花兩性或單性，常極小；萼2-4或缺；花瓣2-4或缺；雄蕊2-8；子房下位，1-4室。

照片9-6 小二仙草科的狐尾藻。

（4）果為一堅果或核果。

1. 狐尾藻 *Myriophyllum verticillatum* L.
（1）根狀莖發達，節部生根，莖圓柱形，多分枝。
（2）水上葉互生，披針形，較強壯，鮮綠色。
（3）為世界廣布種，各地池塘、河溝、沼澤中常有生長。

2. 小二仙草 *Haloragis micrantha*（**Thunb.**）**R. Br.**
（1）多年生陸生草本；莖直立或下部平臥，具縱槽，帶赤褐色。
（2）葉對生，卵形或卵圓形，邊緣具稀疏鋸齒，淡綠色，背面帶紫褐色。
（3）花序為頂生的圓錐花序，由纖細的總狀花序組成。
（4）堅果近球形，小形。

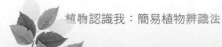
植物認識我：簡易植物辨識法

9-9. 蓼科 Polygonaceae（詳見頁 185，5-1 單葉具托葉的植物）

蓼科植物的簡要特徵：

(1) 多數為草本，極少數為
藤本或喬木。

(2) 葉具膜狀鞘（即托葉），
包被莖部（照片 9-7）。

(3) 穗狀花序，少數為頭狀
花序，花萼瓣狀，常排
成 2 列，無花瓣。

(4) 花萼覆瓦狀排列，常增
大並包被果實。

照片 9-7 蓼科植物的膜狀鞘（托葉）。

(5) 雄蕊上部離生，基部合生。

(6) 雌花心皮 3，形成 1 室子房；胚珠單一，基生胎座。

(7) 果為三角形堅果。

(8) 有些種類生長在溝渠或潮溼地。

1. 水蓼 *Polygonum hydropiper* L.
2. 紅蓼 *Polygonum orientale* Linn.

*9-10. 菱科 Trapaceae

中國人食用菱角的歷史相當悠久：周朝時菱已經是祭祀典禮上的重要祭品，
即《周禮》提到的：「加籩之實，菱芡栗脯」，祭品中包括菱角、芡實、板栗堅
果等。成熟時的菱角呈暗紅色或黑色，所以菱角也稱為「烏菱」或「紅菱」。在
《武陵記》中曾提到過去將三角、四角者的菱腳果實，稱為「芰」，兩角者才稱
為「菱」。而江南人所說的「水八仙」，就是菱角、慈姑、芡實、荷（藕）、蓴
菜、水芹、茭白、荸薺等水生植物，這 8 種之首就是菱角，都是江南水鄉的鮮美
食材，都具備清新爽口的滋味。

菱科有一菱屬約 30 餘種，生長在亞洲、歐洲和非洲的熱帶和溫帶地區，都是水生植物。果實均富含澱粉，可以食用，典型的品種是菱角。1981 年的克朗奎斯特（Cronquist）系統將本科列入桃金孃目，1998 年根據基因親緣關係分類的 APG 分類法和 2003 年經過修訂的 APG II 分類法卻將本科合併到千屈菜科中，成為其中的一個屬。

菱科植物的簡要特徵：

（1）一年生浮水或半挺水草本；莖長；根生於水下泥土中。

（2）根二型：著泥根細長，黑色，生水底泥中；同化根（photosynthetic roots）呈羽狀絲裂，淡綠褐色。

（3）葉二型：沉水葉互生，僅見於幼苗或幼株上；浮水葉呈旋疊蓮座狀鑲嵌排列，**葉片菱狀圓形**（照片 9-8）。

照片 9-8 菱科植物的菱狀圓形葉。

（4）葉柄上部膨大成海綿質氣囊；托葉 2 枚。

（5）花單生於葉腋，白色或帶淡紫色；花瓣 4，離生；雄蕊 4。

（6）果骨質，具 2-4 角。

1. 菱 *Trapa natans* **L. var.** *bispinosa* **Makino**

（1）一年生的水生植物，莖細長。

（2）浮葉菱形；葉柄中部膨大，形成氣囊。

（3）夏日開白色小花。

（4）果扁倒三角形，兩端角狀，先端銳尖，初時綠色，熟時紅褐色。

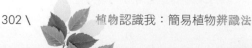

植物認識我：簡易植物辨識法

第十章　寄生植物的科

　　寄生植物（parasidic plants）指的是從別的綠色的植物，取得其所需的全部或大部分養分和水分的植物。寄生植物具特化的根，稱吸器或吸根（haustorium），會穿過寄主的樹皮組織，伸入維管束的木質部和韌皮部吸取寄主的水分及養分。

　　寄生植物可分爲全寄生植物和半寄生植物：全寄生植物（Holoparasite）指植物不具葉片或葉片退化成鱗片狀，植株幾乎不具葉綠素，不能進行正常的光合作用，須完全寄生於另一植物體上的植物，如菟絲子（*Cuscuta chinensis* Lam.）和列當（*Orobanche coerulescens* Steph.）等。半寄生植物（Hemiparasite）是植物體具葉片，或莖枝有葉綠素呈綠色，能進行正常的光合作用，但根多退化，導管直接與寄主植物相連，從寄主植物內吸收水分和無機鹽，例如桑寄生科植物。或者是植株發芽和幼苗期，無法獨立生活，必須寄生在其他植物體上（根或莖），待成苗或成樹，具有正常葉能行光合作用後，才脫離寄主獨立生活，如檀香科的檀香。

　　有些寄生植物能廣泛寄生於許多不同種類的宿主，如菟絲子屬、無根藤屬。而一些寄生植物的宿主僅限於某些種類，甚至具專一性（specific）：如產印尼蘇門答臘的大花草（*Rafflesia arnoldii* R. Br.）的宿主是葡萄科的崖爬藤屬植物。

　　寄生在植物地上部分的爲莖寄生，如菟絲子、桑寄生等；寄生在植物地下部分的爲根寄生，如列當科植物等。寄生性植物對寄主植物的影響，主要是抑制其生長。草本植物受害後，主要表現爲植株矮小、黃化，嚴重時全株枯死。木本植物受害後，通常出現落葉、落果、頂枝枯死，開花延遲或不開花等症狀。

　　常見的、主要的寄生植物科，和各科間的的簡易區別如下：

*10-1.檀香科：半寄生植物，具正常葉。
*10-2.桑寄生科：莖通常二叉分叉，節膨大。
*10-3.蛇菰科：肉質草本，植株褐色、紅色或黃色。

*10-4.大花草科：肉質寄生植物，葉退化成鱗片，植株紅、褐色。

*10-5.兔絲子科：莖細長，纏繞性植物，植株黃色。

*10-6.列當科：寄生於草本植物之根上，植株黃色、褐色；花冠左右對稱，二唇形。

有些科植物僅少數種類是寄生植物，如鹿蹄草科，水晶蘭亞科的水晶蘭屬；樟科，無根藤亞科的無根藤屬；蘭科的赤箭屬等，都是寄生植物。

科的特徵簡述：

*10-1. 檀香科 Santalaceae

本科唯一重要的經濟植物是白檀（*Santalum album* L.），用以製造香料和家具。木材乾燥後可以作為藥材和香料，成為檀香，所以白檀也叫檀香樹。夏威夷地區早期盛產檀香木，以火奴魯魯（Honolulu）為集散地，而且80%運到中國，被華人稱為檀香山。目前夏威夷地區的檀香樹已被蒐購一空，只留存少量且散生的小樹。

檀香科為灌木、草本，稀為小喬木，多為寄生或半寄生植物，約45屬約1,400種，廣泛分布在全球熱帶和溫帶地區。1981年的克朗奎斯特（Cronquist）系統單獨分出槲寄生科（Viscaceae）和尖苞樹科（Epacridaceae），都列在檀香部下。1998年根據親緣關係分類的 APG 分類法將這三科合併為本科。

檀香科植物的簡要特徵：

（1）喬木，灌木或草本，幼苗期寄生於其他樹根上，後獨立營生（圖10-1）。

圖 10-1　半寄生性之檀香，幼苗期寄生在其他植物根上。

植物認識我：簡易植物辨識法

（2）單葉，對生或互生，全緣（照片 10-1）；有時鱗片狀或缺如。

（3）花序爲穗狀、總狀或頭狀。

（4）花小，無花瓣，花萼瓣狀肉質，具花盤。

（5）子房下位或半下位，1 室；胚珠 1-3，懸垂。

（6）果爲核果或堅果。

1. 檀香；白檀 *Santalum album* **L.**

（1）半寄生小喬木。

（2）葉對生，膜質。

（3）雌雄異株，花瓣退化成腺體，和雄蕊互生。

（4）核果（子房半下位）黑熟。

（5）木材乾燥後可以作爲藥材和香料，成爲檀香。

照片 10-1 檀香科之檀香，單葉對生、全緣。

*10-2. 桑寄生科 Loranthaceae

　　桑寄生科植物具寄生習性，以吸根侵入寄主的組織內吸取養分，對寄主有危害，某些種類可使板栗、梨樹、柿樹、油茶等果樹或特用植物減産；在近代造林、果園經營中，桑寄生科植物被列爲防治的對象。該科有些種類可供藥用，如桑寄生、槲寄生等。

　　桑寄生科 主要分布在南半球的熱帶和亞熱帶地區，包括 75 屬大約 1,000 餘種，基本都是寄生或半寄生灌木。本科植物葉厚、革質；果爲漿果，依靠鳥類傳播。主要生長在木本植物的莖上，以吸根（haustorium）伸入寄主植物的枝幹中的維管束，台灣有 5 屬。桑寄生科根據花的形態、花粉粒和果的構造不同，分爲桑寄生亞科（Loranthoideae）和槲寄生亞科（Viscoideae）。桑寄生亞科包括鞘花族（Elytrantheae）、桑寄生族（Lorantheae）；槲寄生亞科包

括儽寄生族（Phoradendreae）、油杉寄生族（Arceuthobieae）、槲寄生族（Visceae）。

桑寄生科植物的簡要特徵：

(1) 寄生植物，以吸根（haustoria; haustorium）吸收寄主養分，具葉綠素可行光合作用，多寄生於木質莖枝上（圖 10-2），無法於土中生長。

(2) 莖通常二叉分叉，節膨大。

(3) 單葉，葉片革質，全緣（照片 10-2），對生或輪生或退化成鱗片。

(4) 花兩性或單性；花瓣通常大且豔麗。

(5) 花瓣 4-6；雄蕊與花瓣同數而與之對生。

(6) 子房下位，3 或 4 心皮，1 室。

(7) 果為漿果或核果，果皮具黏液。

圖 10-2 桑寄生科植物以吸根穿入板栗樹皮　照片 10-2 具正常葉，葉革質，對生。
生長。

1. 檜葉寄生 *Korthalsella japonica*（**Thunb.**）**Engl.**

= *Bifaria opuntia*（**Thunb.**）**Merr.**

(1) 植株高 5-15cm。

(2) 葉退化成小鱗片，枝扁平。

(3) 花被裂 3；雄蕊 3。

(4) 漿果倒卵形，長 0.2cm。

植物認識我：簡易植物辨識法

（5）寄生於楓香，木薑子類、新木薑子類、肉桂類、灰木類、杜鵑類、冬青類等植物。

2. 忍冬葉桑寄生 *Taxillus lonicerifolius*（**Hay.**）**Chiu var.** *lonicerifolius*
（1）具正常葉，葉革質，對生，卵形至長橢圓形，先端圓或鈍；長 4-5cm；兩面均被細絨毛。
（2）花冠合瓣，花長短於 2cm，橘紅色。
（3）寄生之植物：側柏、杜鵑、槲樹、栓皮櫟、赤楊、柳杉、青剛櫟類、油茶等。

3. 松寄生 *Taxillus matsudai*（**Hay.**）**Danser**
（1）葉革質，匙形，先端圓，全緣，長 2-2.5cm，柄長，近對生。
（2）寄生植物：松類、鐵杉。

4. 柿寄生 *Viscum angulatum* **Heyne**
（1）葉退化成鱗片，高 60cm；枝有稜，每節長 2-5cm。
（2）花單性，單生或叢生於葉腋、莖節上。
（3）果肉質，果皮黏質。
（4）寄生之植物：柿、椰榆、板栗、梨等。

5. 赤柯寄生；椆櫟柿寄生 *Viscum articulatum* **Burm.**
（1）葉退化成鱗片；小枝 2 叉或 3 叉，扁平，每節長 2-4cm。
（2）寄生之植物：楓香、昆欄樹、赤皮、青剛櫟、麻櫟、槲樹、栓皮櫟等。

*10-3. 蛇菰科 Balanophoraceae

本科植物為寄生草本植物，一年生或多年生，肉質，外形類似真菌。葉退化成鱗片狀，沒有葉綠素，屬於全寄生植物。一般寄生在樹木的根上，地下莖塊狀，

和寄主的根連接。蛇菰科植物，可寄生在寄主植物的各級側根上，因而在有寄主植物的林下偶可見到小面積片狀分布的單純種群。蛇菰類種子傳播後，不易與寄主根際相遇，因此蛇菰遠較寄主罕見。蛇菰科植物生境陰濕，完全必需依賴寄主而生存。蛇菰科共有 17 屬約 120 種，廣泛分布在全世界的熱帶和亞熱帶地區。

蛇菰科植物的簡要特徵：

（1）一年生或多年生肉質草本，靠根莖上的吸盤寄生於寄主木本植物的根上（圖 10-3）。

（2）植株褐色、紅色或黃色，不具葉綠素，外形類似真菌（照片 10-3）。

（3）莖直立，圓柱形，具鱗片。

（4）葉退化成鱗片，互生。

（5）花莖圓柱狀，出自根莖頂端，花序頂生，肉穗狀、棍棒狀或頭狀。

（6）花單性，稀兩性；頂生穗狀花序，橢圓球形，或球形，具大形肉質軸。

圖 10-3 蛇菰科植物靠根莖上的吸盤寄生於寄主木本植物的根上。

照片 10-3 植物體肉質、呈暗紅色之蛇菰科植物。

（7）雄花常比雌花大，散生於雌花中，或集生於花序末端。

（8）花被 3-8 裂（瓣）或不存；雄蕊 1 或 2。

（9）果極小，堅果狀，1 種子。

1. 粗穗蛇菰 *Balanophora fungosa* **J. R. & G. Forst.**

（1）雌雄同株，高 5-8cm，黃色至紅棕色。

（2）葉（鱗片）螺旋狀著生，卵形，長 1-1.5cm，先端鈍。

（3）雄花位於花序下方。花 4-5 數。

（4）分布恆春半島與蘭嶼。

2. 筆頭蛇菰 *Balanophora harlandii* **Hook. f.**

（1）雌雄異株，植株紅色。

（2）雄花序卵狀球形，花具柄；花 3 數。

（3）雌花序卵狀球形，較小。

（4）分布中海拔。

3. 穗花蛇菰 *Balanophora laxiflora* **Hemsl.**

（1）雌雄異株，植株紅色。

（2）雄花序圓筒狀；長達 15cm，花無柄；花被 6 數。

（3）雌花序卵狀圓筒形，長 3-5cm，無瓣。

（4）分布低至中海拔。

4. 海桐生蛇菰 *Balanophora wrightii* **Makino**

（1）雌雄同株，高 4-5cm，黃色。

（2）肉穗花序長 2-4cm，雄花散生於雌花中。

（3）雄花有柄，花被 3 數；雌花極小。

（4）分布低海拔森林中。

*10-4. 大花草科 Rafflesiaceae

　　大花草科植物主要是生長在東南亞熱帶雨林的寄生植物，其中阿諾爾特大花草（*Rafflesia arnoldii* R. Br）的花，直徑可達 3m，是世界上所有植物中最大的花。台灣僅 1 屬 1 種，但植物體極小，高度不超過 10cm。本科植物沒有葉綠體，亦屬於全寄生植物。2004 年的分子學研究顯示，原來隸屬於大花草科的植物是多種起源的多系群，原來的 4 個族都單獨列為科，即大花草科、離花科、簇花草科、帽蕊草科。

大花草科植物的簡要特徵：
　　（1）肉質寄生植物，寄生於樹木之根（圖 10-4）、莖或枝條上。
　　（2）葉無葉綠素，退化成鱗片，紅、褐色（照片 10-4）。
　　（3）花大，通常單花；萼 4-10 片。
　　（4）雄蕊 8 至多數，花粉通常黏質。
　　（5）子房 1 室，胚珠多數，側膜胎座。

圖 10-4 大花草科之菱形奴草寄生在殼斗科植物的根上。　照片 10-4 大花草科之菱形奴草。

1. 大花草；大王花 *Rafflesia arnoldii* R. Br.
　　（1）寄生在葡萄科崖爬藤（白粉藤）屬植物的根或莖的下部。
　　（2）葉退化成鱗片或無。
　　（3）花通常單生，雌雄異株，一生只開一朵花，花也特別大，直徑 1-3m。

  植物認識我：簡易植物辨識法

（4）果爲漿果；種子小，種皮堅硬，有內胚乳。

（5）產自馬來西亞、印度尼西亞的爪哇、蘇門答臘等熱帶雨林中。

2. 菱形奴草 *Mitrastemon yamamotoi* **Makino var.** *kanehirai* （Yamamoto）**Makino**

（1）小型草本，通常寄生在殼斗科植物的根上，高 3-6cm。

（2）植物體呈四稜狀倒卵形，不具葉綠體，根莖粗短。

（3）葉片鱗片狀，長 1-2cm，卵狀三角形，厚質。

（4）花單一，頂生，兩性花。

（5）果實呈漿果狀；種子細小，多數，具硬殼。

*10-5. 兔絲子科 *Cuscutaceae*

　　植物體沒有葉綠體，屬於全寄生植物，利用攀緣性的莖攀附在其他植物上，在接觸寄主的部位萌發吸器，進入寄主維管束，吸取養分及水分。菟絲子屬植物對寄主的選擇屬非專一性，會寄生在數種作物或經濟植物上，造成經濟上的損害。但全株可入藥，種子蒸熟作餅，稱兔絲子，爲常用藥材。《神農本草經》記載「菟絲子」爲藥之上品。

　　本科植物爲纏繞性的寄生草本植物。約有 170 多種，分布於全世界熱帶至溫帶地區。菟絲子（*Cuscuta*），原被處理成旋花科下的一個屬，或亞科。有些分類系統如赫欽森（Hutchinson）系統和克朗奎斯特（Cronquist）系統把本屬植物獨立爲一科（**Cuscutaceae**）。

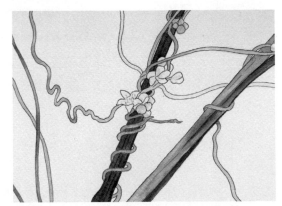

菟絲子科植物的簡要特徵：

（1）爲纏繞、一年生寄生草本；植株通常呈黃色（圖 10-5）或紅色。

圖 10-5 菟絲子科植物纏繞在寄主植物體上。

（2）植物體無葉綠體，葉退化成極小鱗片或消失。

（3）花穗狀、總狀或聚繖狀叢生；花冠白色、粉紅色或帶有乳色，壺形、管狀、球狀、鈴形。

（4）蒴果，但有時為肉質，周裂或為不規則狀的開裂。

（5）利用攀緣性的莖攀附在其他植物，以吸根進入宿主維管束，吸取養分維生（照片10-5）。

照片 10-5 覆蓋在濱旋花的菟絲子科植物。

1. 南方菟絲子 *Cuscuta australis* **R. Brown**

（1）一年生寄生蔓生草本纏繞性植物，莖細長，黃色。

（2）葉退化成膜質鱗片。

（3）花數朵集生，近無柄，花冠黃白色。

（4）宿主主要為草本或灌木的豆部植物、菊科蒿屬植物、馬鞭草科牡荊屬植物。

2. 菟絲子 *Cuscuta chinensis* **Lam.**

（1）莖黃色，無葉，有吸收根伸入寄主維管束內吸收養分及水分。

（2）宿存花冠則全包著果實。

（3）宿主有豆部植物、菊科植物、馬鞍藤等。

*10-6. 列當科 Orobanchaceae

本科的植物為一年生或多年生的草本寄生植物，寄生在寄主的根部。多數種類植物體沒有葉綠素不能進行光合作用，屬於全寄生的植物，養分和水分必須完

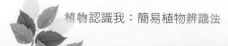

植物認識我：簡易植物辨識法

全依賴寄主。只有少數自傳統上玄參科轉移
而來的種類，屬半寄生的種類，能够進行
光合作用，而且寄生在宿主身上，但若無
宿主時亦可以自己進行光合作用合成營養
所需。有些列當科植物，如列當屬、獨腳
金屬植物，會造成農作物的損害。但有些
種類卻是中藥材的來源。如列當（*Orobanche
coerulescens* Stephan）、肉蓯蓉（*Cisfanche
liesertdcoia* Y. C. Ma）、草蓯蓉（*Boschniakia
rossica* (Cham. Et Schlecht.) Fedtsch）等。

　　列當科有數個屬，傳統上是被分類於
廣義的玄參科下，但根據 APG II、APG
III，則被歸類至本科。有 15 屬於 180 種。
本科植物為廣泛分布型的植物，主產於北
溫帶歐亞大陸，少數產於美洲及熱帶地區。
以列當屬為最大，含 140 種。

列當科科植物的簡要特徵：
　　（1）多年生、二年生或一年生寄生
　　　　 草本。
　　（2）幾乎無葉綠素，或只有少許葉
　　　　 綠素（照片 10-6）。
　　（3）葉鱗片狀，螺旋狀排列。
　　（4）花單生於葉腋或苞腋，常集成
　　　　 頂生總狀或穗狀花序；花冠左
　　　　 右對稱，二唇形（圖 10-6）；
　　　　 雄蕊 4，二強雄蕊。
　　（5）果實為蒴果；種子多數。

上：照片 10-6 寄生在茵陳蒿根之列
當，穗狀花序。
下：圖 10-6 列當科之野菰花單生、花
冠左右對稱。

1. 列當 *Orobanche coerulescens* **Stephan**

（1）二年生或多年生寄生草本，全株密被蛛絲狀長綿毛。

（2）葉黃褐色，卵狀披針形。

（3）穗狀花序；花冠深藍色、藍紫色或淡紫色。

（4）多寄生在茵陳蒿上。

2. 野菰 *Aeginetia indica* **L.**

（1）一年生寄生草本，高約 15cm，體內無葉綠素。

（2）總狀花序，花軸甚短；花冠筒長而內曲，淡紫紅色。花期 9-10 月。

（3）蒴果卵球形，長 1-1.5cm，種子多數。

（4）寄生於禾本科植物芒草、蘆葦等的根上。

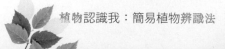 植物認識我：簡易植物辨識法

第十一章　肉質植物之科

　　肉質植物（succulent plants），又稱作多肉植物、多漿植物、多汁植物，是指植物的根、莖、葉，部分或全部器官有發達的薄壁組織，具備儲藏大量水分功能，貯水器官肥厚多汁呈肉質狀。肉質組織能儲藏可利用的水，在土壤乾旱含水量減少時，植物根系無法從土壤中吸收必要的水分時，植物還能生存。肉質植物主要生長在乾旱地區的熱帶和亞熱帶地區，如草原，半沙漠和沙漠；有明顯乾濕季的區域，或生長在衝風地、或海岸、濱海地區等。多肉植物能在高溫和低降雨量的地區，度過較長的乾旱期、或忍受長期的乾旱環境。

　　本章所言之肉質植物包含以下四類：（1）肉質葉植物：植物主要靠葉部來貯存水分，葉部高度肉質化，而莖的肉質化程度較低。（2）肉質根植物：植物主要靠根部來貯存水分，其根部肥大，能避免陽光灼曬和食草動物啃食。（3）肉質莖植物：此類植物主要靠莖部來貯存水分，其莖部有大量的貯水細胞，表面有一層能進行光合作用的組織，葉片很少或葉退化。（4）全肉質植物：植物的各部分皆呈肉質，都是貯水器官。

　　常見的肉質植物科，及各科間的的簡易區別如下：

*11-1.番杏科：沙漠或海濱植物；無真正花瓣，花被線形。

*11-2.仙人掌科：沙漠植物，葉退化成針刺狀；花艷麗，花被片多數，子房下位。

*11-3.藜科：乾旱地區植物，葉背常有鹽結晶；花小無瓣，黃綠色。

*11-4.馬齒莧科：葉具鱗片狀或剛毛狀托葉；花艷麗，花萼2。

*11-5.落葵科：纏繞藤本；穗狀或總狀花序。

*11-6.秋海棠科：葉基極歪；聚繖花序，2雄花1雌花。

*11-7.景天科：乾旱地區植物，葉互生、對生或輪生；複聚繖花序，花艷麗。

*11-8.鳳仙花科：葉互生，葉緣鋸齒端具小尖頭；單生花，花萼有管狀距。

其他有少數肉質種類的科別，先以各科其他形態特徵，如植物體具乳汁、托葉等可鑑別之：

蘿藦科：吊燈花屬（*Ceropegia*）、魔星花屬（*Stapelia*）、火地亞屬（*Hoodia*）。
菊科：千里光屬（*Senecio*）。
大戟科：大戟屬（*Euphoribia*）。
夾竹桃科：沙漠玫瑰屬（*Adenium*）、棒槌樹屬（*Pachypodium*）。
胡椒科：椒草屬（*Peperomia*）。

肉質植物科的特徵簡述：

*11-1. 番杏科 Aizoaceae

番杏科是肉質葉植物的代表，本科所有種類的葉都有不同程度的肉質化，植株或呈小灌木狀，或爲藤本。本科植物大多無眞正的花瓣，或具有由退化雄蕊瓣化而成的線形花瓣。花單生，有黃、紅、粉、橙、白色等。果爲蒴果，遇雨水即開裂，釋放出種子。本科植物中有很多種類的葉片肥厚多肉，葉形奇特，常被栽培爲觀賞植物。常作爲花卉栽培的主要爲葉子極端肉質化的種類，如生石花屬（*Lithops*）、肉錐花屬（*Conophytum*）、春桃玉屬（*Dintheranthus*）、魔玉屬（*Lapidaria*）、對葉花屬（*Pleiospilos*）等。

番杏科約有 160 屬，2,500 餘種，主要分布在非洲南部，及全球其他熱帶及亞熱帶乾旱地區，或海邊沙灘。本科少數種類被廣泛的引入其他地區栽種，而後變成入侵植物。有些植物學家主張將番杏屬和 *Tribulocarpus* 這二個屬由番杏科分出，另外成立一個科 Tetragoniaceae。

番杏科植物的簡要特徵：
（1）多一年生或多年生肉草本（沙漠植物）。

 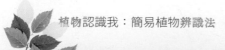

（2）葉肉質，互生、對生或假輪生，有些種葉極肥厚（照片11-1）。

（3）花單生或成聚繖花序；無真正花瓣，有些種類具雄蕊瓣化之線形花瓣，顏色多變（圖11-1）；萼管狀。

（4）中央特立胎座，或基生胎座。

（5）雄蕊 4 至多數；心皮多為 5，胚珠 1 至多數。

（6）蒴果，常包以宿存花萼。

上：照片 11-1 番杏科植物葉肉質，具多數由雄蕊瓣化的線形花瓣。

下：圖 11-1 番杏科之花蔓草，具雄蕊瓣化之線形花瓣。

1. 海馬齒 *Sesuvium portulacastrum*（L.）L.

（1）適應力極強，水中、沙灘上皆可生長。

（2）花朵粉紅色。

（3）葉對生，多年生草本。

2. 番杏 *Tetragonia tetragonoides*（Pall.）Ktze.

（1）一年生多肉草本。

（2）花無柄，黃色。

（3）分布海邊沙地。

3. 松葉菊 *Lampranthus spectabilis*（Haw.）N. E. Br.

（1）葉子像松，花像菊，因此取名松葉菊。

（2）多年生常綠草本，高 30cm。

（3）葉對生，葉片肉質，三稜線形，長 3-6 cm，基部抱莖。

（4）花單生枝端；花瓣多數，紫紅色至白色，線形。

（5）蒴果肉質，星狀 5 瓣裂；種子多數。

（6）原產非洲南部的開普敦。

4. 生石花類 *Lithops* **spp.**

（1）石花屬多肉植物的總稱，莖很短。

（2）變態葉肉質肥厚，形如彩石，是一種石頭擬態植物。

（3）對生葉的中間縫隙中可開出黃、白、粉等色花朵。

（4）原產非洲南部及西南地區，常見於岩床縫隙、石礫之中。

5. 花蔓草 *Mesembryanthemum cordifolium* **L. f.**

（1）多年生常綠草本；莖斜臥，鋪散，長 30-60cm，稍帶肉質。

（2）葉對生，葉片心狀卵形，扁平，頂端急尖或圓鈍具凸尖頭，基部圓形。

（3）花單個頂生或腋生；花瓣紅紫色，匙形；雄蕊多數；子房 4 室。

（4）蒴果肉質，種子多數。花期 7-8 月。

（5）原產南部非洲，耐乾旱，喜陽光充足、通風環境。

*11-2. 仙人掌科 Cactaceae

　　仙人掌生長在沙漠乾旱缺水的環境，葉退化成銳刺，以減少水分流失，並防禦動物的侵襲、啃食。莖部表面有蠟質，以減少水分流失。發達的肉質莖演化爲肥厚含水的形狀，是光合作用的主要器官。莖上布滿刺狀葉，並著生出花與果實。多數仙人掌科植物都耐旱，行景天酸代謝作用（CAM）的碳固定方式。所有的仙人掌原生於新大陸，只有一種稱絲葦（*Rhipsalis baccifera* (JS Muell.) Stearn）的仙人掌科植物同時也分布於非洲大陸、馬達加斯加和斯里蘭卡的熱帶草原，推測是鳥類傳布或先期人類由南美洲攜帶過去的。

　　仙人掌科植物形態和大小有很大的差異，多數生長於沙漠及半沙漠等乾燥少

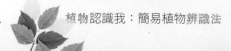

雨環境，主要分布在美洲的沙漠，而又以墨西哥及中美洲為分布中心。有174屬，2,000種以上，可區分成三個亞科：葉仙人掌亞科（Pereskioideae）、仙人掌亞科（Opuntioideae）、仙人柱亞科（Cereoideae）。

仙人掌科植物的簡要特徵：
（1）多肉植物；草本、灌木至喬木。
（2）葉退化成鱗片狀，針刺長於網眼（areoles）中。
（3）花單生；花色豔（照片11-2），子房下位，具花萼筒（hypanthium）；雄蕊多數，花冠由多數之花被片（tepals）構成，花萼由外排列至內漸成花瓣，萼通常瓣狀（圖11-2）。
（4）果為漿果，種子多數。

 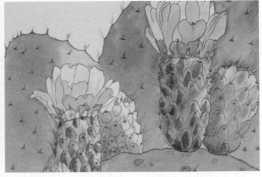

照片 11-2 仙人掌科植物，花色鮮豔、花被和雄蕊多數。

圖 11-2 仙人掌科植物，子房下位，花萼由外排列至內漸成花瓣。

1. 仙人拳 *Echinopsis multiplex* **Zucc.**
（1）多年生常綠肉質草本，高約 15cm。
（2）莖球形，橢圓形或倒卵形，有縱棱 12-14 條。
（3）棱上有叢生的針刺，通常每叢 6-10 枚，硬直，黃色或黃褐色。
（4）葉細小，生於刺叢內，早落。
（5）花大形，側生，著生於刺叢中，粉紅色，夜間開放。
（6）漿果球形或卵形，無刺。

2. 仙人球 *Echinopsis tubiflora* **Pfeiff.** *et* **Otto**

（1）莖球形或橢圓形，高 40cm，有縱棱 12-14 條。

（2）棱上有叢生的針刺，通常 10-15 枚，直硬，黃色或暗黃色。

（3）花夜間開，長 20cm，紅色，芳香。

（4）漿果球形至卵形，無刺。

3. 曇花 *Epiphyllum oxypetalum*（DC.）Haw.

（1）多年生肉質灌木，株高 1-2.5m；老枝圓柱形，新枝為扁平，葉狀。

（2）葉已退化。

（3）花大形，於夜間 9-12 點開放，凌晨前即凋謝。

（4）花筒外面具有帶紫色線裂，漸上成闊倒披針形，花瓣狀，純白色。

（5）紅色漿果。

（6）原產墨西哥、瓜地馬拉、委內瑞拉及巴西。

4. 仙人掌 *Opuntia dillenii*（Ker-Gawl.）Haw.

（1）常綠灌木，高達 2.5m。莖基部近圓柱形，稍木質，上部有分枝，節明顯。

（2）葉狀枝扁平，倒卵形、橢圓形或長橢圓形，肉質，深綠色。

（3）葉退化成鑽狀或針狀，生於刺囊之下，早落。

（4）花單生，鮮黃色；花被片多數，外部綠色，向內漸變為花瓣狀。

（5）漿果肉質，紫紅色，有刺。

*11-3. 藜科 Chenopodiaceae

　　藜科植物多生長在荒漠、鹽鹼土或濱海地區，適應乾旱、貧瘠生育地。植物體多為草本或亞灌木，深根系，葉退化縮小甚至消失，莖或枝常變為綠色，通常被覆粉粒狀毛，或器官變成肉質，組織液含大量鹽分、黏度高，細胞具有很高的滲透壓等等。本科中的藜（*Chenopodium album* L.）是全球廣布型植物，五大洲全有分布，生長在開闊地及荒廢地，被視為雜草。藜科中也有具有高經濟價值的植

 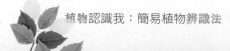

物，如甜菜是溫帶地區製糖工業的重要原料；菠菜是全球普遍栽培的蔬菜；而藜、鹽地鹼蓬等嫩時可食，是各地的救荒野菜。

藜科全世界共約 130 個屬 1,500 餘種，廣泛分布於歐亞大陸、南北美洲、非洲和大洋洲的半乾旱及鹽鹼地區，但主要分布在溫帶。台灣有 3 屬 9 種。大多數分類系統都認為藜科是獨立的科，但 2003 年發表的 APG II 分類系統卻主張取消藜科，將藜科的種類併入莧科，成為莧科的一個亞科。為辨識方便起見，本書仍採用傳統分類系統。

藜科植物的簡要特徵：

（1）一年生草本、亞灌木、灌木，耐旱或耐鹽之多肉植物（照片 11-3）。

（2）葉互生或對生，肉質，常具鹽腺，葉面分布結晶鹽粒（圖 11-3）。

（3）花單生，簇生或穗狀、聚繖狀，常有苞片；花小，花被黃綠色，無花瓣。

（4）雄蕊 2-5，花絲分離，與花萼裂片對生。

（5）心皮 2-3，1 室，胚珠直立，基生胎座。

（6）果為胞果或瘦果，胚彎曲或螺旋狀扭轉，常為胚乳所包。

照片 11-3 藜科植物多屬耐旱或耐鹽之多肉植物。

圖 11-3 藜科植物葉肉質，常具鹽腺，葉面分布結晶鹽粒。

1. 藜 *Chenopodium album* **L.**

（1）光滑之一年生草本，高可達 1.5m，被白粉。

（2）莖多分枝，綠色，有紅色或紫色條紋。

（3）葉形變化大，3-10cm 長，上部葉常全緣，形較小。

（4）分布平原廢棄地及耕地。

2. 變葉藜 *Chenopodium virgatum* **Thunb.**

（1）一年生草本，60cm 高，幼時全株白色，密被紅棕色短毛。

（2）葉形變化大，長 1-4cm。

（3）花序穗狀至總狀。

（4）分布海岸沙質地。

3. 菠菜 *Spinacia oleracea* **L.**

（1）一年生草本植物，植物高可達 1m，根圓錐狀，帶紅色。

（2）葉戟形至卵形，鮮綠色，全緣或有少數牙齒狀裂片。

（3）原產伊朗，植株嫩部可食，為著名蔬菜植物。

4. 多花鹼蓬 *Suaeda maritima*（**L.**）**Dum.**

（1）多年生草本，莖多分枝，基部木質。

（2）葉橢圓形，先端鈍，橫切面半圓柱形，長 1.5-1.8cm。

（3）花黃綠色，雜性花，花小。

（4）分布南部海岸砂地。

*11-4. 馬齒莧科 Portulacaceae（又見頁 212，5-21 單葉具托葉的科）

　　本科植物的各部分皆呈肉質，都是貯水器官，是全肉質植物。因此，植物體抗旱能力強。莖部不但可貯存水分，再生力也很強，幾乎可以在任何土壤中生長。對溫度要求不高，10℃以上就可生長，是最容易栽培的植物。其中大花馬齒莧色

 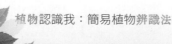 植物認識我：簡易植物辨識法

澤鮮艷,是一種美麗的觀賞花卉,各地公園、花圃常有栽培。毛馬齒莧常用於花壇、花徑和盆花。土人參原產熱帶美洲,花呈粉紅色,夏秋兩季開放,花期長,十分美麗,而且栽培管理技術簡單,也具有綠化觀賞價值。

　　馬齒莧科約 19 屬,580 種,廣布於全球,美洲最多。分布在河岸邊、池塘邊、溝渠旁和山坡草地、田野、路邊及住宅附近,幾乎隨處可見。2009 年,APG III 分類系統從馬齒莧科中分出 3 個獨立的科,分別是土人參科(Talinaceae)、回歡草科(Anacampserotaceae)和小雞草科(Montiaceae)。

馬齒莧科植物的簡要特徵:
　　(1)一年生或多年生肉質草本或亞灌木。
　　(2)葉互生或對生,全緣,常肉質;托葉鱗片狀或剛毛狀。
　　(3)花色豔麗(照片 11-4),但隨即凋謝(有日照才開),**花萼 2(圖 11-4)**;花瓣 4-5。
　　(4)雄蕊數和花瓣數相同,或多數。
　　(5)花柱線形,柱頭 2-5 裂;基生胎座或特立中央胎座,胚珠 1 至多數。
　　(6)蒴果近膜質,蓋裂或 2-3 瓣裂;胚環繞粉質胚乳。

照片 11-4 馬齒莧科植物通常花色艷麗。

圖 11-4 馬齒莧科植物,花色豔麗,花萼2片。

1. 大花馬齒莧 *Portulaca grandiflora* **Hook.**

（1）一年生肉質草本。

（2）花紅色、黃色或白色，先端凹下。

（3）雄蕊多數。

（4）原產巴西。

2. 馬齒莧 *Portulaca oleracea* **L.**

（1）一年生肉質草本，莖多分枝，常紫色。

（2）花黃色，生於 2-6 葉狀苞中。

（3）瓣 5，雄蕊 7-12。

（4）常見之雜草。

3. 禾雀舌；毛馬齒莧 *Portulaca pilosa* **L.**

（1）一年至多年生草本。

（2）葉細長披針形，密集，莖軸有長毛。

（3）花無柄，2-6 成叢，紫紅色。

（4）原產熱帶美洲。

*11-5. 落葵科 Basellaceae

落葵（*Basella alba* Linn.）葉含有多種維生素和鈣、鐵，嫩枝葉可採食，可當成蔬菜，古代稱「藤菜」，大陸叫「木耳菜」，台灣稱「土川七」、「日本蕹菜」。全草供藥用，爲緩瀉劑，有滑腸、散熱、利大小便的功效；花汁有淸血解毒作用，能解痘毒，外敷治癰毒及乳頭破裂等。但本科植物生長快，不擇土宜，莖部會長出瘤塊狀的珠芽，掉落地上即可生長成另外的植株，無性生殖能力強。因此，在非原生地常到處蔓延，成爲入侵植物。落葵科 共有 4 屬，約 25 種，分布美洲、亞洲和非洲，台灣有 2 屬 2 種，皆爲引進種。

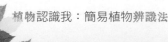

落葵科植物的簡要特徵：

（1）纏繞肉質草質的纏繞藤本（圖 11-5）、（照片 11-5），全株無毛。

（2）單葉，互生，全緣，稍肉質。

（3）穗狀花序、總狀花序或圓錐花序；花小，花被片 5，通常白色或淡紅色。

（4）漿果狀核果。

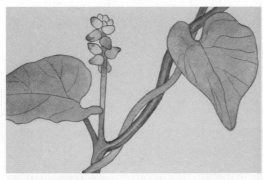 

圖 11-5 落葵科植物，肉質的纏繞藤本。　　照片 11-5 落葵科之落葵，嫩枝葉可當成蔬菜。

1. 落葵 *Basella alba* **Linn.**

（1）多年生草本，莖肉質。

（2）葉互生，卵形或卵圓形，全緣，肉質而厚，有 10 條明顯的葉脈。

（3）穗狀花序，腋生；花淡粉紅色，肉質。

（4）漿果，成熟後紫黑色。

（5）熱帶亞洲及非洲。

2. 洋落葵 *Anredera cordifolia*（**Tenore**）**van Steenis**

（1）多年生草本植物，莖略呈肉質。

（2）在老莖的葉腋處，會長出瘤塊狀的珠芽，進行無性生殖。

（3）葉互生，卵形或卵圓形，稍肉質。

（4）穗狀花序；花小型白色。

（5）漿果，紫黑色。

（6）原產熱帶美洲。

*11-6. 秋海棠科 Begoniaceae

秋海棠類均為多年生草本植物。根狀莖近球形；莖直立；葉片輪廓寬卵形至卵形兩側不相等，上面褐綠色，常有紅暈，下面色淡，帶紫紅色；花多數粉紅色。全株肉質，並具有酸味。因為植株各部分皆柔軟肉質，易遭動物啃食；但全株各部位有酸味，又可防止多數動物嚼食，是植物的自我防衛機制。

秋海棠科有 3 屬：秋海棠屬（*Begonia*）、新幾內亞秋海棠屬（*Symbegonia*）和夏威夷秋海棠屬（*Hillebrandia*），約 1,400 餘種，廣泛分布在全球各地的熱帶和亞熱帶地區，其中僅夏威夷秋海棠屬只有一種生長在夏威夷群島。本科有許多種類被栽培作為觀賞花卉，大量栽培和育種，全世界已有 10,000 種以上的雜交和栽培品系。

圖 11-6 秋海棠科植物，葉基 照片 11-6 葉基極歪、肉質是秋海棠科植物的特徵。
極歪，花通常排成聚繖狀。

秋海棠科植物的簡要特徵：
 （1）多年生肉質草本或灌木。
 （2）莖有關節（jonted）。
 （3）單葉，互生，葉基極歪（圖 11-6）；托葉 2，早落。
 （4）花單性，放射相稱或左右對稱；通常聚繖狀排列，2 雄花及 1 雌花（照片 11-6）。

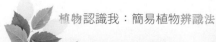

（5）雄花花萼 2，對生；花瓣 5-2，雄蕊多數；雌花瓣萼同雄花，子房下位，有翅或稜角。

（6）蒴果或漿果。

1. 水鴨腳秋海棠 *Begonia formosana*（Hay.）**Masamune**
（1）葉形變異大。

（2）雄花粉紅色，花被 4，外 2 較大。

（3）雌花亦粉紅色，花被 5。

（4）果 3 翅，背軸翅遠長於二側者。

2. 蛤蟆秋海棠 *Begonia x rex-cultorum* **Bailey**
（1）多年生草本，根莖肉質狀。

（2）葉有長柄，葉片卵形至闊卵形，表面為金屬狀的綠色，帶有條紋。

（3）聚繖花序，花淡粉紅色至實為蒴果，具有一長二短的翼翅。

（4）原產印度阿薩姆地區。

3. 四季秋海棠 *Begonia semperflorens* **Link. & Otto**
（1）常綠多年生肉質草木，株高 15-45 cm。

（2）葉互生，葉片卵形或廣卵形，主脈常呈淡紅色。

（3）花序腋生；雄花較大，花被片 4 枚；雌花較小，花被片 5 枚。

（4）花色計有紅、粉紅、橙紅、深紅、白色等。四季秋海棠花期特長，周年開花。

（5）原產巴西。

*11-7. 景天科 Crassulaceae

景天科植物植株矮小、肉質，需水少。植物體表皮臘質厚，氣孔下陷，可減少水分蒸發。無性繁殖力強。枝葉茂密，夏秋季開花，花美色艷，有紅花、粉、黃、白等，莖有翠綠、紅、紫紅等，又極易種植，適合在城市中造景用。其中佛

甲草已大量使用在屋頂綠化，觀賞和防熱兩用。

　　景天酸代謝（Crassulacean acid metabolism，簡稱 CAM）指光合作用的代謝途徑與一般的 C3 植物、C4 植物不同，是生存在熱帶乾旱地區的多肉植物所演化出的生存機制。二氧化碳的吸收固定在夜間進行，白天二氧化碳才進入卡爾文循環（calvin cycle），以避免水分過快的流失。代表性的植物有景天科、仙人掌科和鳳梨科、龍舌蘭科的一些種類、百合科的蘆薈類等。

　　景天科（Crassulaceae）為多年生肉質草本或低矮灌木。原產於世界溫暖乾燥地區，分布在北半球大部分區域，品種繁多，大約有 34 屬 1,426 種。屬於全肉質植物，植物的各部分皆呈肉質。

景天科植物的簡要特徵：

（1）一年生或多年生之多肉草本，無乳汁，CAM 植物。
（2）葉互生、對生或輪生，單葉，鋸齒或深裂至假羽葉，厚肉質（**照片 11-7**）。
（3）花常**頂生聚繖花序**（**圖 11-7**），夏秋季開花；花兩性，輻射對稱，花被通常苞片狀。

圖 11-7 景天科植物花常為頂生複聚繖花序。　照片 11-7 葉厚肉質之景天科石蓮華。

植物認識我：簡易植物辨識法

（4）花瓣 3-5，花萼 3-5；雄蕊數爲花被之同倍或二倍；心皮與花被同數。

（5）蓇葖果。

（6）分布非洲、亞洲、歐洲、美洲。以中國西南部、非洲南部及墨西哥種類較多。

1. 落地生根 *Bryophyllum pinnatum*（**Lam.**）**Kurz.**

（1）多年生草本，肉質。

（2）葉對生，植株上部者多爲羽狀複葉，小葉 3-5；下部者單葉，葉厚質。

（3）圓錐花序，花萼紫綠色，花瓣淺綠 - 白色；花 4 數。

（4）果爲宿存花萼及瓣所包。

（5）原產熱帶非洲。

2. 倒吊蓮 *Kalanchoe spathulata*（**Poir.**）**DC.**

（1）多年生草本，植株可達 100cm 高。

（2）單葉至三出葉，卵狀披針形，鈍齒緣。

（3）繖房花序，直立壺狀花，花瓣黃色，先端銳尖。

（4）胞果，長 0.5-1.5cm，褐色。

3. 長壽花 *Kalanchoe blossfeldiana* **Poellnitz**

（1）多肉植物，成熟植株高 20-30 cm。

（2）葉肉質，葉片肥厚，橢圓形或長橢圓形，葉緣有淺裂刻。

（3）繖花序，花有桃紅色、鮮紅色、橙紅色、黃色、金黃、杏黃、橘黃等。

（4）原產馬達加斯加島。

4. 佛甲草類 *Sedum* **spp.**

（1）一年至多年生草本，肉質。

（2）單葉，互生或簇生。

（3）花單一或形成聚繖房花序；花黃色或白色。

（4）花 4 數或 5 數。

（5）蓇葖果。

*11-8. 鳳仙花科 Balsaminaceae

鳳仙花科莖肉質，屬肉質莖植物。有許多種是觀賞花卉，如鳳仙花（*Impatiens balsamina* L.）。鳳仙花色澤鮮艷，花色變異大，是廣泛栽培的花種。由於花色多變，園藝品種很多。清初趙學敏的《鳳仙譜》記載中國有 200 多個鳳仙花品種。鳳仙花又是常用的藥材，全草入藥，有活血止痛、消腫解毒的功效。

鳳仙花科僅有水角屬（*Hydrocera*）和鳳仙花屬（*Impatiens*）兩個屬，1,000種以上，水角屬爲單種屬，因此大部分鳳仙花科種類屬鳳仙花屬。本科主要分布在亞洲熱帶和亞熱帶及非洲。

照片 11-8 鳳仙花科植物，花下方之萼延長成管距狀。

圖 11-8 鳳仙花科植物，種子從肉質蒴果開裂的裂片中彈出。

植物認識我：簡易植物辨識法

鳳仙花科植物的簡要特徵：

（1）一年生或多年生草本，莖通常肉質。

（2）葉常互生，邊緣圓齒或鋸齒，齒端具小尖頭，齒基部常具腺狀小尖。

（3）花左右對稱，單生至繖形；花萼 3，不等，有色，下方之萼延長成管距狀（照片 11-8）。

（4）雄蕊 5；子房上位，5 室，胚珠多數。

（5）果為肉質蒴果，開裂成 5 片捲曲蒴片，種子從開裂的裂片中彈出（圖11-8）。

1. 鳳仙花 *Impatiens balsamina* **L.**

（1）一年生草本，莖肉質，粗壯。

（2）葉披針形，長 4-12 cm，先端長漸尖，緣有銳鋸齒。

（3）葉柄長 1-3 cm，有數腺體。

（4）花單生或數朵簇生葉腋，通常為粉紅色；萼片 2。

（5）蒴果紡綞形，密生茸毛。

2. 非洲鳳仙花 *Impatiens walleriana* **Hook. f.**

（1）肉質多年生草本。

（2）葉披針狀卵形至長橢圓形，長 4-10 cm，先端有短尾，細齒緣。

（3）花單一至總狀花序；花粉紅、白、深紅、橘紅、紫色；花萼之距稍彎曲。

（4）原產坦桑尼亞至莫桑比克。

第十二章　小枝有稜的植物

　　大部分植物的莖和小枝呈光滑狀，橫切面圓形。有些植物小枝橫切面呈四方形或三角形，成為鑑別植物科別的重要特徵。也有一群植物，小枝具有隆起 2 至 5 或更多的稜，橫切面外圍呈凸出短刺或矮丘狀，也可作為分類的特徵。在全年只有短時間開花的多數植物而言，葉互生，小枝有稜是辨識某些植物的唯一線索，但常須配合其他形態特徵，如托葉、花、果等，才能確切的鑑識植物科別。

　　主要的小枝有稜植物之科（＊號及粗體字科別在本章敘述，無＊號及非粗體字科的詳細說明在該科括符內之章節），及各科間的的簡易區別如下：

　　12-1 殼斗科（5-13）：有托葉，托葉早落；葇荑花序。
　　12-2 山茶科（4-11）：幼葉層層包疊；花多單生，花常大而艷。
　　*12-3 多青科：單葉互生，無托葉；花小，聚繖花序、叢生或繖狀。
　　*12-4 灰木科：幼葉紫色，枝葉乾後泛黃色；合瓣花，子房下位。
　　*12-5 衛矛科：葉對生或互生，托葉極小，早落；花具顯著花盤。
　　*12-6 山龍眼科：幼葉紫色，葉柄基部膨大；花萼花冠狀，有色，四數。

科的特徵簡述：

12-1. 殼斗科 Fagaceae（詳見頁 204，5-12 具托葉之科）

殼斗科植物的簡要特徵：
　（1）常綠或落葉喬木；小枝具稜，幼芽具鱗片（圖 12-1）。

圖 12-1 殼斗科植物小枝具稜，托葉早落。

（2）葉互生，**托葉早落**。

（3）花單性，雌雄同株。

（4）雄花：直立或下垂葇荑花序（照
片 12-1），萼 4-6 裂。

（5）雌花：單生或叢生於雄花序基
部，外面有總苞；花柱 3，子
房下位，多 3 室，每室胚珠 2。

（6）果為堅果，總苞成熟後變硬成
殼斗狀，包被果實部分或全部
（照片 12-2）；殼斗外之鱗片
凸起或針狀。

12-2 山茶科 Theaceae（詳見頁 176，4-11 特殊葉片性狀之科）

山茶科植物的簡要特徵：

（1）喬木或灌木；小枝常有稜。

（2）單葉互生，無托葉，較成熟葉
層疊包被更幼嫩之葉（圖 12-
2）。

（3）花多單生，花常大而艷；花瓣 5，
萼 5，花萼下常有 2 對生苞片。

（4）雄蕊多數，附著於花瓣基部。

上：照片 12-1 殼斗科植物的葇荑花序。
中：照片 12-2 殼斗科印度栲之殼斗鱗片
刺狀、全包被堅果。
下：圖 12-2 山茶科植物小枝常有稜，較
成熟葉層疊包被更幼嫩之葉。

（5）子房上位，柱頭 3-5 裂。

（6）蒴果（如大頭茶）或漿果（如楊桐）。

（7）種子具翅或無翅。

*12-3 冬青科 Aquifoliaceae

本科植物都是灌木或小喬木，有常綠的也有落葉的種類。很多冬青科植物的葉硬革質，果實紅色，具有裝飾性效果。歐美人常用歐洲冬青（*Ilex aquifolium* L.）做為聖誕節裝飾，稱作 holly-tree（聖誕樹），聖誕賀卡上也多有冬青樹圖案。冬青枝葉茂密，樹形整齊，古人將冬青類植物樹排直而種，號稱「冬牆」，就是現代人所說的「綠籬」。在歐洲冬青類植物多栽成高綠籬，作為城鄉綠化和庭院觀賞植物。枸骨（*Ilex cornut* Lindl. *et* Paxt.）紅果綠葉，葉革質緣有刺，種成盆栽，或叢植、列植成綠籬，可供觀賞。除供庭院綠化觀賞用外，很多冬青類植物木質堅韌，供細作木工用材。

植物的雌雄異株（dioecism）現象，指在具有單性花的種子植物中，雌花與雄花分別生長在不同的單株，僅有雌花的植株稱為雌株，僅有雄花的稱為雄株。雌雄異株的植物很少，被子植物中大約 6% 的物種是雌雄異株，在木本植物中較常見。雌雄異株的例子只有裸子植物的銀杏、蘇鐵；被子植物的樟科木薑子屬和新木薑子屬，楊柳科，冬青科等少數樹種。冬青科只有 1 屬，大約 600 餘種，分布在除澳洲和北美西海岸以外的世界各地。

冬青科植物的簡要特徵：

（1）常綠喬木或灌木；嫩枝、小枝有稜（圖 12-3）。

（2）單葉互生，無托葉。

圖 12-3 冬青科植物嫩枝、小枝有稜。

植物認識我：簡易植物辨識法

（3）**雌雄異株**；聚繖花序、叢
　　生或繖狀，花小；瓣 4-5；
　　萼 4-5；無花盤。

（4）雄花：雄蕊 4-5，花絲短、
　　粗或缺，藥隔增厚，有退
　　化雌蕊。

（5）雌花：有退化雄蕊，常呈
　　箭頭狀，無花盤，子房上
　　位，2-5 室，花柱極短。

（6）果 為 核 果 狀（照 片 12-
　　3）。

照片 12-3 歐洲冬青秋冬之際結紅果。

1. 燈稱花 *Ilex asprella*（**Hook.** *et* **Arn.**）**Champ.**

（1）落葉之林下灌木，小枝遍布白色皮孔，故又名萬點金。

（2）葉膜質，卵形，先端漸尖，長 1.5-2.5cm。

（3）繖形花序腋生，花梗細長。

（4）核果橢圓形，徑 0.4cm。

（5）分布全台低海拔林內。

2. 鐵冬青 *Ilex rotunda* **Thunb.**

（1）常綠中喬木。

（2）葉長橢圓形 - 橢圓形，長 5-6cm，先端鈍；全緣，兩面光滑。

（3）腋生繖形花序。

（4）果橢圓，長 0.7-0.8cm。

（5）分布全台闊葉林內。

3. 枸骨 *Ilex cornut* **Lindl.** *et* **Paxt.**

（1）常綠灌木或小喬木；高可達 5m。

（2）葉互生，長橢圓狀直方形，先端平圓，有三刺尖，革質。

（3）花淡黃綠色，小形，多為叢生或很短的繖形花序。

（4）核果球形，成熟時是紅色。

*12-4 灰木科 Symplocaeae

本科植物含有鞣花酸（ellagic acid）、鞣酸（gallicacid）、花白素（leucoanthocyanins），大部分種類的葉片因含濃度高的鋁，乾後常呈青黃色或黃綠色，可提煉黃色染料。本科各種木材的結構細緻，易於切削，但不耐腐，有些材質優良，可作家具和農具用材。有些種類的葉、根供藥用，或提取黃色染料或媒劑；光葉山礬（*Symplocos lancifolia* Sieb. *et* Zucc.）的葉有甜味，可代茶。

灰木科又稱山礬科，有兩屬、約 320 種，廣泛分布在亞洲、澳洲和美洲的熱帶和亞熱帶地區，臺灣有 27 種及 1 變種。本科以前一直都是單屬科植物，2009 年加入 Cordyloblaste 屬，不再是單屬科。根據 1981 年的克朗奎斯特（Cronquist）系統本科原是柿樹部下的 5 科之一。1998 年根據 APG 分類法合併到杜鵑花部之下，2003 年經過修訂的 APG II 分類法維持原分類。

灰木科植物的簡要特徵：

（1）喬木或灌木，常綠或落葉；小枝有稜，枝葉乾後泛黃色。

（2）單葉互生，無托葉；嫩葉常呈紫色（圖 12-4），有時翠綠色。

（3）花序總狀，穗狀，圓錐狀或簇生，花芽紫色；合瓣花，花瓣基部合生。

圖 12-4 灰木科植物小枝有稜，嫩葉常呈紫色。

（4）萼通常 5 裂，宿存；花冠
通常 5 裂；雄蕊 5 至多數；
子房下位（照片 12-4），
通常 3 室，花柱 1。

（5）漿果或核果狀，上端常有宿
存萼。

照片 12-4 灰木科植物子房下位，果上端常
有宿存萼。

1. 灰木 *Symplocos chinensis*（**Lour.**）**Druce**

（1）全株密被茸毛，幼葉綠色帶
淡紫暈，成熟葉綠色至黃綠。

（2）葉紙質，短橢圓至卵形，腺狀齒緣，上表面疏被毛，下表面灰白色。

（3）圓錐花序頂生，小花數目多而密集；花冠白色，盛開時滿株雪白，
甚爲高雅。

（4）萼 5 裂；雄蕊多數、細長，分長短 2 型；子房 2 室。

（5）果實呈球形或卵形，成熟時黑色。

*12-5. 衛矛科 Celastraceae

本科植物爲單葉，互生或對生；花小，花中有顯著花盤，雄蕊生在花盤上
或邊緣；蒴果開裂後，露出肉質有鮮艷顏色的假種皮。本科很多種類具有藥用
價值或可提煉抗癌藥物。其中常用中藥材之衛矛（*Euonymous alatus*（Thunb.）
Sieb.），小枝四棱形，有 2-4 排木栓質的闊翅，狀如箭翎，故又名鬼箭羽、鬼箭，
用來治療月經失調、產後瘀血、腹痛、跌打損傷腫痛、蟲積腹痛等病症。南蛇藤
屬的高級纖維，可爲人造棉及其他纖維工業提供優質原料。其他很多美登木屬及
雷公藤屬植物，都可提煉抗癌藥物。

衛矛科有大約 90-100 屬，約 1,300 餘種，大部分種屬分布在熱地區，只有
衛矛屬和南蛇藤屬分布在溫帶地區。台灣有 6 屬。

衛矛科植物的簡要特徵：

（1）喬木、灌木，有時為蔓藤；
小枝有稜（照片 12-5）。

（2）葉對生或互生，通常有鋸齒，
稀全緣；托葉極小，早落或
無。

（3）聚繖花序、聚繖圓錐花序；
花多兩性，花黃綠色，具明
顯肥厚花盤（照片 12-6）；
花瓣 4-5；花萼 4-5。

（4）雄蕊 4-5，著生花盤之上或花
盤之下。

（5）子房 2-5 室，子房下部常陷
入花盤中；胚珠每室 1-2。

（6）果為蒴果，稀漿果或翅果，
種子通常具彩色之假種皮
（aril）（圖 12-5）。

圖 12-5 衛矛科植物小枝有稜，種子通常
具彩色之假種皮。

照片 12-5 衛矛科植物小枝有稜。

照片 12-6 衛矛科植物，花黃綠色，具明顯肥
厚花盤。

植物認識我：簡易植物辨識法

1. 衛矛 *Euonymous alatus*（**Thunb.**）**Sieb.**

（1）落葉灌木；小枝四稜形，具 2-4 硬木栓質翅。

（2）葉對生，葉倒卵形至長橢圓狀卵形，長 3-8cm，邊緣鋸齒；冬葉鮮紅。

（3）常 3 朵成一具短梗的聚傘花序；花淡黃綠色。

（4）蒴果橢圓形，紅紫色，4 稜；種子假種皮橘紅色。

2. 日本衛矛；大葉黃楊 *Euonymous japonicus* **Thunb.**

（1）常綠灌木，高 2-3m；小枝具 4-5 稜。

（2）葉對生，革質，倒卵形或窄長橢圓形，長 3-6cm，寬 2-3cm，表面綠色光亮，背面蒼綠色；邊緣具細鋸齒。

（3）聚傘花序腋生；花白綠色，4 數，花絲細長，花盤肥大。

（4）蒴果，近球形，有 4 淺溝；種子每室 1-2，橙紅色假種皮，全包種子。

（5）原產日本，各地廣為栽培觀賞或作綠籬。

*12-6 山龍眼科 Protaceae

在世界上眾多的乾果之中，經濟價值最高、果仁香酥滑嫩可口、有獨特的奶油香味的澳洲胡桃（*Macadamia ternifolia* F. Muell.），又稱夏威夷果、澳洲堅果。澳洲胡桃是極著名的山龍眼科植物，原產澳大利亞，後來被引種到美國夏威夷州，在該地大量生產作為商品果樹，銷售到全世界。澳洲胡桃成為品質最佳的食用用果，有「乾果皇后」，「世界堅果之王」的美譽。世界馳名的觀賞花木，有海神花屬（*Protea* L）植物，花序為頭狀花序，單生於枝條頂端。總苞片位於花序的外圍，將花序包住，外觀像是花瓣一樣，極為亮麗美觀。另外，斑克木（*Banksia integrifolia* L.f.），又名佛塔樹，具有奇特鋸齒狀的葉片，由無數小花緊密排列而成的棒狀花序碩大而直立，形如寶塔狀。頗具特色。本科的銀樺（*Grevillea robusta* A. Cunn.）常栽培為行道樹。

山龍眼科包括，有 5 亞科、80 屬，約 2,000 餘種，主要分布在南半球，大部分種類在澳洲和南非。華南地區及台灣的山龍眼屬植物是該科分布的北限。

山龍眼科植物的簡要特徵：
（1）喬木或灌木；小枝常有稜，**嫩枝葉常呈紫色**（圖 12-6）。
（2）葉互生，全緣，鋸齒狀或或各式分裂；**葉柄基部膨大**。
（3）花兩性，排成總狀、穗狀或頭狀花序，腋生或頂生。
（4）無花瓣；花萼爲花瓣狀，4 數，具有顏色；在花蕾中管狀，開裂成各種式樣（照片 12-7）。
（5）雄蕊 4；心皮 1，1 室，胚珠 1-2 顆或多顆，花柱細長。
（6）果爲堅果、核果、蓇葖果或蒴果。
（7）多分布南半球（澳洲）。

圖 12-6 山龍眼科植物，小枝常有稜，嫩枝葉常呈紫色，葉柄基部膨大。 　照片 12-7 山龍眼科植物花萼爲花瓣狀，具有顏色。

1. 銀樺 *Grevillea robusta* **A. Cunn.**
（1）常綠大喬木，樹高可達 30m，主幹通直，樹皮細縱裂紋。
（2）葉二回羽狀深裂，裂片 7-10 對，每一裂片再分裂爲 3-4 小裂片；葉背面有銀白色絲狀毛茸。
（3）總狀花序，頂生或腋生；花紅黃色。
（4）蓇葖果歪形；種子四周有翅。

  植物認識我：簡易植物辨識法

（5）本種葉形特殊優雅，葉姿颯爽宜人，爲著名行道樹及庭園樹。

（6）原產澳洲。

2. 紅葉樹 *Helicia cochinchinensis* **Lour.**

（1）常綠喬木，高 4-12 m，全株光滑。

（2）葉薄革質，長橢圓形至長橢圓形或披針形，全緣或粗鋸齒。

（3）總狀花序，腋生；花被白色或淡黃色。

（4）果球形，徑 1.5cm，果皮薄，紫黑色。

3. 山龍眼 *Helicia formosana* **Hemsl.**

（1）腋生總狀花序，花萼開裂反捲。

（2）幼枝、花序有褐色絨毛。

（3）單葉，葉柄基部膨大，有不規則鋸齒。

（4）果球形，橙黃色，皮茶褐色，似龍眼，唯果皮有心皮縫線。

4. 澳洲胡桃 *Macadamia ternifolia* **F. Muell.**

（1）葉疏鋸齒或全緣，革質。

（2）果味如花生，果皮堅硬。

（3）下垂總狀花序。

5. 海神花屬 *Protea* **spp.**

（1）常綠性灌木，植株高度可達 3m 左右。

（2）葉互生，革質，有長柄。

（3）花序爲頭狀花序，單生於枝條頂端。總苞片具有亮麗的色彩。

第十三章　植物枝葉樹皮各部分有香氣的科

　　有些植物的葉、枝條、花、種子、樹皮、根等組織，含有芳香性揮發油，會散發出獨特的香氣、香味。能被嗅覺嗅出香氣或味覺嘗出香味的植物，包括香料植物（culinary herb）、香草植物（fragrant herb）和香花植物等。植物體的有香味的各部分有調味、製作香料或萃取精油等功用，其中有很多種類也具有藥用價值。香草有時也為稱藥草，使用的部位是新鮮的或曬乾的綠葉、花等。香草是世界各國傳統醫學的重要成分，提供大部分可用於治療疾病的藥材。而香料植物使用到植物的其他部位，例如種子、樹皮、果實、根等，而且多半會乾燥後使用。香花植物的花含有芳香油分子，可產生香氣引誘昆蟲傳送花粉；香氣也會刺激人類嗅覺神經，改變人的心境與情緒。

　　上述含有芳香性揮發油，會散發出獨特香味的植物，也能用來辨識植物。植物的氣味配合一些形態特徵，常能鑑識某些植物的科別。

　　植物體（葉、樹皮、花）有香氣的科（＊號及粗體字科別在本章敘述，無＊號及非粗體字科的詳細說明在該科括符內之章節），及各科間的簡易區別如下：

＊13-1.八角茴香科：葉有透明油點；花心皮輪生。

　13-2.木蘭科（5-11）：枝條有環狀托葉遺痕；單生花。

＊13-3.樟科：芽有多數鱗片包覆；花極小，花被片 6，花藥瓣裂。

　13-4.桃金孃科（4-6）：葉側脈先端連結；雄蕊多數，子房下位。

　13-5.芸香科（2-9）：葉有透明油點，多數為羽狀複葉；果皮有油囊。

　13-6.胡椒科（6-12）：莖節膨大，節上長不定根；肉質穗狀花序。

　13-7.繖形科（2-12）：葉柄下方托葉連生成鞘，莖中空；繖形花序。

　13-8.唇形科（7-15）：葉對生，枝條四稜；花瓣唇形，二強雄蕊。

 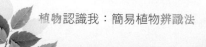

科的特徵簡述：

*13-1. 八角茴香科 Illiciaceae

八角茴香科又名八角科，植物體全株，特別是果實含有揮發油，主要成分是
茴香醚（anethole）、黃樟醚（Saf role），茴香醛（anisaldehyde）、茴香
酮（anisylacetone）、水芹烯等，可作藥材或食品香料。但本科植物中，僅八
角茴香（*Illicium verum* Hook. f.）這個種的果實才能食用。乾燥成熟的八角茴香
果實果實在秋冬季採摘，乾燥後呈紅棕色或黑褐色，氣味芳香而甜，全果或磨粉
作食品香料使用。同屬其他種野生八角的果，多具有劇毒，中毒後嚴重者引致死
亡。有毒的野八角蓇葖果發育常不規則，常不是八角形，形體與栽培八角不同，
果皮外表皺縮，每一蓇葖的頂端尖銳，常有尖頭，彎曲，果味較淡，麻舌或微酸
麻辣，或微苦不適。

八角茴香科只有一屬，八角屬，近 50 種，分布東南亞和美洲的加勒比海地
區。以前的各種分類法都將八角茴香科單獨列為一科，但 APG II 分類法將本科
和五味子科合併，科別不定。在 APG III 分類法中，將本科併入五味子科。

八角茴香科植物簡要特徵：
(1) 喬木或灌木，常綠全
株具芳香。
(2) 葉互生，但屢成叢生
狀，芳香而具透明油
點（照片 13-1），
無托葉。
(3) 花單生或叢生，白色
或紅色；花萼 3-6 枚；
花瓣 9 枚或更多。

照片 13-1 八角茴香科植物葉芳香而具透明油點。

（4）雄蕊多數；雌蕊心皮 7-15，輪生、離生（圖 13-1）。

（5）蓇葖果堅硬，輪狀排列。

圖 13-1 八角茴香科植物雌蕊心皮 7-15，輪生。

1. 紅花八角 *Illicium arborescens* **Hay.**

（1）葉中肋平或凹，葉揉後有紅花油（藥油）味。

（2）葉側脈 6-7 對。

（3）花下垂，花被 6，暗紅色。

（4）台產，分布 300-1,500m。

（5）果有劇毒，誤食少許即可致命。

2. 白花八角 *Illicium anisatum* **L.**

（1）常綠大喬木，樹皮灰褐色，略光滑。

（2）葉叢生於小枝端，厚革質，長橢圓披針形，兩端尖銳，全緣，中肋凸出，並於背面隆起。

（3）花腋生枝端，花被片 12-15 片，白色，線狀披針形。

（4）蓇葖果 6-8 枚。

（5）台灣全島海拔 1,200-2,800m 之間生長最多，呈散生狀態。

3. 八角 *Illicium verum* **Hook. f.**

（1）常綠喬木，高可達 20 m。

（2）單葉互生，革質，披針形至長橢圓形，有光澤和透明的油點。

（3）花單生葉腋；花被 6-9，肉質，淡粉紅色或深紅色。

（4）聚合果排成星芒狀，成熟心皮紅棕色。

（5）本種為食用香料的唯一種類。

（6）主要分布於中國大陸南方。

植物認識我：簡易植物辨識法

13-2. 木蘭科（詳見頁 199，5-10 單葉具托葉的科）

木蘭植物簡要特徵：

（1）全爲木本，常具油管，有芳香，即爲「芬多精」。

（2）單葉互生；托葉包被幼芽，脫落後在節上形成**托葉遺痕**（圖 13-2）。

（3）單生花，兩性，花大而豔；瓣萼通常區分不明顯，特稱爲花被片（tepals）。

（4）雄蕊多數，螺旋狀排列於花軸基部；花藥長形（照片 13-2）。

（5）心皮多數，離生，螺旋狀排列於伸長之花軸（稱之爲子房柄，或雌蕊柄 gymnophore，stipe）。

（6）蓇葖果（follicle），小部分爲翅果（samara）。

（7）種子有絲狀胚珠柄（funicle）。

照片 13-2 木蘭科植物單生花，花大而豔，雄蕊多數，心皮多數。

圖 13-2 木蘭科植物托葉脫落後在節上形成環狀托葉遺痕。

*13-3. 樟科 Lauraceae

樟科植物大多是熱帶雨林地區的典型植物，爲山地森林的重要成分。

台灣中高海拔山區（500-1,800m），樟科植物和殼斗殼植物組成優勢森林，稱樟櫧林（*Lauro-fagaceous* forest）。本科喬木多爲珍貴用材樹種，如瓊楠屬（*Beilschmiedia*）、楨楠屬（*Machilus*）、雅楠屬（*Phoebe*）、檫樹屬（*Sassafras*）；有些是香料植物，如樟樹屬（*Cinnamomum*）之肉桂、樟樹、釣樟屬（*Lindera*）、木薑子屬（*Litsea*）等；還有一種著名的果樹，產自美國及墨西哥的酪梨或稱樟（*Persea americana* Mill.），果可鮮食或作罐頭。

樟樹爲世界著名的箱櫃用材，可防蟲蛀，木材部分可提煉樟腦。台灣早期山林多爲原始樟樹林，老樟樹樹齡千年以上者甚多，後日本政府在台灣大量砍伐樟腦輸出，因此，台灣樟腦輸出量曾達世界首位，有「樟腦王國」之稱。直到人工合成的萘丸、對二氯苯出現，才不再使用從樟樹提煉的樟腦。樟科現存50屬2,500-3,000種，臺灣有14屬79種。主要分布於熱帶至亞熱帶，多爲組成常綠闊葉林樹種。

樟科植物簡要特徵：

（1）大多爲具有芳香之喬木或灌木，芽有鱗片包覆（圖13-3）。

（2）單葉，互生，無托葉；羽狀脈或三出脈（樟屬、厚殼桂屬、新木薑子屬）。

（3）腋生之總狀、密繖或繖形狀花序；花小，黃或淡綠色（照片13-3），瓣萼不分，稱花被片（tepals），花各部分爲3之倍數。

圖13-3 樟科植物大多爲具有芳香之喬木或灌木，芽有鱗片包覆。

照片13-3 樟科植物花小，黃或淡綠色。

植物認識我：簡易植物辨識法

（4）雄蕊 9-12，排成四輪，每輪 3 枚，瓣裂（照片 13-4），最內側或第四輪爲退化雄蕊；藥 2 或 4 室。第三輪外或內向，爲屬之特徵；第三、四輪基部有蜜腺。

照片 13-4 樟科植物的花，雄蕊排成四輪，每輪 3 枚，瓣裂。

（5）雌花心皮 1，1 室，胚珠 1，柱頭盤狀。

（6）核果或漿果狀，常具宿存花被片。

（7）台灣自產 12 屬 62 分類群。

1. 樟樹 *Cinnamomum camphora*（**L.**）**Presl.**

（1）全株具香味。

（2）樹皮深縱裂。

（3）三出脈，主脈與側脈交接處有腺點。

（4）果徑 6-7 mm。

2. 肉桂 *Cinnamomum cassia* **Presl.**

（1）葉背有白色短柔毛，先端尖。

（2）產兩廣，爲桂皮來源。

3. 錫蘭肉桂 *Cinnamomum zeylanicum* **Bl.**

（1）幼枝四稜。

（2）葉近對生，三出脈，主脈不具腺窩。

（3）爲國際肉桂材料主要來源。

4. 月桂 *Laurus nobilis* **Linn.**

（1）灌木或小喬木，高可達 10 m，小枝青綠色。

（2）葉單生、互生，革質，橢圓形、長橢圓形或披針形。

（3）花腋生，雌雄異株，花序繖形狀，有花 4-5 枚。

（4）果實為漿果狀，橢圓形或橢圓狀球形，暗紫色。

（5）原產於地中海沿岸及小亞細亞一帶。

5. 山胡椒 *Litsea cubeba*（**Lour.**）**Persoon**

（1）落葉灌木或小喬木，株高 3-5 m，多分枝，全株具刺激性的薑辣香味。

（2）葉發生於花開之後，膜質，線狀披針形，中肋紫褐色，全緣，表面綠色有光澤。

（3）雌雄異株，花序繖形狀，花 4-8 朵，多腋生，花黃或淡黃色。

（4）漿果球形，直徑約 0.5 cm，成熟時呈黑色。

（5）先驅樹種，台灣全島中低海拔之開曠地，路邊或新疏開林地，常見其大片群落生長。

6. 大葉楠 *Machilus kusanoi* **Hay.**

（1）樹皮光滑，近白色。

（2）葉倒披針形 - 倒卵形，形大，葉緣常呈波狀。

（3）分布低海拔。

（4）葉長約 20 cm。

（5）側脈數多於 13 對。

7. 紅楠；豬腳楠 *Machilus thunbergii* **Sieb.** *et* **Zucc.**

（1）幼芽呈紅色。

（2）葉形變異大，表面有光澤，側脈約 8 對。

（3）果梗鮮紅色，果成熟時紫黑色。

 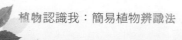

8. 酪梨；樟梨 *Persea americana* **Mill.**

（1）葉形大。

（2）果形大，似西洋梨，有綠皮及紫色皮者。

（3）原產美洲。

9. 楠木；楨楠 *Phoebe zhennan* **S. Lee**

（1）常綠大喬木，高 30 餘公尺，樹幹通直。

（2）葉革質，橢圓形至披針形或倒披針形，下面密被短柔毛。

（3）聚繖狀圓錐花序；花被 6，近等大。

（4）果橢圓形，宿存花被片卵形，革質、緊貼。

13-4. 桃金孃科 Myrtaceae（詳見頁 166，4-6 特殊葉片性狀的科）

桃金孃科植物簡要特徵：

（1）喬木或灌木；多數具內生韌皮部。

（2）葉多對生，稀互生；革質，全緣，葉肉細胞滿布腺點；葉側脈先端連結（圖 13-4）。

（3）花兩性，單生或聚繖花序。

圖 13-4 桃金孃科植物葉側脈先端連結，花萼略與子房合生，子房下位。

（4）瓣 4-5，萼 4-5，花柱 1，具花盤。花萼略與子房合生，子房下位（圖 13-4），中軸胎座。

（5）雄蕊多數，藥隔（connective）頂端常具腺點，常有不具花藥的雄蕊。

（6）蒴果，漿果。

13-5. 芸香科 Rutaceae（詳見頁 127，2-9 羽狀複葉的科）

芸香科植物簡要特徵：
  （1）灌木或喬木，少部分爲草本。
  （2）單葉或複葉，具油腺（glandular punctate）（圖 13-5）；互生或對生。
  （3）萼 4-5；瓣 4-5；雄蕊 8-10；心皮 4-5。
  （4）雄蕊和花瓣對生，插生於花盤之中。
  （5）子房 4-5 淺裂；花盤環狀、盤狀。
  （6）蒴果，核果或柑果（hesperidium）。果皮有油囊。

圖 13-5 芸香科植物，單葉或複葉，具油腺。

圖 13-6 胡椒科植物節膨大，節處長根。

13-6. 胡椒科 Piperaceae（詳見頁 233；6-12 藤本植物之科）

胡椒科植物簡要特徵：
  （1）草本，灌木或藤本；維管束略散生。
  （2）節間具關節或膨大，節處長根（圖 13-6）。

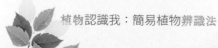
植物認識我：簡易植物辨識法

（3）托葉連生於葉柄。

（4）花小，無花被；常形成**肉質穗狀花序**（圖 13-6），或纖形之穗狀花序。

（5）核果小型，漿果狀。

（6）約 3,100 種植物，分布在熱帶、亞熱帶地區。

13-7. 纖形科 Apiaceae（詳見頁 134，2-12 羽狀複葉科）

纖形科植物簡要特徵：

（1）草本，全株具香味，空心或極軟髓心（圖 13-7）。

（2）**羽狀複葉，葉基鞘狀**（圖 13-7）。

（3）纖形花序；花 5 數，黃或白色；萼 5，瓣 5，雄蕊 5。

（4）心皮 2；子房下位，花柱基部膨大。

（5）果為離果（schizocarp），外具稜，開裂或 2 分果（mericarp）。

13-8. 唇形科 Lamiaceae（詳見頁 268，7-15 單葉、葉對生的不同組合特徵之科）

唇形科植物簡要特徵：

（1）草本植物，植物體芳香。

（2）**葉對生，莖四方形**（圖 13-8）。

上：圖 13-7 纖形科植物全株具香味，空心，纖形花序。

下：圖 13-8 唇形科植物葉對生，莖四方形。

（3）花序腋生或輪生；花萼宿存，瓣萼均 5 裂。

（4）雄蕊 2 或 4，常爲二強雄蕊。

（5）花柱基生，子房深 4 裂，柱頭常 2 裂。

（6）果爲 4 小堅果，每果種子 1。

第十四章　特殊花序及花器內容的科

　　被子植物的花，有的是單朵花單生於枝的頂端或葉腋處，稱單生花，如山茶花、白玉蘭等。但大多數植物的花會以不同的方式排列在花軸上，以一定的次序展開花朵，這種花在花軸上排列的方式和開放次序稱為花序（inflorescene）。花序的主軸稱為花序軸或花軸。花序上的花稱為小花，小花的梗稱為小花梗。花序（inflorescence）是花序軸及其著生在上面的花的通稱，也可特指花在花軸上不同形式的序列。花序可分為有限花序和無限花序。花序常被作為被子植物分類鑒定的一種依據。

　　花苞期整個花序小花的數目，和花開放以後的數目不同，其開花順序是花序下部的花先開，漸漸往上開，或邊緣花先開，中央花後開。花序軸上一面開花又一面產生新的花苞，開花後整個花序的小花數目，遠遠大於開花前的數目，這種花序稱之為無限花序。其中有：總狀花序、圓錐花序、穗狀花序、肉穗狀花序、葇荑花序、繖房花序、繖形花序、頭狀花序、隱頭花序等。其中花排列、形態特殊的花序，如葇荑花序、繖形花序、頭狀花序等的科別較少，屬於特殊群類，屬於鑑識科別的重要特徵。

　　花苞期整個花序小花的數目，和花開放以後的數目相同，花序頂端或中間的花先開，漸漸外面或下面的花開放，或逐級向上開放。開花後整個花序的小花數目並無增加，這種花序稱之為有限花序。可分為單歧聚繖花序的蝎尾狀聚繖花序，和螺形聚繖花序、二歧聚繖花序、多歧聚繖花序、輪繖花序等。本章選擇的是螺形聚繖花序，即卷繖花序，僅有兩科植物屬之。

　　雄蕊（stamen）是被子植物花的雄性生殖器，作用是產生花粉，主要構造可分為花絲及花藥。植物的花多數科雄蕊彼此分離，只有少數植物科雄蕊合生在一起；多數植物花的雄蕊長度相等，也有少數長度不相等的。雄蕊花絲合生成管狀或束狀，稱為單體雄蕊（monadelphous stamens），僅少數科具有之。雄蕊花絲長度不等的花，有雄蕊 6 枚，4 長 2 短者，稱為四強雄蕊（tetradynamous stamens）；雄蕊 4 枚，2 長 2 短者，稱二強雄蕊（didynamous stamens），

都是少數科具有的特徵。連同其他只有極少數植物獨具的花各部數目或形態特點等，都是本章取用作為鑑別植物科別的性狀。

　　具特殊花序，或花構造特別、雄蕊組成特異的植物科（＊號及粗體字科別在本章敘述，無＊號及非粗體字科的詳細說明在該科括符內之章節），及各科間的簡易區別如下：

　　一、葇荑花序
　　似穗狀花序，花軸下垂，或直立，其上著生多數無柄或具短柄的單性花（雄花或雌花），花無花被，開花後常整個花序一起脫落。

　　　14-1　胡桃科（2-1）：羽狀複葉，幼嫩枝葉被腺毛。
　　＊14-2　**楊梅科**：葉背細脈格子狀。
　　　14-3　殼斗科（5-13）：小枝有稜，托葉早落。
　　　14-4　樺木科（5-14）：葉緣重鋸齒。
　　＊14-5　**楊柳科**：托葉永存或早落；生長水邊或高海拔。
　　　14-6　桑科（1-2）：植物體具乳汁。

　　二、繖形花序
　　小花的花梗等長，聚集排列在總花梗的頂端，排成傘形。

　　　14-7　五加科（2-11）：木本植物，莖有髓心。
　　　14-8　繖形科（2-12）：草本植物，莖空心。

　　三、卷繖花序、蝎尾狀花序
　　聚繖花序主軸的側枝有一部分退化，而另一部分呈單向發展，並有末梢彎曲的現象，就會形成卷繖花序。

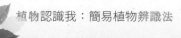

*14-9　紫草科：枝葉有粗糙毛。

*14-10　茅膏菜科：食蟲植物，葉布滿腺毛。

四、頭狀花序

頭狀花序是指花序軸縮短膨大成頭狀或盤狀的花托，其上著生許多無柄小花，下方常有 1 至數層苞片組成的總苞，，開花順序由外向內。

　14-11　含羞草科（2-3）：羽狀複葉；莢果。

*14-12　菊科：草本植物，單葉；瘦果。

（少數茜草科植物如檄樹、風箱樹等爲頭狀花序）

五、單體雄蕊

雄蕊多數，其花絲連合成一束，組成花絲筒。

　14-13　梧桐科（8-2）：單葉或掌狀複葉；單體雄蕊實心。

　14-14　錦葵科（8-3）：單葉，托葉顯著；單體雄蕊空心，先端雄蕊遊離。

　14-15　楝科（2-8）：羽狀複葉；單體雄蕊空心，花藥長在內側。

六、四強雄蕊

植物的花有雄蕊 6 枚，其中 4 枚花絲較長，另 2 枚花絲較短。

*14-16　十字花科：草本植物，植物體具芥茉油（mustard oil）；花瓣十字
　　　　排列。

七、二強雄蕊

植物的花有雄蕊 4 枚，其中 2 枚較長，2 枚較短，這種現象稱二強雄蕊。

　14-17　馬鞭草科（7-14）：木本爲主，植物體有臭味；葉對生，小枝四方形。

14-18 唇形科（7-15）：草本爲主，植物體有香味；葉對生，小枝四方形。

14-19 玄參科（7-16）：草本爲主；葉對生，小枝四方形。

*14-20 苦苣苔科：葉根生或對生，對生時葉一大一小。

14-21 爵床科（7-10）：葉對生，節腫大；花苞片顯著。

14-22 紫葳科（2-14）：羽狀或掌狀複葉對生；花艷麗，種子具薄翅。

八、雄蕊花藥箭形，呈金黃色

*14-23 茄科：合瓣花，整齊花；漿果。

九、花器四數；子房下位

*14-24 柳葉菜科：花瓣 4，花萼 4，雄蕊 4 或 8；子房下位。

一、葇荑花序

14-1 胡桃科 Juglandaceae（詳見 105 頁，2-2 羽狀複葉的科）

胡桃科科植物的簡要特徵：

（1）落葉喬木，植株芳香，木材硬；幼葉、嫩枝、花梗等常被覆腺毛。

（2）葉爲奇數羽狀複葉，互生；無托葉。

（3）雌雄同株，雄花爲下垂葇荑花序（圖14-1），雌花序則直立；無花瓣。

（4）雄花：雄蕊 3，常呈多數。

圖 14-1 胡桃科植物的雄葇荑花序。

（5）雌花：子房下位，花柱 2，常呈羽毛狀。

（6）核果或堅果。

*14-2 楊梅科 Myricaceae（又見頁 179，4-12 特殊葉片性狀之科）

　　本科植物的根具有根瘤，能在貧瘠土壤生長良好。枝葉繁茂，樹冠圓至扁圓形，初夏又有紅果累累，具景觀效果，是庭園林美的優良樹種，特別在不肥沃新積土的基地，也能生長良好。孤植、叢植於庭園，或列植於道旁都很適宜；亦可密植方式栽植成分隔空間的綠籬。楊梅科花單性，雌雄同株或異株，排成腋生的葇荑花序。本科之楊梅果球形，直徑 1.0-1.5cm，有小疣狀突起，熟時深紅、紫紅成白色，味甜酸。爲著名水果，是江、浙名產，有很多栽培品種。

　　楊梅科共有 3 屬約 50 餘種，分布於熱帶、亞熱帶和溫帶地區，主要分布於東亞和北美。楊梅科大部分種類屬於楊梅屬，因香蕨木屬（*Comptonia*）和 *Canacomyrica* 屬都是單種屬，也有分類學家從楊梅屬又分出一個 Morella 屬。1981 年的克朗奎斯特（Cronquist）系統單獨分出一個楊梅部，其下只有楊梅科，1998 年根據基因親緣關係分類的 APG 分類法將楊梅科列入殼斗部。

楊梅科植物的簡要特徵：

（1）常綠或落葉喬木或灌木，植物體有芳香，喬木或灌木。

（2）單葉互生，常有油脂點，全緣或有鋸齒或不規則牙齒；**葉背細脈格子狀（照片 14-1）**。

（3）雌雄同株或異株，有時同株樹性別依年互易；無瓣、無萼。

照片 14-1 楊梅科的楊梅葉密生枝端，葉背細脈格子狀。

（4）雄花序常著生於去年生枝條的葉腋內或新枝基部（圖14-2），單生或簇生；雄花：雄蕊2至多數。

（5）雌花序與雄花序相似，有時較雄花序為短，常著生於葉腋；雌花：花柱短，兩歧，子房一室，胚珠單一直立基生。

（6）核果，外果皮或多或少肉質，富於液汁，果皮上有許多瘤粒（warts）（照片14-2）。

上：圖 14-2 楊梅科植物的雄蕊黃花序。
下：照片 14-2 楊梅科的楊梅果實球形，熟時深紅色或紫紅色。

1. 楊梅 *Myrica rubra*（**Lour**）**Sieb.** *et* **Zucc.**

（1）常綠喬木，樹皮灰色，小枝粗壯。

（2）葉互生，密生枝端；葉倒卵或長倒卵狀披針形，全緣或上端不明顯疏鈍齒緣。

（3）花雌雄異株；雄花序叢生葉腋，圓柱形，長約 3 cm，黃紅色；雄蕊5-6 枚。

（4）雌花序卵狀長橢圓形，長約 1.5 cm，單生葉腋。

（5）果實為核果，球形，徑 1-1.8 cm，具乳頭狀突起，熟時深紅色或紫紅色。

植物認識我：簡易植物辨識法

14-3　殼斗科 Fagaceae（詳見頁 204，5-12 單葉具托葉的科物）

殼斗科植物的簡要特徵：

（1）常綠或落葉喬木，小枝有稜（照片 14-34）。

（2）葉互生，托葉早落。

（3）雄花：直立或下垂葇荑花序（圖 14-3）。

（4）雌花：單生或叢生於雄花序基部，外面有總苞。

（5）果為堅果，總苞成熟後變硬成殼斗狀，包被堅果部分或全部；殼斗
　　　外之鱗片凸起或針狀。

照片 14-3 殼斗科植物，小枝有稜，　圖 14-3 殼斗科植物的雄葇荑花序。
托葉早落。

14-4　樺木科 Betulaceae（詳見頁 207，5-13 單葉具托葉的科）

樺木科植物的簡要特徵：

（1）落葉喬木或灌木。

（2）單葉互生，托葉早落，
重鋸齒緣。

（3）雄花：葇荑花序（圖
14-4）。

（4）雌花：毬果狀或葇荑
狀；子房2室，花柱2。

（5）果為翅果或堅果，其
外之總苞膜質。

（6）主產溫帶及寒帶。

圖 14-4 樺木科植物的雄葇荑花序。

*14-5 楊柳科 Salicaceae （又見頁 198，5-9 單葉具托葉之科）

楊柳科植物生態適應性強、生長快、繁殖易、輪伐期短、易管理和用途廣等
特點，成為中國北方和歐洲重要的造林和綠化樹種。在溫帶地區之山區、草原帶、
沼澤地、沙地，常見有楊柳科植物的大面積造林。其中，柳屬中的大部分種類是
森林區與草原區河灘灌叢的主要優勢種。

在克朗奎斯特（Cronquist）系統中只包括 3 個屬：柳屬（Salix）、楊屬
（Populus）和鑽天柳屬（Chosenia），共有 650 種。但 2003 年的 APG II 分類法
將原來屬於大風子科的植物合併入本科，使楊柳科成為有 58 屬 1,350 餘種的科。
目前的楊柳科分類，習慣上以如下分類為主：楊柳科包含 2 個亞科，即楊亞科
（Populoideae）和柳亞科（Salicoideae）。楊亞科包含 2 個屬：楊屬（Populus）
和胡楊屬（Balsamiflua）；柳亞科包含 3 個屬：原柳屬（Pleiarina）、鑽天柳屬
（Chosenia）和柳屬（Salix）。常見的本科植物有楊屬和柳屬各種，台灣原生的
只有柳屬植物。

楊柳科植物的簡要特徵：
（1）落葉喬木或直立、墊狀和匍匐灌木。
（2）葉互生，托葉鱗片狀或葉狀（照片 14-4）。

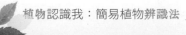

植物認識我：簡易植物辨識法

（3）葇荑花序（圖 14-5），雌雄異株，花比葉先長（**florescence precocious**）。

（4）無花瓣；雄蕊 2-12；心皮 2-4，子房基部具花盤或蜜腺（gland）。

（5）蒴果 2-4 裂，胚珠成熟後珠柄（**funicle**）長出長毛，果實開裂時，種子飛散，稱之飛絮（**silky hairs**）、（照片 14-5）。

（6）分布溫帶。

照片 14-4 楊柳科植物，托葉鱗片狀或葉狀。

圖 14-5 楊柳科植物的雄葇荑花序。

照片 14-5 楊柳科植物，具長毛的種子從蒴果散出。

1. 垂柳 Salix babylonica L.

（1）落葉喬木，株高 5-15 m；小枝細長，柔軟而下垂。

（2）葉互生，腺狀披針形或狹披針形，邊緣有細鋸齒。

（3）雌雄異株，葇荑花序，雄花穗長 2-4 cm，黃綠色，雌穗較短，平滑。

（4）蒴果，狹圓錐形，2 裂，種子有毛。

2. 水柳 *Salix warburgii* **O. Seem.**

（1）落葉小喬木，幼嫩部分被有少許毛茸。

（2）葉互生，披針形或卵狀披針形，細鋸齒緣。

（3）雌雄異株。雄性葇荑花序雄花密集排列，雄蕊3-6；雌花序排列稍疏。

（4）蒴果紡錘形，種子具有長絹毛。

（5）分布：河堤，山麓及路旁；各地庭園亦常見栽培。

14-6 桑科 Moraceae（詳見頁79，1-2 具乳汁的科）

桑科植物的簡要特徵：

（1）喬木或灌木，稀藤本；全株具乳汁。

（2）單葉互生；托葉明顯，早落，常留下**托葉遺痕**（照片14-6）。

（3）花單性，頭狀花序、葇荑花序（**圖14-6**）或隱頭花序（Syconium），
無花瓣。

（4）雄蕊與萼片同數對生，或退化成1個雄蕊。

（5）雌花2心皮，通常心皮退化；花柱2裂。

（6）果爲瘦果或漿果，常聚生成複合果（Multiple fruit）。

照片 14-6 桑科無花果具明顯托　圖14-6桑科植物構樹的雄葇荑花序。
葉，常在枝條上留下托葉遺痕。

二、繖形花序

14-7 五加科（詳見頁 132，2-11 羽狀複葉之科）

五加科植物的簡要特徵：

（1）喬木、灌木、木質藤本；莖具白色髓心，被星狀絨毛。

（2）葉互生，單葉，掌狀複葉或羽狀複葉。

（3）**托葉連生於葉柄基部，使二者難以區別，包莖**（照片 14-7）。

（4）花小，綠色，形成繖形花序（圖 14-7）。

（5）雄蕊常 5，著生於花盤邊緣。

（6）子房下位，心皮 2 至多數，常 5。

（7）核果。

照片 14-7 五加科植物的托葉連生於葉柄基部，包莖。　　　圖 14-7 五加科植物的繖形花序。

14-8 繖形科（詳見頁 134，2-12 羽狀複葉之科）

繖形科植物的簡要特徵：

（1）草本，全株具香味，空心或極軟髓心。

（2）羽狀複葉，**葉基鞘狀**（照片 14-8）。

（3）繖形花序（圖 14-8）；花 5 數，黃或白色；萼 5，瓣 5，雄蕊 5。

（4）心皮 2；子房下位，花柱基部膨大。

（5）果為離果（schizocarp）。

照片 14-8 繖形科植物的托葉在
葉柄基部連生成鞘狀。

圖 14-8 繖形科植物的繖形花序。

三、卷繖花序、蠍尾狀花序

*14-9 紫草科 Boraginaceae

本科有木本植物也有草本植物，有喬木也有灌木，均以葉有粗毛為特徵，花常排成蠍尾狀花序。花常呈鮮藍色，有時帶紅色。其中有一些種類為觀賞類植物，小葉厚殼樹（*Ehretia microphylla* Lamk.），又名滿福木、福建茶，因其枝葉細小濃密，萌芽力強，耐修剪，用作綠籬或栽成各種造型的盆景。本科有著名葯用植物紫草（*Lithospermum erythrorhizon* Sieb. *et* Zucc.），以乾燥的根入藥，具有涼血、活血、清熱、解毒透疹之功效，治療溫熱斑疹、濕熱黃膽、吐血、衄血、尿血、淋濁、血痢、熱結便秘、燒傷、濕疹、丹毒等病。另外，破布木（*Cordia*

植物認識我：簡易植物辨識法

dichotoma Forst. f.）果實為核果，橢圓形，成熟時初為橙黃色，中果皮多汁而透明，含乳白色粘液將果實清洗乾淨，放入清水中烹煮醃漬，就是健康食品的「甘味樹仔」。或是先將洗淨的果實加鹽水煮沸，不停攪拌使果皮破裂。在產品呈糊狀時加入其他調味料，冷卻凝結後冷凍或醃漬保存。

　　紫草科包括大約 100 餘屬共 2,000 多種，分布在全世界熱帶及溫帶地區，主要集中於地中海地區。該科包括 4 個亞科：破布木亞科、厚殼樹亞科、紫草亞科和天芥菜亞科。有人主張將破布木和厚殼樹兩亞科提出來，建立單獨的厚殼樹科。根據克朗奎斯特（Cronquist）系統，紫草科屬於唇形部，但根據 APG II 分類法，紫草科不屬於任何一部，是一個獨立的部。2009 年的 APG III 分類法中將單柱花科（Hoplestigmataceae）併入紫草科。 臺灣有 12 屬。

紫草科植物的簡要特徵：
　　（1）草本至木本；植株常被覆粗糙毛（照片 14-9）。
　　（2）葉互生，全緣或有鋸齒。
　　（3）整齊花；卷繖花序（helicoid cymes）；蝎尾狀花序（scorpoid cymes）（圖 14-9）。
　　（4）雄蕊 5，心皮 2，有時形成 4 室。
　　（5）果為 4 分離之小堅果（nutlets）。

照片 14-9 紫草科植物植株常被覆粗糙毛。　　圖 14-9 紫草科植物的蝎尾狀花序。

1. 小葉厚殼樹；滿福木 *Carmona retusa* （**Vahl.**）**Masam.**
   = *Ehretia microphylla* **Lamk.**
   （1）小灌木，耐修剪；爲綠籬植物。
   （2）葉小，粗糙，倒卵形，無柄，長 1.0-2.5cm。
   （3）花冠白色。
   （4）果球形，熟時桔紅色。

2. 破布子 *Cordia dichotoma* **Forst. f.**
   （1）落葉喬木。
   （2）葉卵狀心形，略波狀緣，常有痂狀鱗片，長 9.0-12cm；略波狀緣。
   （3）聚繖狀圓錐花序，萼不規則 2-3 裂。
   （4）果球形，徑 1.2 cm。成熟時，黃至橘紅色，果皮具透明黏液，醃製後即爲「破布子」。

3. 狗尾草 *Heliotropium indicum* **L.**
   （1）一年生直立草本。
   （2）葉卵形，長 2-10cm，兩面具粗毛。
   （3）產低海拔潮溼廢棄地。

4. 勿忘我 *Myosotis sylvatica* **Ehrh.** *ex* **Hoffm.**
   （1）多年生草本，莖直立，高 20-45cm。
   （2）基生葉和莖下部葉有柄，狹倒披針形、長圓狀披針形或線狀披針形。
   （3）花序後伸長；花冠藍色。
   （4）小堅果卵形，暗褐色，平滑，有光澤。
   （5）分布於歐洲、伊朗、俄羅斯、巴基斯坦。

植物認識我：簡易植物辨識法

5. 白水木 *Tournefortia argentea* **L. f.**

= *Messerschmidia argentea*（**L. f.**）**Johnston**

（1）常綠小喬木；小枝、葉、花序被銀白色絹毛。

（2）葉倒卵形至匙形，肉質，長 10-20cm，兩面密被白絹毛。

（3）花序頂生，二叉，蝎尾狀，花白色。

（4）果核果狀，軟木質果皮，徑 0.5-0.8cm。

（5）產海岸砂地。

*14-10 茅膏菜科 Droseraceae

　　本科爲一年生濕生植物，食蟲草本。全株植物密生黏性腺毛是其特色，分布在溫帶、亞熱帶和熱帶地區，多生長在强酸性的溼地，坡地。有 4 屬 105 種，其中茅膏菜屬廣布全世界，植物用葉面的粘液腺獵取小昆蟲。其餘 3 屬均單種屬：露葉花屬（露松屬 *Drosophyllum*）產葡萄牙、西班牙南部及摩洛哥；捕蠅草屬（*Dionaea*）產美國東南部；貉藻屬（*Aldrovanda*）產歐洲東部、亞洲東部及北部、帝汶和澳大利亞的。捕蠅草和貉藻直接用敏感的葉獵取昆蟲，茅膏菜屬植物用葉面的粘液腺捕獲昆蟲。

茅膏菜科植物的簡要特徵：

（1）食蟲性草本植物，常有腺毛。

（2）葉互生，基生葉常蓮座狀，被粘腺毛，幼嫩葉片捲曲（照片 14-10）。葉被覆分泌黏液之頭狀腺體或葉緣具刺。

照片 14-10 茅膏菜科植物，基生葉常蓮座狀，被粘腺毛。

（3）花序卷繳狀（圖 14-10），花
　　　兩性，萼、瓣、雄蕊數為 5；
　　　心皮 3-5。
（4）果為蒴果。

1. 捕蠅草 *Dionaea muscipula* **J. Ellis**

（1）多年生食蟲草本，高約 10
　　　cm 左右，沒有顯著的莖。
（2）葉從根部叢生，生出兩片可向
　　　中間折疊的葉片，葉緣處還長
　　　著針狀的刺毛，葉片裡面，通
　　　常長有三對短的感覺毛。
（3）原產於北美洲。

圖 14-10 茅膏菜科植物的卷繳花序。

2. 茅膏菜 *Drosera peltata* **Sm.** *ex Willd.*

（1）常綠多年生食蟲草本植物，莖纖細直立。
（2）下部葉基生，呈蓮座狀；上部葉互生，盾狀著生，半圓形，葉邊緣
　　　密被長腺毛，頂端膨大，紅紫色；能捕捉小昆蟲幷消化吸收。
（3）蝎尾狀聚傘花序生於莖頂或分枝頂端；花生一側，白色或淡紅色。

3. 小毛氈苔 *Drosera spathulata* **Lab.**

（1）草本食蟲植物。
（2）葉緣及葉面都長滿了細密的腺毛，細毛會分泌黏液捕捉小蟲。
（3）夏至秋季開紫紅色小花，花莖細長，花會長的很高。
（4）台灣北部及東北部山區，長在潮濕的山壁，常與苔蘚類混生。

四、頭狀花序

14-11 含羞草科（詳見頁 110，2-3 羽狀複葉之科）

含羞草科植物的簡要特徵：

（1）葉多為二回羽狀複葉，有時為假葉。

（2）花序頭狀（圖 14-11）、或頭花排成的叢狀、穗狀或總狀花序。

（3）花放射相稱，花萼
5 裂；瓣 5，皆鑷合
排列。

（4）雄蕊 10 至多數，花
藥頂端常有一脫落
性腺體，花粉 10-20
個合生成花粉塊。

（5）莢果；種子常具胚
珠柄。

圖 14-11 含羞草科植物的頭狀花序。

*14-12 菊科 Asteraceae（又見頁 100，1-12 植物體具乳汁之科）

菊科種類繁多，許多種類富經濟價值，如萵苣、萵筍、茼蒿等作蔬菜；向日葵、小葵子、蒼耳的種子可榨油，供食用或工業用；橡膠草和銀膠菊可提取橡膠；艾納香可蒸餾制取冰片；紅花和白花除蟲菊為著名的殺蟲劑；澤蘭、紫菀、旋複花、天名精、菌陳蒿、艾、白術、蒼術、牛蒡、紅花、蒲公英等為重要的藥用植物；此外，菊、翠菊、大麗菊、金光菊、金雞菊以及許多種類，花美麗鮮艷供觀賞，全世界各地庭園均有栽培。

菊科植物最主要的特徵是花集生成頭狀花序，是由許多花簇生在似頭狀的總苞上所組成的，每朵花被稱為「小花」。小花有舌狀花和管狀花二種：舌狀花的花瓣長條形，具有美觀艷麗的色彩，通常生長在頭狀花序的外圍；管狀花的花瓣

合生成管狀，通常生長在頭狀花序的中央。菊科的頭狀花序有三種類型：頭狀花序有舌狀花和管狀花，如向日葵；頭狀花序只有舌狀花，如蒲公英；頭狀花序只有管狀花，如南國薊。

　　菊科是雙子葉植物中最大的一個科。傳統上，根據頭狀花序花冠類型的不同、乳狀汁的有無，可分成兩個亞科：整個頭狀花序全爲管狀花或中間盤狀花爲管狀花，邊緣是舌狀花的管狀花亞科（菊亞科）（Asteroideae 或 Tubuliflorae）和頭狀花序全部小花舌狀，植物有乳汁之舌狀花亞科（Liguliflorae）。現在的分類處理至少可分成 13 個亞科、1,689 屬和 32,913 種。菊科植物廣泛分布在全世界，但熱帶地區較少，臺灣產 69 屬 177 種，分布低海拔至高山。菊科和蘭科常被視爲最進化的植物。

菊科植物的簡要特徵：

（1）草本植物爲主，植物體有時具乳汁。

（2）葉互生，稀對生或輪生。

（3）頭狀花由至多數小花（florets）組成（圖 14-12），包括舌狀花及管狀花。

（4）花放射相稱至左右對稱，雄蕊 5，心皮 2。

（5）花冠爲 5 淺裂、管狀，或 3-5 齒裂之舌狀，或上唇 3 淺裂，下唇淺 2 裂。

（6）雄蕊花藥聚合，形成各種形狀。

（7）花柱細長，柱頭 2 裂，形成各種形狀。

圖 14-12 菊科植物的頭狀花序。

（8）果為瘦果，稱為下位瘦果（**cypsela**），果頂具有冠毛（照片 14-11）。

照片 14-11 菊科植物的果為瘦果，頂端有冠毛

1. 大波斯菊 *Cosmos bipinnatus* **Cav.**

（1）一年生草本花卉，高 1m 左右。

（2）葉互生或對生，葉柄不明顯，二回羽狀分裂，小裂片細線形，全緣。

（3）頭狀花序具長梗，頂生或腋生，花色有白、淡黃、金黃、橙紅、鮮紅、粉紅、紅、紫紅等多種品種；花型則有重瓣、半重瓣、單瓣之分；中央為管狀花，多數，黃色，兩性，總苞片 2 列。

（4）原產於墨西哥。

2. 向日葵 *Helianthus annuus* **Linn.**

（1）高大草本，莖直立，高 1-3 m，粗壯，全株密生絨毛。

（2）葉互生，心狀卵圓形或卵圓形，頂端急尖或漸尖。

（3）頭狀花序，圓盤狀，徑約 10-30cm，單生於莖端或枝端；邊花為舌狀花，多數，黃色；中央為管狀花，極多數。

（4）果實為瘦果，瘦果倒卵形或卵狀長圓形。

3. 蟛蜞菊 *Wedelia chinensis*（**Osbeck**）**Merr.**

（1）多年生草本；匍匐地上蔓延，上部直立。全株粗糙，微被短毛。

（2）葉對生，線狀長橢圓形、倒披針形或長橢圓形，兩面被粗毛，全緣或鈍鋸齒緣。

（3）頭狀花序，腋生，單一，頭狀花黃色，徑 2-3cm，為舌狀花和管狀花聚成；管狀花位於中央。

（4）果為瘦果，倒卵形。

4. 南美蟛蜞菊 *Wedelia triloba*（**L.**）**Hitchc.**

（1）多年生草本，匍匐狀蔓性莖，能節節生長，被剛毛。

（2）葉對生，厚紙質，粗糙具剛毛，卵形或廣卵形，三淺裂，鋸齒緣，有光澤。

（3）花由舌狀花和管狀花組成，單一頂生，花梗長，黃色。

5. 蒼耳 *Xanthium strumarium* **L.**

（1）一年生草本，高 30-60cm，粗糙或被毛。

（2）葉互生，有長柄，葉片寬三角形，先端銳尖，基部心臟形，邊緣有不規則粗鋸齒。

（3）頭狀花序近於無柄；雄花序球形，總苞片小，1 列；雌花序卵形，總苞片 2-3 列。

（4）瘦果倒卵形，包藏在有刺的總苞內，無冠毛。

（5）生於荒坡草地或路旁，廣佈種。

6. 茵陳蒿 *Artemisia capillaris* **Thunb.**

（1）多年生草本，高 40-100cm。

（2）莖直立，木質化，紫色，多分枝。

（3）營養枝上的葉，葉柄長約 1.5cm，葉片 2-3 回羽狀裂或掌狀裂；花枝上的葉無柄，羽狀全裂。

（4）頭狀花序多數，密整合圓錐狀；花雜性，淡紫色，均為管狀花。

（5）瘦果長圓形，無毛。

（6）多生於山坡、河岸、砂礫地。大部地區均有分佈。

植物認識我：簡易植物辨識法

7. 艾 *Artemisia indica* **Willd.**

（1）多年生草本或略成半灌木狀，植株有濃烈香氣。

（2）莖單生，高 80-150cm。

（3）葉厚紙質，上面被灰白色短柔毛，幷有白色腺點與小凹點。

（4）頭狀花序橢圓形，直徑 2.5-3mm，無梗或近無梗。

（5）瘦果長卵形或長圓形。

8. 蘄艾 *Crossostephium chinense*（**L.**）**Makina**

（1）常綠多年生亞灌木，株高 30-60cm，全株被灰白色短毛，有強烈香氣。

（2）葉厚，窄匙形至倒卵披針形，長 2-5cm，寬 0.2-2cm，全緣或三至五裂。

（3）盤狀頭花，總苞半球形，密被絨毛，苞片 3 層。

（4）瘦果長橢圓形，五稜狀。

9. 菊花 *Dendranthema morifolium* **Ramat.**

（1）多年生草本植物。株高 20-200cm，通常 30-90cm。

（2）單葉互生，卵圓至長圓形，邊緣有缺刻及鋸齒。

（3）頭狀花序頂生或腋生，舌狀花爲雌花，筒狀花爲兩性花。有紅、黃、白、墨、紫、綠、橙、粉、棕、雪青、淡綠等。

四、單體雄蕊

14-13 梧桐科 Sterculiaceae（詳見頁 279，8-2 具星狀毛的科）

梧桐科植物的簡要特徵：

（1）樹皮具長纖維，木本。

（2）植物體具星狀毛。

（3）單葉或掌狀複葉，互生。

（4）**單體雄蕊**（Monadelphous stamen），實心（圖 14-13）。

（5）果爲蒴果（capsule），蒴片 1-5。蒴片一則爲蓇葖果；種子多具翅。

圖 14-13 梧桐科植物的單體雄蕊。

圖 14-14 錦葵科植物的單體雄蕊。

14-14 錦葵科 Malvaceae（詳見頁 281，8-3 具星狀毛的科）

錦葵科植物的簡要特徵：

（1）多數種類爲灌木或草本。

（2）樹皮含多量纖維，外被星狀毛。

（3）單葉，互生，有托葉。

（4）花具**小苞片**（bracteole = 副萼 epicalyx）。

（5）雄蕊合生成中空筒狀之單體雄蕊（圖 14-14），花絲先端游離。

14-15 棟科 Meliaceae（詳見頁 125，2-8 羽狀複葉的科）

棟科植物的簡要特徵：

（1）灌木或喬木，木材多具芳香。

（2）羽狀複葉，互生；無托葉。

（3）聚繖狀之圓錐花序；萼 3-6 裂；瓣 4-5，花具花盤。

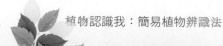

（4）雄蕊 5-10；花絲合生成
　　　筒（圖 14-15）；子房 2-5
　　　室，每室胚珠 1-2。
（5）漿果、蒴果或核果。

圖 14-15 楝科植物的單體雄蕊。

五、四強雄蕊

*14-16 十字花科 Brassicaceae

　　十字花科植物為一年生、二年生或多年生，常含黑芥子硫苷酸（Myrosin）而產生一種特殊的辛辣氣味，多數是草本。有許多種人類食用的蔬菜出自本科，芸苔屬（*Brassica*）和蘿蔔屬（*Raphanus*）為主要的蔬菜和油料植物，或作辛辣調味品；代表植物有油菜（*Brassica campestris* L.）、薺菜（*Capsella bursa – pastoris* (L.) Medic.）、蘿蔔（*Raphanus sativus* L.）、花椰菜等；有的是觀賞植物，如葉牡丹，即觀賞用高麗菜（*Brassica oleracea* var. *acephala* f. *tricolor*）、紫羅蘭（*Matthiola incana* (L.) Br.）等；有的種類是重要的藥用植物，如菘藍（*Isatis tinctoria* L.）、瑪卡（Maca）（*Lepidium meyenii* Walp.）等。

　　本科大約共有 338 個屬，約 3,700 種，主要原產自北半球的溫帶地區，尤以地中海區域分布較多，現已被引種到世界各地。臺灣有 20 屬 51 種。

十字花科植物的簡要特徵：
（1）一年、二年或多年生草
　　　本，植物體多汁液。
（2）基生葉蓮座狀，莖生葉
　　　互生，無托葉，單葉或
　　　羽狀分裂。
（3）總狀花序；花兩性，整齊；
　　　萼 4，分離，排成 2 輪。

圖 14-16 十字花科植物的四強雄蕊。

（4）花瓣 4，有白、黃、粉
紅、淡紫、紫各色，
排列呈十字形（圖 14-
16）；雄蕊 6（4 長 2 短，
即四強雄蕊）；心皮 2。

（5）果爲長角果（siliqua）
或角果（silicule）（照
片 14-12）。

照片 14-12 十字花科植物的果爲長角果或角果。

1. 白菜 *Brassica chinensis* **L.**

（1）一、二年生草本植物；
植株較矮小。

（2）葉色淡綠至墨綠，葉片倒卵形或橢圓形；葉柄肥厚，白色或綠色。

（3）花黃色。

2. 大白菜；結球白菜 *Brassica pekiensis* **Rupr.**

（1）二年生草本。

（2）葉生於短縮莖上，葉片薄，橢圓或長圓形；葉柄寬扁，兩側有明顯
的葉翼。

（3）總狀花序，黃色花。

3. 芥藍菜 *Brassica oleracea* **L. var.** *acephala* **DC.**

（1）一至二年生草本植物。

（2）互生葉，近似橢圓形，全緣至疏齒緣，色綠。

（3）花爲黃色或白色。

3a. 花椰菜 *Brassica oleracea* **L. var.** *botrytis* **L.**

（1）二年生草本，高 60-90cm，被粉霜。

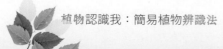

（2）莖直立，粗壯，有分枝。

（3）基生葉及下部葉長圓形至橢圓形，灰綠色，葉柄長 2-3cm。

（4）總狀花序頂生及腋生；花淡黃色，後變成白色。

（5）長角果圓柱形，長 3-4cm。種子寬橢圓形，棕色。

3b. 青花菜 *Brassica oleracea* **L. var.** *italica* **DC.**

（1）源於義大利，和花椰菜、大頭菜（結球甘藍）同為芥藍菜的變種。

（2）青綠色菜花而得名綠菜花。

3c. 高麗菜；結球甘藍 *Brassica oleracea* **L. var.** *capitata* **L.**

（1）二年生草本。

（2）卵圓形厚葉片，有黃綠、深綠或藍綠色。

（3）葉柄短、葉心抱合成球狀，呈黃白色。

（4）按卷心形狀分尖頭形、平頭形、圓頭形三種。

（5）原產於歐洲，台灣在荷蘭時代引進栽培。

4. 薺菜 *Capsella bursa-pastoris*（**L.**）**Medic.**

（1）一、二年生草本植物。

（2）幼苗時，根出葉輻射狀的平鋪地面，有羽狀深裂。

（3）頂部葉片大都接近線形，葉基成耳狀抱莖，邊緣或有缺刻或鋸齒。

（4）總狀花序；花白色。

（5）短角果呈倒三角形，扁下，內含多數種了。

5. 山葵菜 *Eutrema japanica*（**Miq.**）**Koidz.**

= *Wasabia japonica*（**Miq.**）**Matsum.**

（1）多年生、常綠宿根性植物；根、莖、葉柄、葉均辛辣清香。

（2）可製哇沙米，為高級調味品，辛辣芳香，對口舌有強烈刺激。

6. 蘿蔔 *Raphanus sativus* **L.**

（1）一或二年生草本植物，軸根會膨大形成儲藏根。

（2）根生葉，卵狀披針葉至一回羽狀複葉，小葉橢圓狀，鋸齒緣。

（3）開花時會抽出花莖，花白色、淡黃或淡紫色花。

（4）果爲長角果，種子小球狀，紅褐色。

六、二強雄蕊

植物的花有雄蕊 4 枚，其中 2 枚較長，2 枚較短，這種現象稱二強雄蕊。

14-17　馬鞭草科 Verbenaceae（詳見頁 264，7-14 單葉、葉對生不同組和特徵的科）

馬鞭草科植物的簡要特徵：

（1）多爲灌木或喬木，少數草本；小枝四方形（照片 14-13）。

（2）葉對生，單葉或複葉。

（3）花 5 數，左右對稱；花萼 5 裂，永存，有時增大；花冠爲 2 唇瓣。

（4）雄蕊 4，二強雄蕊（**didymous**），常突出花冠筒之外（圖 14-17）。

（5）花柱著生子房頂端；心皮 2，每心皮 2 室；子房頂端僅淺裂。

（6）果爲 4 分離小堅果或堅硬核果。

照片 14-13 馬鞭草科植物的葉對生，小枝四方形。

圖 14-17 馬鞭草科植物的二強雄蕊。

14-18 唇形科 Laminaceae（詳見頁 268，7-15 單葉、葉對生不同組合特徵的科）

唇形科植物的簡要特徵：

（1）草本植物爲主，植物體芳香。

（2）葉對生，莖四方形。

（3）花序腋生或輪生；花萼宿存，瓣萼均 5 裂。

（4）雄蕊 2 或 4，常爲二強雄蕊（圖 14-18）。

（5）花柱基生（gynobasic），子房深 4 裂，柱頭常 2 裂；胚珠基生。

（6）果爲 4 小堅果，每果種子 1。

圖 14-18 唇形科植物的二強雄蕊。

14-19 玄參科 Scrophulariaceae（詳見頁 270，7-16 單葉、葉對生不同組合特徵的科）

玄參科植物的簡要特徵：

（1）多數爲草本，極少數爲木本。

（2）葉對生，輪生或互生，莖四方形。

（3）花左右對稱，花冠 5 裂，2 唇瓣。

（4）雄蕊 4，二強雄蕊（圖 14-19），有時有第 5 之退化雄蕊，或雄蕊 2。

圖 14-19 玄參科植物的二強雄蕊。

（5）心皮 2，胚珠多數，中軸胎座。

（6）蒴果；種子數多。

*14-20 苦苣苔科 *Gesneriaceae*

苦苣苔科植物依分布區域可分爲兩大類：生長在亞洲、歐洲和非洲的苦苣苔亞科，成員包括口紅花、非洲菫、菫蘭、雙心皮草屬等；生長在每洲和澳洲的大岩桐亞科，成員包括長筒花、海豚花、喜蔭花、花點苣苔、岩桐屬、垂筒苣苔、小圓彤等。

苦苣苔科是個大科，包括約 150 屬 3,200 餘種，廣泛分布在世界各地的熱和亞熱帶地區。1981 年的克朗奎斯特（Cronquist）系統將本科列入玄參部，1998 年根據基因親緣關係分類的 APG 分類 法將其合併入唇形部。

苦苣苔科植物的簡要特徵：

（1）多爲具根狀莖的草本，少數爲灌木或喬木。

（2）葉對生或基生，稀輪生或互生，通常爲單葉；葉對生時葉常一大一小（照片 14-14）。

（3）花左右對稱；花冠鐘狀或輻狀，花多大而豔（圖 14-20），2 唇瓣；萼片 4-5 枚。

上：照片 14-14 苦苣苔科植物的葉對生或互生，葉對生時葉常一大一小。

下：圖 14-20 苦苣苔科植物的二強雄蕊。

（4）雄蕊 5、4 或 2，雄蕊連生成對，有時具不孕性雄蕊（1-3）。

（5）雌蕊由 2 枚心皮形成，子房上位（台產者）至下位，一室，胚珠多數。

（6）蒴果或極稀爲漿果，果線形、長圓形、橢圓球形或近球形。種子細小，多數。

1. 大岩桐 *Sinningia speciosa*（**Lodd.**）**Hiern**

（1）多年生草本，塊莖扁球形，地上莖極短，株高可達 25cm，全株密被白色絨毛。

（2）葉片對生，肥厚，有鋸齒。

（3）花頂生或腋生，花冠鐘狀，有粉紅、紅、紫藍、白、複色等色，大而美麗。

（4）蒴果。

2. 毛萼口紅花 *Aeschynanthus radicans* **Jack**

（1）多年生的草本植物；莖枝伸長呈匍匐性或懸垂性。

（2）葉對生，卵形或橢圓形，全緣，質厚富光澤。

（3）花著生於枝端，花萼長筒狀，暗褐紅色，外被短茸毛。花冠長筒狀，鮮紅色，自花萼中伸出，像口紅。

（4）耐陰性強，懸垂姿態優雅，適合吊盆。

（5）原產馬來西亞、印尼和印度東部的熱帶地區。

14-21 爵床科 Acanthaceae（詳見頁 255，7-10 單葉、葉對生的科）

爵床科植物的簡要特徵：

（1）草本或灌木；常具鐘乳體。

（2）葉對生；節常膨大。

（3）花左右對稱，艷麗，常具顯著之苞片；有花盤。

（4）花冠 5 裂，2 唇或有時 1 唇，最上方花冠 2 淺裂。

（5）雄蕊 4，二強（圖 14-21），或 2。

（6）心皮 2，花柱單一，胚珠每室僅 2。

（7）蒴果，種子具增大並特化之胚珠柄（funiculus）。

圖 14-21 爵床科植物的二強雄蕊。　　圖 14-22 紫葳科植物的二強雄蕊。

14-22 紫葳科 Bignoiaceae（詳見頁 138，2-14 羽狀複葉的科）

紫葳科植物的簡要特徵：

（1）喬木，大灌木或藤本。

（2）多數為複葉（羽狀、掌狀），對生；有時具捲鬚。

（3）花略左右對稱，豔麗（圖 14-22），2 唇；萼 5 裂，冠 5 裂。

（4）雄蕊 4，二強雄蕊（圖 14-22），有時具第五之退化雄蕊。

（5）心皮 2，花柱 2 裂；胚珠多數。

（6）蒴果；種子具透明翅。

七、雄蕊花藥箭形，呈金黃色

*14-23 茄科 Solanaceae

茄科對於人類而言，是非常重要的一類植物。茄科植物一般都含有生物鹼，對人類具有一定的毒性。根據其生物鹼含量的多少，有的種類作為食物，有些種

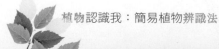

植物認識我：簡易植物辨識法

類則作爲藥物。作爲食物的重要種類，有馬鈴薯、茄、番茄、辣椒等；作爲藥物者，有顚茄、曼陀羅、滇宕等，菸草更是最知名、最爲廣泛使用的嗜好性類毒品。另外，本科植物也有著名花卉，如矮牽牛、變色茉莉、夜香花等。

　　茄科包括大約 98 屬和大約 2,700 種植物，包含許多經濟上重要的植物。分布在全世界的溫帶和熱帶地區，以南美洲爲最大的分布中心，種類最多。臺灣有15 屬 58 種。

茄科植物的簡要特徵：

（1）多數爲草本，有時爲
　　　藤本。

（2）葉互生，無托葉。

（3）腋生狀聚繖花序；花
　　　5 數，合瓣花、整齊
　　　花（照片 14-15）；
　　　花萼常宿存，有花盤。

照片 14-15 茄科植物的雄蕊5，花藥常呈金黃色。

（4）雄蕊 5，藥 2 室、箭
　　　形，常呈金黃色（圖 14-23）、（照片 14-16），有時相互黏合。

（5）心皮 2；胚珠多數，中軸胎座，有時出現假隔膜而形成不完全 4 室。

（6）漿果或蒴果。

圖 14-23 茄科植物的雄蕊花藥金黃色、箭形。

照片 14-16 茄科植物的雄蕊5，花藥箭形、金黃色。

1. **大花曼陀羅** *Brugmansua suaveolens*（**Willd.**）**Bercht. & Presl.**
   = *Datura suaveolens* **Humb.** *et* **Bonpl.**
   （1）灌木。
   （2）葉卵狀長橢圓形，長可達 30cm。
   （3）花懸垂，白色，長 30 cm；花藥圍繞花柱。
   （4）蒴果紡錘形，長 10-15cm，不開裂，無刺，略有皺紋。
   （5）原產墨西哥。

2. **變色茉莉** *Brunfelsia uniflora* **D. Don**
   （1）灌木。
   （2）花初開時藍紫色，漸變為白色。
   （3）原產巴西。

3. **辣椒** *Capsicum annum* **L.**
   （1）一年至多年生亞灌木或灌木。
   （2）葉互生，卵形至卵狀披針形，長 4-12cm，全緣。
   （3）花單生；花萼杯狀，花冠白色。
   （4）原產墨西哥至哥倫比亞。

辣椒有許多變種：
   （1）簇生椒 *Capsicum annum* **L. var.** *fasciculatum* **Irish**
   （2）青椒 *Capsicum annum* **L. var.** *grossum*（**L.**）**Sendt.**
   （3）朝天椒 *Capsicum annum* **L. var.** *conoides*（**Mill.**）**Irish.**

4. **夜香花** *Cestrum nocturum* **L.**
   （1）蔓狀灌木，枝條纖細。
   （2）花淡綠色，花冠細長，晚間釋放香氣。
   （3）原產西印度。

 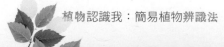

5. 曼陀羅 *Datura metal* **L.**

（1）花含生物鹼，有麻醉、鎮痛及放大瞳孔之效。

（2）一年生直立灌木狀。

（3）葉卵狀披針形，長可達 20cm。

（4）花直立於葉腋，花冠長漏斗狀，白色、黃色或淡紫色。

（5）蒴果具刺，不規則開裂。

6. 枸杞 *Lycium chinense* **Mill.**

（1）落葉性灌木，具枝刺。

（2）葉小，卵形至卵狀披針形，先端鈍。

（3）花冠紫色。

（4）漿果橢圓形，熟時紅色。

（5）原產大陸華中、華南。

7. 番茄 *Lycopersicon esculeutum* **Mill.**

（1）一年生草本，全株被粘質腺毛。

（2）羽狀複葉或羽狀深裂，小葉不規則，常 5-9 枚。

（3）花黃色，花萼宿存。

（4）漿果扁球形或近球形。

（5）原產南美洲。

8. 煙草 *Nicotiana tabacum* **L.**

（1）一年生草本，全株被腺毛，莖部稍木質。

（2）葉大，卵形、橢圓形至卵狀披針形，長 30-60cm，基部漸狹而成翅狀。

（3）圓錐花序頂生；花淡紅色，雄蕊 4 長 1 短。

（4）原產南美洲。

9. 茄 *Solanum melongena* **L.**

（1）直立草本或亞灌木，小枝、葉柄、花梗均被星狀絨毛。

（2）葉大，卵形至長橢圓狀卵形，長 10-20cm。

（3）孕性花單生，不孕花蠍尾狀；花白色或紫色。

10. 馬鈴薯 *Solanum tuberosum* **L.**

（1）直立草本，地下莖扁圓或長圓形，徑 3-10cm，外皮白、淡紅或紫色。

（2）奇數羽狀複葉，小葉 6-8 對，卵形至長圓形，兩面被白色疏柔毛。

（3）繖房花序頂生；花白色或紫色。

（4）漿果球形，徑 1.5cm。

（5）原產熱帶美洲。

八、花器四數；子房下位

花瓣 4、花萼 4 的植物有十字花科、白花菜科，及衛矛科、冬青科、四照花科、野牡丹科等科之部分成員。但葉互生，花瓣 4 花萼 4，心皮 4、雄蕊 4（或 8），四者皆為四數，且子房下位者，僅柳葉菜科。

*14-24 柳葉菜科 Onagraceae

柳葉菜科一年生或多年生挺水或喜濕性植物，大多生長在季節性溼地，或水田溝渠邊緣。19 屬，約 650 種，廣泛分布於全世界溫帶與熱帶高海拔地區，以溫帶為多，大多數屬分布於北美西部。台灣有 4 屬。

本科為重要的花卉植物、香料植物、油料植物。月見草屬、柳葉菜屬等有許多花色艷麗的花卉植物；柳蘭等為重要蜜源植物。本科植物也有不少種類供藥用，如柳葉菜屬植物的楊梅酮葡萄糖甙，槲皮素 3-o-β- 葡萄糖甙，對一些細菌有抑制作用；月見草屬許多種的種子油富含 γ 亞麻酸，為有效降血脂、健腦、減肥等藥物的原料等。

 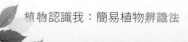

柳葉菜科植物的簡要特徵：

（1）一年生、二年生或多年生，草本，有時木本，有些為水生草本。

（2）葉基生或莖生，互生或對生；托葉小或缺如。

（3）花通常單生於葉腋或排成總狀或穗狀花序；萼成筒狀，子房下位（圖14-24）。

（4）花4數（圖14-24）：瓣4，萼4，雄蕊4或8；心皮4，柱頭4。

（5）蒴果、漿果或堅果；種子多數。

圖 14-24 柳葉蔡科植物花4數：萼4、瓣4、雄蕊4（8）、心皮4。

1. 水丁香 *Ludwigia octovalvis*（**Jacq.**）**Raven**

（1）一至二年生草本植物，全株呈暗紅色或紅綠色，高約 20-100cm。

（2）葉披針形或長橢圓形，先端銳尖，基部狹呈短柄狀。

（3）花單生於葉腋，黃色。

（4）蒴果切面四方形，具 8 條縱稜。

（5）常生長在水田邊濕地或水溝邊、河中或其他的潮濕地方。

2. 月見草 *Oenothera biennis* **L.**

（1）一年生、二年生或多年生草本。

（2）葉互生，常根生。

（3）花4數，萼4，瓣4，雄蕊4；花白色或紫紅色，傍晚開花。

（4）開裂蒴果。

B. 單子葉植物分類形態特徵大要

　　單子葉植物只具有一枚子葉。單子葉植物的維管束散生在莖部中，維管束中都沒有形成層，因此單子葉植物的莖不能逐漸加粗。多數單子葉植物葉互生，葉片通常都是單葉，全緣，多成線形或長圓形，只有極少數種類有掌狀或羽狀分裂葉，以至掌狀或羽狀複葉。葉脈幾乎都是平行脈或弧形脈。花器各部通常都是三出，卽花蕊和瓣數一般是 3 的倍數（如 3 瓣、6 瓣等）。絕大多數爲草本，只有極少數爲木本，如竹、椰子類、露兜樹等。

　　雙子葉植物和單子葉植物之區分，簡述如下：

雙子葉植物	單子葉植物
1.子葉 2	子葉 1
2.葉有單葉、複葉、網狀脈	單葉，平行脈，全緣
3.莖有年輪（具形成層）	莖稀具年輪（無形成層）
4.維管束環狀排列	維管束散生
5.有主根	鬚根
6.花爲 4、5 倍數 　　（少數原始植物爲 3 之倍數，如木蘭科、番荔枝科、樟科）	花爲 3 之倍數

　　單子植物約 60,000 種，依較早的恩格勒（Engler）分類系統，分成 38 科；較近的克朗奎斯特（Cronquist）分類系統，分成 66 科；赫欽森（Hutchinson）分類系統，分成 69 科。單子葉植物比較大之科，如蘭科（Orchidaceae）有 25,000 種，禾本科（Poaceae）有 7,500 種，莎草科（Cuperaeae）有 4,100 種，原百合科（Liliaceae）有 3,000 種，棕櫚科（Arecaceae）有 2,600 種，鳳梨科（Bromeliaceae）約 1,300 種。

在外觀上，單子葉植物和雙子葉植物
不同。單子葉植物大部分種類葉片細長，
葉脈縱軸平行（照片 IIIB 01；IIIB 02；
IIIB 03），如白茅、芒草、稻等；部分
大型葉的種類如香蕉等，有顯著中肋，葉
脈垂直於中肋，兩側葉片的葉脈橫軸平行
（照片 IIIB 04）；有少數科，如天南星科、
薯蕷科植物，葉寬短，大多爲心形或闊卵
形，葉脈由葉基大致沿葉緣生出，葉脈間
的間隔，葉片上部、下部小，中部間隔大，
形成形態類似雙子葉植物的弧形脈（照片
IIIB 05）。

　　本書的科別分類，根據克朗奎斯特
（Cronquist）系統，依植物生態性質、
外觀形態，將單子葉植物分四大部分：水
生的單子葉植物，常見的有 9 科；木本的
單子葉植物，數量比較少，但在經濟上，

左上：照片 IIIB 01 單子葉植物大部分種
類葉片細長
右上：照片 IIIB 02 單子葉植物大部分種
類葉片葉脈縱軸平行。
右下：照片 IIIB 03 單子葉植物也有葉片
較短，葉脈平行。

特別是景觀上，有極大的重要性，
共有4科和1亞科；草本的單子葉
植物，科別種數最多，列出常見的
10科；藤本的單子葉植物，科別種
數最少，科內多數種為藤本的僅有
3科。各類別科內的區別特徵。

上：照片 IIIB 04 大型葉的種類如香蕉等，有
顯著中肋，兩側的葉脈仍舊平行。
下：照片 IIIB 05 有些單子葉植物葉脈形成弧
形脈

  植物認識我：簡易植物辨識法

第十五章　水生單子葉植物

　　和第九章的水生雙子葉植物一樣，水生單子葉植物也是指能長期或周期性在水中或潮濕土壤中正常生長的植物，也可細分爲沉水植物、浮葉植物、挺水植物及漂浮植物等四類。

1. 沉水植物：植物體完全沉浸在水中，多生長在水較深之處，根伸入泥土的單子葉植物。葉片通常呈線形、帶狀或絲狀。繁殖期能將花挺出水面授粉，單子葉植物如水鱉科、茨藻科、部分眼子菜科植物等。

2. 挺水植物：通常生長在水邊或水位較淺地方的單子葉植物。根生長在水中泥土裡，但葉片或莖卻挺出水面。單子葉植物如澤瀉科、穀精草科、燈心草科、香蒲科等。

3. 浮葉植物：這類型的水生單子葉植物根、根莖或球莖固定在水底的泥土裡，葉具長葉柄，葉片平貼在水面上。代表性的單子葉植物是部分眼子菜科植物。

4. 飄浮植物：根很短，沒有固定在土裡，植物體會隨著水流四處飄行。通常體型較小、無行繁殖能力大。典型的飄浮性單子葉植物有浮萍科、部分雨久花科植物。

　　常見的單子葉水生植物，及各科間的簡易區別如下：

*15-1 澤瀉科：生長在水岸或沼澤地，葉常基生，葉脈間有橫向小脈相連；雌花心皮 6- 多數，離生。

*15-2 眼子菜科：半沈水性草本，僅生育流動水域；沈水葉無柄，浮水葉具柄。

*15-3 菖蒲科：葉片劍狀，全株芳香；佛焰苞葉狀。

*15-4 穀精草科：葉根生，狹長，聚集成輪狀；花集成頭狀。

*15-5 燈心草科：葉退化成葉鞘，包夾莖基；莖內白色海綿狀。

*15-6 莎草科：莖橫切面常呈三角形；葉鞘閉鎖。

*15-7 香蒲科：葉長形，柔軟；頂生密集之燭狀花序。

*15-8 雨久花科：葉柄常膨大成長管狀或囊狀；花藍色或紫色。

*15-9 浮萍科：植物體退化爲鱗片狀，浮水。

少數禾本科植物如蘆葦、菰（茭白）、水稻等亦生水岸或沼澤地，這類植物葉片和葉鞘連接處有葉舌和葉耳，可資區別。

水生單子葉植物科的敍述：

*15-1. 澤瀉科 Alismataceae

本科模式種澤瀉，地下塊莖近圓球形，塊莖中含有三萜類化合物、揮發油、生物鹼、天門冬素等，有利尿作用，能增加尿量、尿素與氯化物的排泄；也有降壓、降血糖作用；對金黃色葡萄球菌、肺炎雙球菌、結核桿菌有抑制作用。澤瀉植株造型極美，葉呈深綠色，現代人多栽植澤瀉在水池或溝渠沿岸，作觀賞用。另一種本科常見植物慈菇，爲多年生水生草本，有匍匐枝，地下枝端膨大的球莖供食用，也入藥，有益肺化痰、清熱解毒功用。

澤瀉科包括有 12 屬大約 85-95 種，廣泛分布在全世界各地。在北半球溫帶地區的種類最多，絕大部分爲草本植物，爲生長在沼澤或水塘邊緣的挺水植物。本科植物的莖一般爲匍匐狀，沒入水下的葉細線狀，而伸出水面的葉變寬。根據 APG III 分類法，現在的澤瀉科包含 17 個現存的屬和 2 個化石屬。

澤瀉科植物的簡易特徵：

（1）水生或沼生草本，具球莖。

（2）**葉常基生，常有長柄，基部**鞘狀。葉片線狀披針形至卵圓形（**圖 15-1**），或箭簇狀；弧形脈葉脈間有橫向小脈相連（照片 15-1）。

圖 15-1 澤瀉科植物的葉常基生，常有長柄，葉片線狀披針形至卵圓形，弧形脈。

植物認識我：簡易植物辨識法

（3）花被片 6，外 3 枚萼片狀，宿存；內 3 枚花瓣狀，脫落。

（4）雄蕊 6- 多數。

（5）子房上位，心皮 6- 多數，離生（照片 15-2）。

（6）瘦果。

照片 15-1 澤瀉科之圓葉澤蟹，葉脈間有橫向 照片 15-2 澤瀉科植物，心皮多數、離生。
小脈相連。

1. 澤瀉 *Alisma canaliculatum* **A. Braun & Bouche.**

（1）一至多年生沼澤生草本。

（2）葉具長柄，披針形至長橢圓形。

（3）圓錐花序，花瓣 3，白色。

（4）產中國、日本、琉球之水田、沼澤地中。

2. 慈菇；水芋 *Sagittaria trifolia* **L.**

（1）具匍匐莖之多年生水生草本。

（2）葉基生，具長柄，箭形，下有葉鞘。

（3）總狀花序 3-5 輪，每輪 3 朵花，白色。

（4）常見於低海拔水田、池塘、溝渠中。

3. 歐洲慈菇 *Sagittaria sagittifolia* **L.**

（1）多年生沼生或水生草本。根狀莖匍匐，末端多少膨大呈球莖。

（2）葉長圓狀披針形或卵狀橢圓形，基部深裂，長 3-10cm，寬 2-7cm。

（3）花序總狀或圓錐狀，具花多輪，每輪 2-3 花。

（4）瘦果斜倒卵形或廣倒卵形。

（5）廣泛分布於歐洲，通常作爲池塘邊緣的裝飾植物，亦可盆栽作觀賞用。

*15-2. 眼子菜科 Potamogetoaceae

本科植物爲水生一年生或多年生草本，喜生長在流動的水域，對水質的要求高，常常是乾淨水體的指標植物。眼子菜在中醫學上用於清熱解毒。

眼子菜科在克朗奎斯特（Cronquist）系統中被分到茨藻目中，但在 1998 年的 APG 分類法，和 2003 年經過修訂的 APG II 分類法中被分到澤瀉目，同時合併原來的角果藻科，但排除了川蔓藻屬的植物種，包括大約幾十種水生植物，有漂浮植物也有沉水植物。過去歸入眼子菜科的川蔓藻屬、角果藻屬、大葉藻屬、蝦海藻等，都獨立成川蔓藻科、角果藻科、大葉藻科，蝦海藻屬則歸入大葉藻科。眼子菜科 10 屬，約 170 種。

眼子菜科植物的簡易特徵：

（1）多年生半沉水性草本，喜生長在**流動的水域**（圖 15-2）。

（2）葉兩型，沉水葉無柄，線形或披針形，**浮水葉革質，具柄，披針形至卵形**（照片 15-3）。

上：圖 15-2 眼子菜科植物，常生長在流動的水域。

下：照片 15-3 眼子菜科植物之浮水葉革質，具柄，披針形至卵形，外形像眼睛。

植物認識我：簡易植物辨識法

（3）托葉癒合成鞘。

（4）穗狀花序，花兩性；花被片 4，具短柄；雄蕊 4。

（5）果實多爲小核果狀或小堅果狀，常卵圓形。

1. 馬藻 *Potamogeton crispus* **L.**

（1）沉水型植物，莖爲褐黃色，細長多分枝。

（2）葉互生，葉子薄且寬，呈帶狀線形至長橢圓形，細齒緣，葉脈爲紅褐色。

（3）穗狀花序，花序軸長出水面，花爲兩性花；花被片 4 枚，闊卵形。

（4）果實爲卵形。

（5）分布溪流、水池中。

2. 眼子菜；異匙葉藻 *Potamogeton distinctus* **Bennett**

（1）多年生水生草本。根莖發達，細長多分枝。

（2）浮水葉革質，披針形、寬披針形至卵狀披針形，長 2-10 cm。

（3）沉水葉披針形至狹披針形，膜質，常早落。

（4）穗狀花序頂生，具花多輪，開花時伸出水面，花小，被片 4。

（5）果實寬倒卵形。

3. 匙葉眼子菜 *Potamogeton malaiamus* **Miq.**

（1）莖細長稍具分枝。

（2）葉全爲沉水葉，線形至狹橢圓形，革質，綠色或棕色，波狀或細鋸齒緣。

（3）分布溪流、水溝中。

4. 眼子菜 *Potamogeton octandrus* **Poir**

（1）多年生水生草本植物。

（2）在水面以上的互生葉片爲橢圓形，但在花序附近的葉對生；水面以下的沉水葉互生，托葉薄膜質，葉形爲披針形。

*15-3. 菖蒲科 Acoraceae

　　本科植物的根、莖、葉均具強烈香味，可供藥用。菖蒲是中國傳統文化中，端午節吊掛在門楣上，用以驅邪避疫的靈草。《楚辭》中的的香草「荃」、「蓀」，指的都是菖蒲。菖蒲與蘭花、水仙、菊花並稱爲「花草四雅」。

　　傳統上，菖蒲屬植物大部分被納入天南星科中，直到最近才廣被接受爲自成一科的植物。菖蒲屬爲菖蒲科的唯一屬，種類也很少，分布亞洲、北美洲的溫帶、亞熱帶地區。現代 APG 分類法認爲是單子葉植物分支下的一個獨立的部，只有一科，一屬。本科廣被認可的分類群有：菖蒲（*Acorus calamus* L.）、石菖蒲（*Acorus gramineus* Soland.），石菖蒲又稱金錢蒲。另外，美國菖蒲（*Acorus americanus* (Raf.) Raf.）以前曾被歸類爲菖蒲的亞種。

菖蒲科植物的簡易特徵：
　　（1）多年生草本植物；根莖橫走，**全株芳香**。
　　（2）葉基生，**葉片劍狀線形**，綠色，光亮（照片 15-4）。中肋在兩面均明顯隆起，側脈 3-5 對。基部兩側膜質葉鞘，脫落性。
　　（3）肉穗花序（圖 15-3），葉狀佛焰苞劍狀線形；花黃綠色。
　　（4）漿果長圓形，紅色。

照片 15-4 菖蒲科植物，葉基生，葉片劍狀線形，綠色

圖 15-3 菖蒲科植物，葉片劍狀線形，肉穗花序。

1. 石菖蒲；九節菖蒲 *Acorus tatarinowii* **Schott**

=*A corus gramineus* **Soland.**

（1）多年生草本植物，植株成叢生狀，其根莖具芳香氣。

（2）葉全緣，無柄，排成二列；葉片暗綠色，線形。

（3）肉穗花序（佛焰花序），花梗綠色，佛焰苞葉狀。

（4）多生在山澗水石空隙中或山溝流水礫石間。

2. 菖蒲；大葉菖蒲；白菖蒲 *Acorus calamus* **L.**

（1）多年生草木，根狀莖粗壯，稍扁，芳香。

（2）葉基生，劍形，中脈明顯突出，有膜質邊緣。

（3）葉狀佛焰苞劍狀線形；肉穗花序斜向上或近直立；花黃綠色。

（4）漿果長圓形，紅色。

（5）生於沼澤地、溪流或水田邊。

*15-4. 穀精草科 Eriocaulaceae

本科植物多為多年生草本，也有部分為一年生。喜濕，一般生長在水分充足的土壤中，有部分種類為水草。穀精草多生於沼澤水田中，早年農夫觀察到穀精草類常在稻田中出現，而且一出現就形成大族群，認為穀精草類吸收穀類的菁華而茂盛，故稱之為穀精草。根據台灣植物誌，台灣有 6 種穀精草。其中有 2 種大致上可以依據外形分辨出來：大葉穀精草及小穀精草是也。

穀精草科包括 13 屬，1,150 種，分布於熱帶和亞熱帶地區。1981 年的克朗奎斯特（Cronquist）系統單獨分出一個單科，隸屬於穀精草部，1998 年根據基因親緣關係分類的 APG 分類法將本科列入禾本目。

穀精草科植物的簡易特徵：

（1）喜濕多年生草本，具大量鬚根，著生於水底泥中。

（2）葉基生，前端漸變狹，聚集成輪狀（圖 15-4）。

（3）花密集呈具長梗的頭狀（照片 15-5），花梗基部有管狀鞘；花之苞片邊緣細裂。

（4）花單性。雄花：花瓣 2 或 3；花萼 2 或 3；雄蕊 6。雌花：子房 3 室。

（5）蒴果膜質，常 3 淺裂；種子小，光滑或具條紋。

（6）生於池沼、溪溝、水田邊等潮濕處。

圖 15-4 穀精草科植物的葉基生，前端漸變狹，聚集成輪狀。　　照片 15-5 穀精草科植物，花密集呈具長梗的頭狀。

1. 大葉穀精草 *Eriocaulon sexangulare* **L.**

（1）多年生草本。

（2）單葉，叢生；葉片長 7-30cm，線形，葉基截形，葉尖漸尖。

（3）花序為頭狀花序，卵狀球形；花莖長 10-30cm。

（4）果實為蒴果；種子卵形，被柔毛。

*15-5. 燈心草科 Juncaceae

　　燈心草科植物根狀莖直立或橫走，鬚根纖維狀，常生長在潮濕多水的環境中。莖多叢生，圓柱形或壓扁，內部具髓心或中空。葉全部基生成叢而無莖生葉，或具莖生葉數片。本科植物有少數種類供藥用及編織器具，如燈心草的莖髓供藥

  植物認識我：簡易植物辨識法

用，具抗癌、抗菌及抗氧化作用。燈心草科部分植物可以作為觀賞草類，用於各種景觀造園。

　　燈心草科共有 8 屬約 400 餘種，本科最大屬為燈心草屬和地楊梅屬（*Luzula*），廣布於北半球以及世界其他地區的濕地和貧瘠土壤地帶；其餘幾個小屬則產於南半球。本科的燈心草（*Juncus effuses* L.）最常見，分布全球溫暖地區，莖可編席，髓心入藥，在古代可以作為燈心。古籍的燈心草有許多不同的名稱，有虎鬚草、赤鬚、燈草、碧玉草、水燈心、龍鬚草、野席草等各種稱法。台灣有 2 屬，通稱燈心草。

燈心草科植物的簡易特徵：

  （1）多年生或一年生草本；莖圓柱形或稍扁平。

  （2）葉基生，根生，線形，扁平或圓（照片 15-6），有時退化成鞘。

  （3）花序繖房，聚繖或頭狀（圖 15-5）。花小，通常在基部有兩小苞片。

  （4）花被 6，排成二列。雄蕊 3 或 6。

  （5）蒴果。

1. 燈心草 *Juncus effusus* **L. var.** *decipiens* **Buchen.**

  （1）多年生草本；莖圓柱形。

  （2）葉生於莖之基部，退化成芒狀。

上：照片 15-6 燈心草科植物，莖圓柱形多叢生。

下：圖 15-5 燈心草科植物，莖圓柱形，花序繖房，聚繖或頭狀，集生在莖近頂處。

（3）頂生圓錐狀聚繖花序，呈假側生狀。

（4）產台灣低至高海拔之潮濕地。

*15-6. 莎草科 Cypereaceae

莎草科是被子植物的第八大科，單子葉植物的第三大科，包括了約 90 屬，5,000 種物種，廣布於全世界潮濕地區。一些種十分著名，如紙草（*Cyperus papyrus* L.）或稱紙莎草，古埃及人將其莖剖成薄片，壓平後用作繕寫材料，現紙莎草常栽作觀賞植物。其他觀賞植物包括薹草屬（*Carex*）、荸薺屬、藨草屬（*Scirpus*）、輪傘草（*Cyperus alternifolius* L.），都是受歡迎的景觀植物，也可以培育成盆栽。

本科植物大多爲多年生草本，僅少數爲一年生。台灣產 22 屬。莎草科中的大屬包括薹草屬（*Carex*）約 2,000 種、莎草屬（*Cyperus*），近 650 種、荸薺屬（*Eleocharis*）和珍珠茅屬（*Scleria*），各約 200 種。

莎草科植物的簡易特徵：

（1）多年生或一年生，旱生或水生草本；莖實心，橫切面常呈三角形（圖 15-6）、（照片 15-7）。

圖 15-6 莎草科植物莖實心，橫切面常呈三角形。　照片 15-7 莎草科植物，莖橫切面常呈三角形。

 植物認識我：簡易植物辨識法

（2）葉根生或莖生，通常排成 3 列，有時缺，葉片狹長；葉具鞘，常閉鎖。

（3）花序由不等數之小穗（spiklet）構成，小花僅由單一鱗片包被，心皮常 3。

（4）瘦果；種皮易和果皮分離胚常包埋於胚乳中。

（5）爲遍布全球的大科，主要分布在潮濕的地區。

1. 輪傘草 *Cyperus alternifolius* L.

（1）多年生濕生植物；稈叢生，40-90cm。

（2）莖頂生有輪軸狀之總苞葉 20 餘枚，狀如傘。

（3）花序由總苞葉中出，穗狀。

（4）原產馬達加斯加。

2. 荸薺 *Eleocharis aulcis*（Burm. f.）Trinius

（1）多年生挺水植物，具走莖；稈叢生，高 40-100cm，橫切面圓形。

（2）葉退化成鞘狀。

（3）花序圓柱狀。

（4）產低海拔濕地、湖泊及池塘。

3. 水毛花 *Schoenoplectus mucronatus*（L.）Palla ssp. *robustus*（Miq.） Koyama

（1）多年生草本；稈叢生，50-100cm，橫切面三角形。

（2）葉退化成鞘狀。

（3）花序頭狀假側生。

（4）產中、低海拔濕地及湖泊。

4. 大莞草 *Scirpus ternatanus* Reinw.

（1）多年生大型草本。

（2）葉基生、莖生。

（3）圓錐花序。

（4）產全台中、低海拔濕地及林緣。

5. 藺草；蓆草 *Schoenoplectus triqueter*（**L.**）**Palla**

（1）多年生草本，具長走莖；稈獨立，橫切面三角形。

（2）葉退化成鞘狀。

（3）花序繖房或頭狀。

（4）產全台中、雲林海岸河口濕地。

6. 莞 *Schoenoplectus validus*（**Vahl.**）**Koyama**

（1）多年生草本，具長走莖；稈叢生，高 70-200cm，橫切面圓形。

（2）葉退化成鞘狀。

（3）聚繖花序。

（4）產低海拔濕地及河口。

7. 紙草 *Cyperus papyrus* **L**

（1）多年生草本，挺水型；稈圓柱狀三稜形，高 3-5m。

（2）葉狀苞片 4-10 枚。

（3）花序繖狀；輻射枝頂端簇生 6-30 個小穗；小穗線形。

（4）瘦果橢圓形，三面狀，表面具細孔。

（5）原產非洲北部。

*15-7. 香蒲科 Typhaceae

香蒲科爲多年生沼生、水生或濕生草本。根狀莖橫走，鬚根多。分布於熱帶至溫帶，主要分布於歐亞和北美，但以溫帶地區種類較多。香蒲科植物經濟價值高，廣泛應用於醫藥、編織、造紙和食品業等，是重要的水生經濟植物。香蒲類植物初生的根莖稱蒲藕或蒲筍，香蒲筍在春、夏交際之時脆嫩美味，很多地方以香蒲爲食材，稱蒲菜。蒲菜嫩莖中含有維生素 B1、維生素 B2、維生素 E、胡蘿蔔素及穀胺酸等 18 種胺基酸；具有清熱涼血、利水消腫的功效；可治孕婦勞熱、胎動下血、消渴、口瘡、熱痢、淋病、白帶、水腫、瘰病等。花粉稱蒲黃，果穗

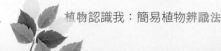
植物認識我：簡易植物辨識法

稱果棒，均有消炎止血、抑菌退腫功用。葉可織席、扇、袋及坐墊等。

　　原來的香蒲科僅有香蒲屬一屬約 15 種，由於香蒲屬與黑三棱科黑三棱屬可形成單系群，2003 年 APG II 分類法便建議將這兩個單型科合併，2009 年 APG III 分類法取消黑三棱科，併入香蒲科，使香蒲科包含香蒲屬和黑三棱屬兩個屬，共約 48 種。

香蒲科植物的簡易特徵：

（1）多年生沼澤植物，高可達 2m，常具長莖。

（2）葉二列，長形，厚，海綿質（照片 15-8）。葉鞘長，邊緣膜質，抱莖。

（3）花形成頂生密集之蠋狀（穗狀）花序（圖 15-7），雌花在下，雄花在上（照片 15-9）。

（4）果爲瘦果，具長柄，柄上分布有長毛，以風傳播。

照片 15-9 香蒲科植物頂生密集之蠋狀花序，上小截是雄花，下方圓柱體是雌花。

照片 15-8 香蒲科植物爲多年生沼澤植物，高可達 2m，水域常見。

圖 15-7 香蒲科植物，花爲頂生密集之蠋狀花序，雌花在下，雄花在上。

1. 水燭 *Typha angustifolia* **L.**

（1）多年生挺水植物，高可達 1.5m。

（2）葉二列，長條形，長 50-100cm，全緣。

（3）穗狀花序頂生，雌雄花序分開，雄上雌下，中間一段裸露花軸。

（4）低海拔濕地、河岸、湖泊、沼澤地均有生長。

2. 香蒲 *Typha orientalis* **Presl.**

（1）多年生挺水植物、濕生植物。

（2）形態特徵與上種類似，唯雌雄花序中間無裸露花軸。

（3）低海拔濕地、河岸、湖泊均有生長。

*15-8. 雨久花科 Pontederiaceae

　　常生長在沼澤、淺湖、河流，溪溝水域中。本科植物都是多年生或一年生草本；浮葉或沉水性，基部有鞘。雨久花科植物的葉通常二列，大多數具有葉鞘和明顯的葉柄，葉柄通常富海綿質和通氣組織，葉片寬線形至披針形或寬心形；頂生總狀、穗狀花序；花被片6枚，排成2輪，合生，花瓣狀，藍色、淡紫色、白色，很少黃色；雄蕊多數為6枚，2輪；蒴果室背開裂或小堅果。本科最常見的植物為布袋蓮，或稱鳳眼蓮（*Eichhornia crassipes* (Mart.) Solms），原產巴西。現廣布全世界各地區的水塘、溝渠及稻田中，成為可怕的入侵植物。但全草為家畜、家禽飼料；嫩葉及葉柄可作蔬菜。

　　雨久花科是一個完全水生的科，約有9屬39種，分布熱帶、亞熱帶和溫帶淡水中。台灣有2屬。

雨久花科植物的簡易特徵：

（1）水生多年生草本，浮水或挺水。

（2）葉簇生或互生，具平行脈；葉柄通常富海綿質（圖15-8），基部具鞘。

 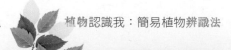 植物認識我：簡易植物辨識法

（3）總狀或穗狀花序；花被 6 片，花瓣狀，藍色、淡紫色（照片 15-10）、白色。

（4）果爲膜質蒴果，3 瓣裂。

（5）分布熱帶、亞熱帶和溫帶淡水中。

圖 15-8 雨久花科植物葉柄通常富海綿質，開紫藍色花。

照片 15-10 雨久花科的布袋蓮，穗狀花序腋生，花籃紫色。

1. 布袋蓮；鳳眼蓮 *Eichhornia crassipes*（**Mart.**）**Solms**

（1）多年生浮水植物，具走莖。

（2）葉寬卵形，葉柄膨大呈長管狀、囊狀或球形。

（3）穗狀花序腋生，花淡紫色。

（4）原產巴西，分布台灣低海拔溪流、溝渠、湖泊。

2. 鴨舌草 *Monochoria vaginalis*（**Burm. f.**）**Presl.**

（1）水生多年生草本。

（2）葉卵狀披針形，先端尖，基部心形。

（3）總狀花序腋生，花藍紫色。

（4）台灣平地水稻田、沼澤地均有生長。

（5）全草爲家畜、家禽飼料；嫩葉及葉柄可作蔬菜。

*15-9. 浮萍科 Leumnaceae

飄浮或沉水的小形或微細的一年生植物。常雌雄同株（稀異株），植物體為葉狀扁平體，形狀不一，有 1 或數根或無根。莖不發育，以圓形或長圓形的小葉狀體形式存在；葉狀體綠色，扁平，只有少數種類背面顯著凸起。葉不存在或退化為細小的膜質鱗片而位於莖的基部。根絲狀，有的無根。很少開花，主要為無性繁殖：在葉狀體邊緣的小囊（側囊）中形成小的葉狀體，幼葉狀體逐漸長大從小囊中浮出。新植物體或者與母體聯繫在一起，或者後來分離。

早期的分類系統將浮萍科分類為天南星目下的一個科，而最近的分類系統則將浮萍科併入到天南星科內，同時將天南星科分類為澤瀉目下的一個科。共 6 屬，約 30 種。

浮萍科植物的簡易特徵：

（1）浮水小型草本，植物體退化為鱗片狀，常以出芽法繁殖。

（2）物體小，為一扁平葉狀體（照片 15-11），具 1 或多數短根或不具根。

（3）花單性，雌雄同株；花無花被，包於膜質佛燄苞內；具 1或 2 雄花及 1 雌花。

（4）胞果瓶狀。

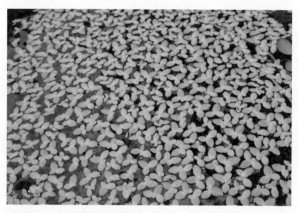

照片 15-11 浮萍科植物物體小，為扁平葉狀體，具短根或不具根。

1.浮萍；青萍 *Lemna minor* L.

（1）漂浮性水生植物。

（2）植物體爲倒卵形或長橢圓形葉狀，成片浮於水面，兩面淺綠色，直徑約 3mm，下面有根一條。

（3）葉狀枝自植物體下部生出，對生。

（4）夏季開白色花，著生在葉狀體的側面。單性花，雌雄同株，佛燄花序，雄蕊 2 枚，子房 1 室。

（5）果實爲囊果。

（6）廣布於世界各地，池塘、湖泊內常見。

2.紫萍 *Spirodela punctata*（Meyer）Thompson

（1）植物體背面中央生根，根白綠色，根冠尖，脫落。

（2）葉狀體扁平，闊倒卵形，先端鈍圓，表面綠色，背面紫色，具掌狀脈。

（3）幼小葉狀體漸從囊內浮出，由一細弱的柄與母體相連。

（4）全球各溫帶及熱帶地區廣布。生於水田、水壙、湖灣、水溝。

3.無根萍 *Wolffia arrhiza*（L.）Wimmer

（1）漂浮性水生草本，無根。

（2）葉狀體倒卵形或廣橢圓形，長 0.4-0.8mm，寬 0.2-0.5mm。

（3）全世界最小的開花植物。

（4）生長於世界各地的池塘和水田。

第十六章　木本單子葉植物

　　單子葉植物多為草本植物，僅少數為木本。木本的單子葉植物，是指莖木質化，具直立的單幹莖或叢生莖。有的種類為高大單幹的喬木，如棕櫚科的大王椰子、檳榔等；有的呈高大叢生幹的喬木狀，如禾本科竹亞科的綠竹、刺竹等；有低矮單幹的灌木狀種類，如龍舌蘭科的龍舌蘭、朱蕉等；也有低矮叢生幹的灌木狀種類，如棕櫚科的觀音棕竹等。木本的單子葉植物，大多成為受人喜愛的景觀植物。

　　世界各地主要道路都栽植行道樹。行道樹最大的問題就是根系產生破壞力，造成路面突起或崩裂，影響用路人及行車安全。也會損害 PU 跑道、房屋地基等硬體，或阻塞排水溝影響水流而造成積水，亦會破壞人工地盤之防水層而造成漏水等。無論是淺根性樹種或深根性樹種，都會破壞人行道，只是造成鋪面之破壞狀況不同。這些破壞不僅造成鄰近住戶的困擾，對維護管理單位也造成沉重的負擔。單子葉植物主根不發達或完全消失，而由莖的基部生出許多同等大小的根，所有的根不會膨大，呈鬚狀分布，稱為「鬚根系」。「鬚根系」植物較不會影響路面、毀損鋪面程度較輕微，選用行道樹或庭園樹，木本單子葉植物類之棕櫚科、露兜樹科、竹亞科、旅人蕉科、龍舌蘭科等植物絕對是上選。

　　常見的木本單子葉植物，及各科間的簡易區別如下：

*16-1 **棕櫚科**：喬木狀，葉簇生幹頂，葉基有葉鞘；佛燄花序。

*16-2 **露兜樹科**：葉緣及葉背中肋有刺，幹上萌生氣生根；佛燄花序。

*16-3 **竹亞科**：灌木或喬木狀，莖木質化，中空有節，節上有籜。

*16-4 **旅人蕉科**：葉成兩縱列排於莖頂；蠍尾狀花序。

*16-5 **龍舌蘭科**：具肥厚木質幹或地下莖，葉簇生，常厚而肉質。

木本單子葉植物科的敍述：

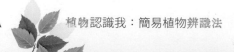

*16-1. 棕櫚科 Arecaceae（Palmae）

一般是單幹直立，不分枝，一般為喬木狀，也有不少是灌木狀或藤本植物。葉子極大互生、簇生於樹幹頂部。是單子葉植物中少數具有喬木習性的科別之一，具有寬闊的葉片和發達的維管束。本科植物絕大部分分布在熱帶或亞熱帶地區，以熱帶美洲和熱帶亞洲為分布中心，是世界上三個最重要的經濟植物類群。具有經濟價值的主要有椰子、油棕、棕櫚、棗椰子等。油棕的果實可以榨油；棕櫚油是一種食用油；蒲葵的葉可以製作大蒲扇、斗笠等；棕櫚的網狀葉鞘可以製造繩索、床墊、棕衣等，都與人類的生活息息相關。

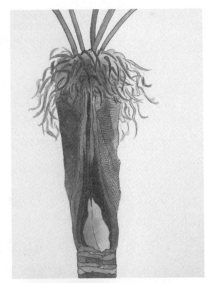

棕櫚科基本上可以歸類於五個亞科：檳榔亞科（Arecoideae）、蠟椰亞科（Ceroxyloideae）、貝葉棕亞科（Coryphoideae）、水椰亞科（Nypoideae）、省藤亞科（Calamoideae）。目前已知棕櫚科下有 202 屬，大約 2,800 餘種。台灣產 6 屬 6 種。

棕櫚科植物的簡易特徵：
 （1）喬木，多單幹，有環節；幹多被有棕皮（葉鞘）（圖 16-1）。
 （2）葉簇生幹頂（照片 16-1），葉基有葉鞘，葉鞘扁平或網狀；羽狀裂（椰）或掌狀裂（棕）。

上：圖 16-1 棕櫚科植物多單幹喬木狀，幹多被有棕皮（葉鞘）。
下：照片 16-1 棕櫚科植物，葉簇生幹頂，羽狀裂或掌狀裂。

（3）單性花，雌雄同株或異株，或雜性花。

（4）**佛燄花序**（肉穗花序 spadix）（照片 16-2）。

（5）萼瓣均 3 片，黃綠色；雄蕊 3 或 6；子房 3 室，每室 1 胚珠。

（6）漿果、核果或堅果；果之外果皮常為纖維。

照片 16-2 棕櫚科植物的佛燄花序（肉穗花序）。

1. 亞力山大椰子；假檳榔 *Archontophoenix alexandrae* **Wendl.** *et* **Drude**

（1）幹通直，具明顯環紋，高而細，基部大。

（2）葉背灰白色。

（3）果橢圓形。

2. 檳榔 *Areca catechu* **L.**

（1）幹平滑，上部綠色。

（2）羽狀複葉。

（3）雄蕊 6。

（4）子房 1 室，柱頭 3。

（5）果之中果皮纖維質。

3. 孔雀椰子；魚尾櫚 *Caryota urens* **L.**

（1）單幹，莖粗而有環。

（2）二回羽狀複葉，葉裂片呈魚鰭狀或扇狀，不規則齒牙。

（3）雄蕊 40 以上。

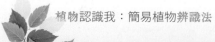

植物認識我：簡易植物辨識法

4. 黃椰子 *Chrysalidocarpus lutescense* **Wendl.**

（1）幹簇生，多呈金黃色。

（2）羽狀複葉，小葉全緣，40-60 對。

（3）果圓錐形。

5. 可可椰子 *Cocos nucifera* **L.**

（1）喬木狀，老樹基部常彎曲。

（2）羽狀複葉，叢生莖端。

（3）花單性，同株。肉穗花序，總苞紡綞形，厚木質。

（4）子房 3 室，僅 1 室成熟。

（5）果長 20-25cm，頂端微具三稜，中果皮厚而纖維質，內果皮硬；有 3 個發芽孔，內壁生成白色胚乳。胚乳硬化後即椰肉；中果皮纖維質。

（6）分布於熱帶海岸，尤以東南亞為盛。

6. 蒲葵 *Livistona chinensis* **R. Br.**

（1）幹之環紋不明顯。

（2）葉柄邊緣具刺，葉掌狀分裂，裂片先端漸尖並再裂為 2 小裂片。

（3）葉柄中央以下具刺。

（4）果橢圓形，長 2 cm，黑褐色。

7. 海棗 *Phoenix dactylifera* **L.**

（1）幹基部常具分蘖苗，高可達 25m。

（2）葉彎曲成弓狀，小葉長 20-40cm，被白粉。

（3）果橢圓形，長 3-8cm，可食。

8. 台灣海棗 *Phoenix hanceana* **Naudin**

（1）幹皮如鱷魚皮。

（2）羽狀複葉，小葉硬先端尖銳，與葉軸呈銳角著生。

（3）種子有溝 1 條。

9. 觀音棕竹 *Rhapis excelsa*（**Thunb.**）**Henry**

（1）叢生灌木，莖粗不超過 3 cm。

（2）葉掌狀分裂，4-10 裂；先端通常闊並有數個細尖齒；葉鞘黑色。

（3）花單性，雌雄異株。心皮 3 枚，離生。

（4）漿果球形。

10. 大王椰子 *Roystonea regia*（**H. B. *et* K.**）**Cook**

（1）幹中央部分稍肥大，環紋較不明顯。

（2）果實為球形。

11. 棕櫚 *Trachycarpus fortunei*（**Hook.**）**Wendl.**

（1）喬木，莖粗 15mm 以上，幹上包被許多纖維質葉鞘 。

（2）葉掌狀分裂；裂片多於 20，頂端常具 2 淺裂；葉柄無刺。

（3）花單性，異株。

（4）葉鞘纖維可製繩索、床楊、蓑衣、掃帚等，嫩葉可製扇、帽等。

12. 華盛頓棕 *Washingtonia filifera* **Wendl.**

（1）幹上遺留葉鞘及葉柄。

（2）葉圓形，扇狀褶疊，葉裂片先端絲狀，葉舌大，葉柄有銳刺。

（3）肉穗花序較葉為長。

*16-2. 露兜樹科 Pandanaceae

　　本科植物大部分為灌木狀或喬木狀，有些種類為攀援狀；樹幹有支柱根；葉狹長帶狀，中脈和邊緣有利刺；雌雄異株，花序有佛焰苞包被，乳白色。果實為聚合果，幼果綠色，成熟時桔紅色；果倒圓錐形。葉纖維可編製工藝品，可用之編織帽、席、籠等工藝品；為很好的海灘、海濱綠化樹種，也可作綠籬和盆栽觀

賞。嫩芽可食；根與果實入藥，有治感冒發
熱、腎炎、水腫、腰腿痛、疝氣痛等功效。

　　露兜樹科共有 4 屬約 800 餘種，廣泛分
布在東半球熱帶地區，台灣有 2 屬。

露兜樹科植物的簡易特徵：
　（1）直立或攀緣木本植物，具地下
　　　　莖；幹上萌生氣生根。
　（2）單葉，螺旋著生聚生於樹技頂
　　　　部；葉線形或披針形，**葉緣及葉
　　　　背中肋有刺**（圖 16-2）。
　（3）雌雄異株；花被退化；佛焰花序
　　　　有苞片 3（照片 16-3）。
　（4）雄蕊不定數；花絲短；心皮一至
　　　　多數；各心皮合生自成一室。
　（5）果為聚合果（多花果），熟時心
　　　　皮硬化。

1. 露兜樹；林投 *Pandanus odoratissimus* Linn.
　（1）幹分枝。
　（2）氣生根入地則成支柱根。
　（3）聚合果外似鳳梨，由多數核果構
　　　　成，核果 7-10 心皮合成，熟時
　　　　橙紅。
　（4）海濱防風定砂樹種。

上：圖 16-2 露兜樹科植物，葉帶
狀，葉緣及葉背中肋有刺。
下：照片 16-3 露兜樹科植物的花序
有苞片包被。

2. 紅刺露兜樹；紅刺林投 *Pandanus utilis* **Bory**

（1）常綠灌木或小喬木狀，株高可達 8m，主幹下部生有粗大的氣根；
　　　氣根根狀似章魚足，極為特殊。

（2）葉深綠色，硬革質，叢生於頂端，葉呈螺旋狀著生，劍狀長披針形，
　　　葉緣主脈基部具有紅色銳鉤刺。

（3）雌雄異株，雌花頂生，穗狀花序，白色佛燄包；雄花呈纖形狀著生。

（4）聚合果球形、下垂；核果約 100 個，成熟時黃色。

（5）耐旱又耐陰，幼株可盆栽作觀葉植物，成樹為庭園美化高級樹種。

（6）原產馬達加斯加。

*16-3 竹亞科（Bambusoideae）

　　竹，又稱竹子，是竹亞科植物的通稱，是禾本科中唯一具有喬木形態的類群。
主要分布在地球的北緯 46 度至南緯 47 度之間的熱帶、亞熱帶和暖溫帶地區。
世界上除了南極洲與歐洲大陸以外，其他各大洲均可發現竹種。竹類亞洲分布最
為豐富，其次為非洲和中南美洲，北美和大洋洲很少。

　　竹是生長速度最快的植物，有些竹地上部分的稈每天可長 40cm，植株高度
可達 30-40m。竹生長快速的原因是其莖幹分節，每節都有分生組織，每節都在
同時生長。竹子開花的週期頗長，通常為數十年到上百年不等。竹一旦開花，鄰
近的竹亦會相繼開花，造成大片竹林死亡。蘇東坡《記嶺南竹》云：「嶺南人，
當有愧於竹。食者竹筍，庇者竹瓦，載者竹筏，爨者竹薪，衣者竹皮，書者竹紙，
履者竹鞋，真可謂一日不可無此君也耶！」竹子的空心，被中國文人引申為「虛
心」，白居易《養竹記》說：「竹心空，空以體道，君子見其心，則思應用虛受
者」；竹子的竹節，被引申為「氣節」；竹子的耐寒長青，被視為「不屈」；竹
子的高挺，被視為「昂然」；竹子的清秀俊逸，被引申為「君子」。蘇東坡稱「可
使食無肉，不可居無竹。無肉令人瘦，無竹令人俗。」

 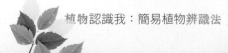 植物認識我：簡易植物辨識法

竹亞科植物的簡易特徵：

（1）灌木或喬木；莖木質化，中空有節，特稱稈（culm）；節上有籜（圖 16-3）、（照片 16-4）。

（2）葉爲平行脈，有葉鞘，具短柄（禾本科其他植物無柄）。

（3）花序：總狀，穗狀或圓錐花序。

（4）花：小穗（spikelet）最下兩片苞片稱穎（glume）。

（5）小穗由許多小花（floret）構成；小花的苞片，稱內稃（palea）及外稃（lemma）。

（6）花柱頭2，羽毛狀；鱗背（lodicule=退化花被）3，（其他禾本科2）。

（7）果爲穎果（Caryopsis）：種子和果皮連生，一心皮構成。

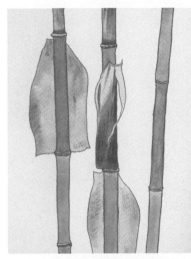

圖 16-3 竹亞科植物莖木質化，中空有節，節上有籜。　照片 16-4 竹亞科植物莖木質化，中空有節。

1. 鳳凰竹 *Bambusa multiplex*（**Lour.**）**Raeushcel**

（1）灌木狀，稈叢生，高 1 m 左右，徑 0.5 cm。

（2）葉兩型，小者羽葉排列。

（3）原產東南亞。

2. 刺竹 *Bambusa stenostachya* **Hackel**

（1）稈肉厚，節間小，枝條上有刺 3（由小枝退化而來）。

（2）籜密生暗紫色毛；籜耳大，密生褐色鬚毛。

（3）原產印尼，台灣、兩廣有栽培。

3. 佛竹 *Bambusa ventricosa* **McClure**

（1）節間畸形成葫蘆狀；肥沃地則節間正常。

（2）原產華南，栽培為盆景。

4. 麻竹 *Dendrocalamus latiflorus* **Munro**

（1）稈徑可達 20cm，稈肉厚。

（2）籜布滿棕色毛，易脫落；籜葉初直立後反捲。

（3）葉 7-8 片簇生，長 20-40cm。

（4）竹筍可食，竹葉包粽子。

5. 人面竹 *Phyllostachys aurea* **A.** *et* **C. Riviere**

（1）稈節不規則連接呈龜甲狀，徑 3-5cm。

（2）籜光滑無毛。

6. 孟宗竹；毛竹 *Phyllostachys heterocycla* **Milf.**
　　= *Phyllostachys pubescens* **Mazel**

（1）幼稈密布銀色毛。

（2）籜密布褐色毛及暗色斑塊。

（3）葉耳叢生鬚毛。

（4）產華南、華中。

7. 烏竹 *Phyllostachys nigra*（**Lodd.**）**Munro**

（1）初生之稈綠色，次年黑色斑點，第三年則變為黑色。

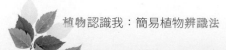
植物認識我：簡易植物辨識法

（2）稈徑 1-4cm，高可達 4m。

（3）產江浙一帶。

8. 稚子竹 *Pleioblastua fortunei*（**V. Houtte**）**Nakai**

（1）稈細小；稈單出（有時 2 枝）。

（2）葉面有黃白縱條紋相間；葉緣刺狀毛。

（3）原產日本，供觀賞。

9. 崗姬竹 *Shibataea kumasasa*（**Zoll.**）**Makino**

（1）小竹類，稈高 40cm。

（2）葉紙質，卵形至卵狀披針形，表面光滑，背面有細毛。

（3）原產日本。

10. 唐竹 *Sinobambusa tootsik*（**Makino**）**Makino**

（1）稈高 8m，徑 2-3.5cm。

（2）籜表面有細毛。

（3）葉 3-9 成簇。

（4）原產中國。

*16-4. 旅人蕉科 Strelitziaceae

旅人蕉 原產於馬達加斯加。由於葉柄呈管狀能貯存大量水液，其樹液可飲用，供旱漠旅人提供緊急的水源，故而得名旅人蕉。天堂鳥花也是有名的植物，原產於南非，現在已廣泛種植於世界各地的熱帶與亞熱帶花園中。旅人蕉葉碩大奇異，姿態優美，極富熱帶風光，適宜在公園、風景區栽植觀賞。

旅人蕉科植物的簡易特徵：

（1）喬木狀或多年生大型草本，莖幹高大或極短。

（2）葉排成兩列著生於莖頂，由葉片、葉柄和葉鞘組成；葉片長橢圓形（照片 16-5）。

（3）於佛燄苞中形成蝎尾狀花序（圖 16-4）；花萼 3，花瓣 3；雄蕊 5-6；子房下位。

（4）蒴果開裂為 3 或不裂。

（5）4 屬，87 種。產熱帶美洲及非洲南部、馬達加斯加。

1. 旅人蕉 *Ravenala madagascariensis* **Gmel.**

（1）椰子狀喬木，高可達 10m，節環顯著。

（2）葉巨型，於幹頂排成 2 列，葉片橢圓形，長約 3m，葉柄長 2-4m。

（3）穗狀花序腋生，總苞船形；萼片 3，突出甚長，花瓣 3，白色。

（4）蒴果 3 室，外果皮堅硬而富纖維質。

（5）原產馬達加斯加。

2. 天堂鳥 *Strelitzia reginae* **Banks.**

（1）多年生宿根大型草本，高可達 1-1.5m。

（2）葉片長橢圓形，長 20-40cm，排成 2 列，葉柄有溝槽。

上：照片 16-5 旅人蕉科之旅人蕉，喬木狀，葉排成兩列著生於莖頂。

下：圖 16-4 旅人蕉科植物，在佛燄苞中形成蝎尾狀花序。

植物認識我：簡易植物辨識法

（3）花大，兩性；萼 3 枚，橙黃色；花瓣 3，藍色，1 爲小型瓣，另 2 瓣合生成箭頭狀。

（4）蒴果，有稜，長約 4cm，熟後開裂。

（5）原產南非開普敦。

3. 白鳥蕉 *Strelitzia nicolai* **Regel & Körn.**

（1）常綠灌木或小喬木狀。株高可達 6m。

（2）葉叢生枝端，具長柄，狀如芭蕉，葉柄具翅與溝。

（3）花序由葉腋出，花莖短，苞片黑紫色，舌瓣白色，形似大型天堂鳥蕉。

（4）果實爲三稜形木質蒴果；種子黑褐色。

（5）原產熱帶非洲。

*16-5. 龍舌蘭科 Agavaceae

龍舌蘭科大部分布於熱帶和亞熱帶地區，多種生長在沙漠或乾旱地帶。性喜乾燥，葉有纖維，常聚生於莖的基部或頂部，花常排成極大的圓錐花序。除供觀賞外，有的龍舌蘭品種可以釀造龍舌蘭酒，有些爲很重要的纖維植物，如龍舌蘭屬。

本科約 20 屬，670 種，種屬在恩格勒（Engler）系統中一部分置於百合科內，一部分置於石蒜科內。不過 APG II 分類法根據分子生物學的研究，將朱蕉屬（*Cordyline*）和龍血樹屬（*Dracaena*）列爲龍血樹科 *Dracaenaceae* 或合併入假葉樹科 Ruscaceae，將 *Nolina*，*Beaucarnea* 和 *Dasylirion* 屬合併成酒瓶蘭科 Nolinaceae 後來又併到假葉樹科，另外又增加了許多原來屬於其他科的屬。APG III 分類法（2009 年）將龍舌蘭科併入廣義的天門冬科，成爲龍舌蘭亞科（Agavoideae）。台灣產 1 屬 1 種：番仔林投（*Dracaena angustifolia* Roxb），其他常見栽培種爲　虎尾蘭屬，龍舌蘭，虎斑木屬及金棒蘭屬。

龍舌蘭科植物的簡易特徵：

(1) 灌木或多年生草本，具肥厚木質幹或地下莖。

(2) **葉簇生莖的基部或頂端**（圖 16-5），常厚、肉質，全緣或具刺齒，尖端一般有硬刺。

(3) 花序總狀或形成圓錐花序（照片 16-6）。花被6；雄蕊 6 ，雌蕊 3，中軸胎座。

(4) 蒴果或漿果。

1. 龍舌蘭 *Agave americana* **L.**

(1) 多肉植物，莖木質。

(2) 葉叢生，肉質，長 1-2m，表面深綠具白粉，先端及葉緣具刺。

(3) 大形圓錐花序，高 6-12m。

(4) 原產墨西哥。

2. 瓊麻 *Agave sisalana*（**Engelm.**）**Perrier**

(1) 多肉植物，莖木質。

(2) 葉叢生，長 1-1.5m，葉緣無刺，先端具黑尖刺。

(3) 大形圓錐花序，高約 8m。

(4) 原產南美。

上：圖 16-5 龍舌蘭科植物，葉常厚肉質，簇生莖的基部或頂端。

下：照片 16-6 龍舌蘭科植物，常具高大的花序，高2至12 m。

植物認識我：簡易植物辨識法

3. 酒瓶蘭 *Beaucarnca recurvata* **Lem.**

（1）喬木狀，高可達 10m，基部膨大。

（2）葉線形，長達 2m，寬約 2cm，表面有細溝，全緣。

（3）花序圓錐狀，花小，略呈白色。

（4）原產墨西哥。

4. 朱蕉 *Cordyline terminalis*（**L.**）**Kunth.**

（1）高可達 3m。

（2）葉具長柄，密生枝端，長 30 至 50cm，綠色、紅色至紫色。

（3）頂生圓錐花序，花白色、紅色或紫色。

（4）原產太平洋群島。

5. 綠葉朱蕉 *Cordyline fruticosa*（**L.**）**Goepp. cv. Ti**

（1）灌木狀，莖直立，分枝少，老幹葉痕明顯。

（2）單葉，披針形、長橢圓形，叢生於莖頂。

（3）圓錐花序。

（4）漿果。

（5）原產熱帶亞洲及澳洲。

6. 巴西鐵樹；香龍血樹；花虎斑木 *Dracaena fragrans*（**L.**）**Ker**

（1）喬木木狀，有時分枝。

（2）葉簇生，長橢圓狀披針形，長 45 至 90cm，寬約 6.5 至 10cm，深綠色。

（3）圓錐花序，花淡黃色，芳香。

（4）原產熱帶非洲。

7. 竹蕉 *Dracaena deremensis* **Engler**

7a. 銀絲竹蕉；銀線竹蕉 ***Dracaena deremensis* Engler 'Warneckii'**

7b. 黃綠紋竹蕉 *Dracaena deremensis* Engler 'Warneckii Striata'

7c. 密葉銀線竹蕉 *Dracaena deremensis* Engler 'Warneckii Compacta'

7d. 密葉竹蕉 *Dracaena deremensis* Engler 'Compacta'

7e. 縞葉竹蕉 *Dracaena deremensis* Engler 'Roehrs Gold'

7f. 月光竹蕉 *Dracaena deremensis* Engler 'Lemon Lime'

7g. 白紋竹蕉 *Dracaena deremensis* Engler 'Longii'

植物認識我：簡易植物辨識法

第十七章　草本單子葉植物

　　單子葉植物僅少數科為水生種類及高大的木本植物，其他絕大多數為旱生的低矮草本，本章重點是如何識別常見的陸生之草本單子葉植物。草本單子葉植物葉除少數具假莖的種類，如芭蕉類植株高大外，大多高度小於 2m，甚或小於 1m；莖內的維管束通常無形成層。莖及根一般無次生肥大生長；多數種類為單葉，葉全緣，只有少數為掌狀或羽狀分裂葉；有一部分單子葉植物也具托葉，在葉柄下部形成抱莖的葉鞘；多數種類之葉脈為平行脈，少數種類葉有次生細脈，和第一次側脈形成特殊平行脈；花各部數目，即花瓣、花萼、雄蕊、心皮的數目為 3 的倍數，只有在原始類群中，可見離生心皮和多數雄蕊。

　　常見的草本單子葉植物，及各科間的簡易區別如下：

*17-1 天南星科：托葉連生葉柄下部，鞘狀；肉穗花序，具佛燄苞。

*17-2 鴨跖草科：植物體肉質，閉鎖式葉鞘；雄蕊 6，花絲常有鏈球狀長毛。

*17-3 禾本科：葉片及葉鞘之間有葉舌、葉耳；莖稈空心，開放式葉鞘。

*17-4 鳳梨科：葉硬質，常具刺；花常具有色苞片。

*17-5 芭蕉科：葉鞘合成假莖，高而粗大；花單性，子房下位；漿果。

*17-6 薑科：葉鞘合成假莖，矮而細小；雄蕊 1，花具唇瓣，子房下位；蒴果。

*17-7 竹芋科：葉片及長柄之間有短梗，稱葉枕；花序為鞘狀苞片所包。

*17-8 百合科：常具球莖、鱗莖、地下莖或膨大根球；花被外輪萼狀，內輪瓣狀。

*17-9 鳶尾科：葉中肋部分兩面膨大；花被片內外輪均花瓣狀。

*17-10 蘭科：葉基常加厚成假鱗莖；花瓣 3，中間的花瓣形成唇瓣。

　　主要草本單子葉植物科的敍述：

*17-1. 天南星科 Araceae

　　天南星科植物大多耐陰，有許多種類如**火鶴花、馬蹄蓮、粗肋草、觀音蓮、彩葉芋、黛粉葉、黃金葛、龜背芋、蔓綠絨、白鶴芋、合果芋、千年芋、美鐵芋**等，都是本科有名的觀賞植物，常被栽培作複層林下植物，也是常見的室內植物。食用植物有**芋頭**等，其中的**蒟蒻（魔芋）**地下**塊莖**可以加工做成蒟蒻，也是著名的食材。有些植物是有悠久歷史的常用中藥材，如**半夏、天南星**等。**巨花魔芋**是全世界最高的**花**，其**花序**是植物界中最長的花序。本科植物大多含有毒植物鹼、苛辣性毒素、三萜皂苷和苯甲酸（安息香酸）等，其植株各部分均具毒性。

　　本科有 107 屬、3,700 種以上，主要分布在美洲的熱帶地區，但也有些分布於**舊**世界的熱帶及溫帶地區。由 APG 最近的基因研究顯示，原先隸屬於**浮萍科**的植物，應歸類於天南星科之中。因此，根據 APG 的分類系統，天南星科下可分成：天南星亞科、麻菖蒲亞科、棘芋亞科、龜背芋亞科、金棒芋亞科、柚葉藤亞科、美鐵芋亞科和浮萍亞科。但本書仍沿用克朗奎斯特（Cronquist）系統，本科臺灣產 16 屬 40 種。

天南星科植物的簡明特徵：

　　（1）多年生草本或少數爲藤本植物，常有肉質的球莖或地下莖。

　　（2）植物體多含水質、乳質或針狀結晶體。

　　（3）單葉或複葉，全緣或各式分裂，**葉柄下部具長葉鞘**（照片 17-1）；多弧形脈。

照片 17-1 天南星科植物，葉柄下半部至基部具長葉鞘。

（4）肉穗花序，具佛燄苞，頂端常延伸為附屬物（圖 17-1）、（照片 17-2）；花兩性，或單性花（雄花在上，雌花在下）。

（5）果為漿果，密集於肉穗果序上。

圖 17-1 天南星科植物，植物體多含水質、乳質或針狀結晶體，肉穗花序，具佛燄苞。　照片 17-2 天南星科植物的肉穗花序，外被佛燄苞。

1. 姑婆芋 *Alocasia macrorrhiza*（L.）**Schott & Endl.**

（1）多年生直立高大草本。

（2）葉卵狀心形，長 60-100cm，葉柄生於近基端。

（3）產台灣低海拔。

2. 火鶴花 *Anthurium scherzerianum* **Schott**

（1）宿根花卉，全株直立，植株高約 1-2m。

（2）根生葉，根是氣生根。

（3）葉片每年萌出 3-4 枚，老葉枯落後，節間就逐漸裸露而變長。

（4）花苞是佛焰苞（Spathe）及基部伸出一長條肉質之肉穗花序所組成。

（5）原產中、南美等熱帶地區。

3. 由跋;申跋 *Arisaema ringens*（Thunb.）Schott

（1）多年生草本,塊莖扁球形。

（2）葉片為三出複葉,小葉,全緣或波狀緣,葉背灰白色。

（3）佛焰苞大型,外被白色條紋,先端卷曲。

4. 台灣天南星 *Arisaema formosanum*（Hayata）Hayata

（1）多年生中草本,假莖高 10-60cm,白至灰綠色。

（2）葉單生,直立,葉柄如莖狀,具紫黑色斑點;小葉狹橢圓至橢圓形,輪生,先端漸尖,具短尾,上表面綠色,下表面粉白色。

（3）佛焰花序由葉柄基部抽出,花序軸向前漸變細。

（4）漿果球形,未熟果綠色,熟果黃橙色。

（5）於路旁林緣略有土層之處可見之。

5. 芋 *Colocasia esculenta*（L.）Schott

（1）濕生高大草本。

（2）葉卵狀心形;葉柄盾狀著生,常紅紫色。

（3）栽培作物,原產熱帶亞洲。

6. 龜背芋 *Monstera deliciosa* Liebm.

（1）莖伸長後呈蔓性,莖節生氣根,能附著他物生長。

（2）葉心形,全緣或羽狀裂葉,葉身有不規則孔洞。

（3）佛燄花序。

（4）原產熱帶美洲。

7. 柚葉藤 *Pothos chinensis*（Rof.）Merr.

（1）附生藤本,生於樹幹或岩石上。

（2）葉披針狀卵形,長 5-10cm,葉柄翼狀。

 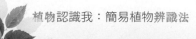

（3）佛燄苞小，花序具長梗。

（4）漿果紅色。

（5）產台灣低至中海拔森林中。

8. 圓葉蔓綠絨 *Philodendron oxycardium* **Schott**

（1）莖節能生氣根，附著他物生長。

（2）葉有圓心形、長心形及裂葉等變化。

（3）四季均綠意盎然，耐蔭性強。

（4）原產熱帶美洲。

9. 半夏 *Pinellia ternate*（**Thunb.**）**Breit.**

（1）多年生小草本，高 15-30cm；塊莖近球形。

（2）一年生的葉為單葉，卵狀心形；2 至 3 年後，葉為 3 小葉的復葉，
　　小葉橢圓形至披針形。

（3）肉穗花序頂生，佛焰苞綠色；雄花著生在花序上部，白色，雄蕊密
　　整合圓筒形；雌花著生於雄花的下部，綠色。

（4）漿果卵狀橢圓形，綠色。

10. 千年芋 *Xanthosoma sagittifolium*（**L.**）**Schott**

（1）多年生草本，有塊狀的地下莖。

（2）葉近基生，大型，心形、戟形、箭形，葉端尾尖，葉基心狀箭形，
　　葉基開裂到葉柄著生處；葉面深綠色，具光澤，葉柄綠色帶白粉。

（3）花單性，肉穗花序，棒狀，粉白色，具佛焰苞，佛焰苞筒狀。

（4）漿果，密集於肉穗花序上，種子多數。

（5）原產哥斯大黎加至南美洲（安地斯山至亞馬遜平原）。

*17-2. 鴨跖草科 Commelinaceae

　　鴨跖草科都是草本植物，主要分布在全世界的熱帶地區，也有少數分布在溫帶和亞熱帶地區。本科植物多生長在陰濕地區，包括樹蔭處、農田與果園的潮濕地帶、溝渠邊和路邊。中文鴨跖草含義為「常被鴨子踩踏的草」，因鴨跖草生長於水邊等陰濕環境，常被鴨子踩踏，故得此名。英文名 dayflower 意為「一日花」，意指花開只有一日。本科多種植物被培植作為觀賞植物，蔓性種類種成吊鉢懸掛室內，或栽植於戶外樹陰下或牆角陰暗處，作為地被植物。叢生型種類如蚌蘭等，可作為室內盆景或戶外叢植為地被。本科植物很多為葉色美麗的彩葉植物，因此，多栽植供觀葉，極少種來觀花。本科植物多好溫暖與潮濕環境，耐陰性良好，生長勢強且快速，無性繁殖容易，不論戶外或室內均適宜栽培。但有些本科植物不擇土宜，蔓延性強，常見分布在廢棄的土地、稻田、沼澤和樹林的邊緣，也有的深入樹林內部，成為可怕的入侵種，如巴西水竹葉、吊竹草（彩葉鴨跖草）等。

　　鴨跖草科共有 40 屬 652 種，有兩個亞科：鴨跖草亞科（Commelinoideae）和 Cartonematoideae 亞科。

鴨跖草科植物的簡明特徵：
　　（1）草本，植物體肉質（圖 17-2）。

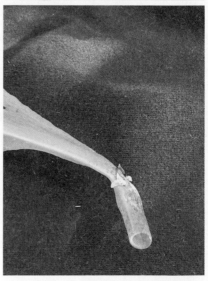

上：圖 17-2 鴨跖草科植物體肉質，具閉鎖式葉鞘，花瓣 3，常為藍色。
下：照片 17-3 鴨跖草科植物，具閉鎖式葉鞘。

植物認識我：簡易植物辨識法

（2）葉互生，具閉鎖式葉鞘（照片 17-3）。

（3）花單生，常排成蠍尾
狀聚繖花序，或頭
狀、圓錐狀花序。

（4）花萼 3，離生，常為
綠色；花瓣 3 枚，離
生或底部生，常為藍
色（圖 17-2），有時
為白或粉紅色；雄蕊
6，花絲常有鏈球狀
長毛（照片 17-4）。

（5）蒴果。

照片 17-4 鴨跖草科植物之雄蕊6，花絲常有鏈球
狀長毛。

1. 鴨跖草 *Commelina communis* **L.**

（1）多年生草本，莖多分枝。

（2）葉披針形，表面被毛，背面被倒鉤毛。

（3）花瓣淡藍至藍色。

（4）產中低海拔之開闊地或林緣。

2. 水竹葉 *Murdannia keisak*（**Hassk.**）**Hand.-Mazz.**

（1）多年生匍匐草本。

（2）葉線形至線狀披針形，兩面光滑無毛。

（3）花瓣淡紫色。

（4）產台灣低海拔之濕地。

3. 吊竹草；斑葉鴨跖草 *Zebrina pendula* **Schnizl.**

（1）多年生匍匐草本，節節生根。

（2）葉卵狀橢圓形，表面有白條帶，背面紫色。

（3）花瓣粉紅至玫瑰色。

（4）原產墨西哥，已馴化並在各地蔓延。

4. 巴西水竹葉 *Tradescantia fluminensis* **Vell.**

（1）多年生草本，莖平臥，有分枝，節上長根。

（2）單葉，互生，幾無柄；披針形，葉基鈍，葉尖漸尖。

（3）聚繖花序，腋生，花梗細長，花白色；花瓣 3 片。

（4）果實爲蒴果，外觀爲短橢圓柱狀，果實成熟會開裂散出黑色的種子。

（5）原產於南美，多見於於平地至中海拔山區，生長在較潮濕的地方，常群生。

*17-3. 禾本科 Poaceae（Gramineae）

本科植物葉爲單葉，具開放式葉鞘（leafSheadth），包裹著稈（culm）和枝條的各節間；在葉鞘頂端和葉片相連接處，有膜質薄片，稱葉舌（ligule）；在葉鞘頂端之兩邊還可各伸出一突出體，稱葉耳（auricle）；葉片（blade），常爲窄長的帶形，亦有長圓形、卵圓形、卵形或披針形等形狀。果爲穎果，能附著動物身上，或附生有毛，藉風力從一個生育地方傳播到另一個生育地。禾本科植物是最有經濟價值的大科，幾乎所有的糧食作物都是禾本科植物，如稻、小麥、大麥、玉米、高粱、小米、燕麥等。此外，經濟作物甘蔗、香茅等，和多數草坪植物也是禾本科植物。許多種類可作牧草和庭園綠化作用，人類有意識的引種和傳播，使很多種跨越原自然分布範圍，形成了現在遍布全球的作物、觀賞植物和雜草，有些種類則成爲入侵種。

禾本科是被子植物中次於菊科、蘭科、豆科（部）、茜草科的第五大科，有 668 屬，10,000 多種。台灣產 119 屬 290 種以上。本科植物分布極廣，從熱帶到寒帶乃至極地，從酸性土到鹼性土乃至鹽鹼地，從高山之巔到平原乃至沼擇地，從荒漠到森林乃至沿海沙灘，到處都有禾本科植物的分布。禾本科共有稻亞

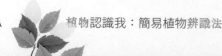

科、竹亞科、早熟禾亞科、蘆竹亞科、黍亞科、虎尾草亞科、扁芒草亞科、百生草亞科、三芒草亞科、薑葉竺亞科、服葉竺亞科、柊葉竺亞科等 12 個亞科，其中僅竹亞科爲木本。

禾本科植物的簡明特徵：

（1）一年生或多年生草本，地上莖特稱爲稈；節間中空。

（2）單葉互生，2 列，葉片狹長，具縱向平行脈；具葉鞘、葉舌及葉耳（圖 17-3）、（照片 17-5）。

（3）小花 1- 多數，2 列著生於小穗的花軸上，其基部具有 2 枚穎片。

（4）花被片 2 枚，特化爲透明而肉質的小鱗片，稱爲鱗被。雄蕊 3 枚；柱頭羽毛狀。

（5）果爲穎果。

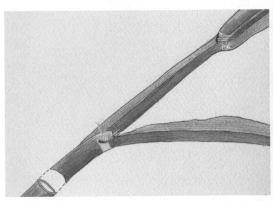 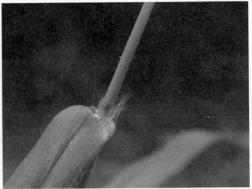

圖 17-3 禾本科植物，節間中空，具葉鞘、葉舌及葉耳。　照片 17-5 禾本科植物之葉耳（毛狀）及葉舌（片狀）。

1. 稻 *Oryza sativa* **L.**

（1）多年生挺水植物，高約 1m；稈中空有節。

（2）葉長 20-80cm，葉緣細鋸齒銳利。

（3）下方 2 小花退化，僅存極小的外稃。

（4）世界各地低海拔地區均有栽種。

2. 菰；茭白 *Zizania latibolia*（**Griseb.**）**Stapf.**

（1）多年生挺水植物，高約 2m；稈直立粗壯。

（2）葉帶狀，長 50-100cm，中肋明顯，葉鞘肥厚。

（3）圓錐花序頂生，上部為雌花，下部為雄花。

（4）全台低海拔地區均有栽種。

3. 蘆竹 *Arundo donax* **L.**

（1）多年生高大草本，高可達 5m。

（2）稈直立粗壯，徑約 1cm，中空有節。

（3）台灣低海拔濕地、河岸、湖泊及池塘均有分布。

4. 蘆葦 *Phragmites communis*（**L.**）**Trin.**

（1）多年生挺水植物、濕生植物，高可達 2.5m；稈中空有節。

（2）葉長披針形，長 30-55cm，葉舌有長約 1cm 的絲狀毛。

（3）圓錐花序頂生，長 30-50cm。

（4）廣泛分部全世界各地；濕地、河岸、湖泊及池塘均有生長。

5. 狗牙根 *Cynodon dactylon*（**L.**）**Pers.**

（1）多年生禾草，具匍匐莖（在地表蔓延）和根狀莖，。

（2）葉長披針形，長約 3-6cm，寬約 0.5cm，大多著生稈基或匍匐莖上。

（3）花莖直立，穗狀花序呈 3-6 指狀排列。

（4）耐踐踏，耐鹽。

6. 結縷草 *Zoysia japonica* **Steud.**

（1）多年生草本。具根狀莖。稈高達 15cm。

（2）莖多節，節間平均長 1cm 左右，每節發出不定根 3-7 條。

（3）葉片條狀披針形，質地較硬，寬約 3mm 左右。

（4）總狀花序，長 3-4cm，寬 3-5mm。

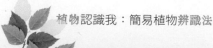 植物認識我：簡易植物辨識法

7. **韓國草；高麗芝** *Zoysia tenuifolia* **Willd.**

（1）多年生草本植物，原產地爲東南亞。

（2）葉質柔嫩，莖葉細小，不需經常修剪。

（3）極耐踐踏。

8. **類地毯草** *Axonopus affinis* **Chase**

（1）多年生莖蔓生形成緻密草地，地上莖匍匐生長。

（2）葉寬 0.4-0.8cm，長 15-30cm，葉鞘緊密，桿節光滑無毛。

（3）花爲總狀花序，2-4 枚。

9. **地毯草** *Axonopus compressus*（**Sw.**）**Beauv.**

（1）多年生草本植物。地上走莖匍匐延伸，株高約 15~40cm。

（2）稈節具密鬢毛，葉較寬。葉緣呈波浪狀，葉片平滑。

（3）花先端兩個成指狀排列，餘常成總狀的總狀花序

10. **芒** *Miscanthus sinensis* **Anderss.**

（1）多年生高草本達，稈高可達 150cm。

（2）葉片長 80-120cm，寬約 1cm，被軟毛及蠟質粉末。

（3）花序爲大型圓錐花序，扇形展開；小穗長約 0.5cm。

（4）穎果長圓形，暗紫色。

（5）分布中國、日本、朝鮮及台灣。

11. **五節芒** *Miscanthus floridulus*（**Labill**）**Warb.** *ex* **Schum. & Laut.**

（1）多年生高大草本植物，高約 1-3m，莖節處常有粉狀物。

（2）葉緣含有矽質，能割傷皮膚。葉片細長，葉緣具堅硬的鋸狀小齒。

（3）秋天開花，呈大圓錐狀花序，花穗白略帶紅暈，每個小穗上有兩朵小花對生。

（4）穎果長橢圓形。

（5）台灣全島低海拔山野、溪流旁、荒廢地、丘陵地以至海岸皆有。

*17-4. 鳳梨科 Bromeliaceae

鳳梨科植物可分為附生鳳梨和非附生鳳梨。附生鳳梨幼株逐漸生長時，纖細堅韌的根會附在樹皮之上，沿著樹幹的表面伸展。附生鳳梨是美洲森林中最具特色的景觀，觀賞用的鳳梨科植物大多數屬這一類。非附生鳳梨（地生）一般都生長在開闊溫暖和陽光充足的生育地，全無蔽蔭，葉緣有尖刺或尖鋸齒。本科植物幾乎可全年開花，花常被美艷的鮮紅或粉紅色的苞片包著，整個開花期間顏色會變得很鮮艷亮麗。大多數觀賞鳳梨的花序，最明顯的部分是色彩艷麗且多樣的苞片，苞片壽命有時可長達數月之久。

根據基因分子學的研究，本科植物可分為八個亞科：鳳梨亞科（Bromelioideae）、皇后鳳梨亞科（Puyoideae）、皮氏鳳梨亞科（Pitcairnioideae）、納韋鳳梨亞科（Navioideae）、空氣鳳梨亞科（Tillandsioideae）、華燭之典亞科（Hechtioideae）、光彩鳳梨亞科（Lindmanioideae）、布洛鳳梨亞科（Brocchinioideae），其中皇后鳳梨亞科、華燭之典亞科、光彩鳳梨亞科及布洛鳳梨亞科各只有一屬。本科植物有 45 屬，約 2,000 種，僅 1 種產於熱帶非洲的西部，其餘全原產於美洲熱帶地區，其他地區的鳳梨科植物都是引進的。

圖 17-4 鳳梨科之鳳梨葉硬質，葉緣常具刺，果實為複合果。

鳳梨科植物的簡明特徵：
  （1）多數為具短莖之草本植物。
  （2）葉根生，硬質，**葉緣常具刺**（圖 17-4）、（照片 17-6），常有盾狀具柄的吸收水分的鱗片葉。

植物認識我：簡易植物辨識法

（3）花序頂生，穗狀，總狀或圓錐狀；苞片常顯著而具鮮艷的色彩（照片 17-7），鳥媒、蟲媒或蝙蝠媒花。

（4）花兩性；花被 6，外輪花萼狀（sepaloid），宿存，內輪花瓣狀（patloid）；雄蕊 6；子房為 3 合生心皮合成。

（5）果實為漿果或蒴果；常發育為複合果（**mnltiple fruits**）。

觀賞鳳梨形態富變化，葉片常有斑紋，花色美艷持久。

照片 17-6 鳳梨科植物葉根生硬質，葉緣常具刺。

照片 17-7 鳳梨科植物之花序頂生，苞片常顯著而具鮮艷的色彩。

1. 蜻蜓鳳梨 *Aechmea fasciata*（**Lindl.**）**Baker**

（1）葉面中央具乳黃色條斑，葉背白色橫紋。

（2）花序穗狀，花苞片淡紅色有刺。

（3）花瓣淡藍色，逐漸轉紅。

（4）原產巴西。

2. 珊瑚鳳梨 *Aechmea fulgens* **Brongn.**

（1）附生植物。

（2）花莖自葉中抽出，圓錐花序呈紅褐色，花穗紅如珊瑚。

（3）花粒狀長珠形，花瓣青紫色。

（4）原產巴西、圭亞那。

3. 鳳梨 *Ananas comosus*（**L.**）**Merr.**
（1）多年生常綠草本，植珠高約 1m。
（2）葉劍形，革質，長 40-90cm，葉緣有刺。
（3）頭狀花序，形如松果。
（4）食用鳳梨，原產巴西。

4. 擎天鳳梨 *Guzmania lingulata*（**L.**）**Mez**
（1）多年生附生植物。
（2）花莖自葉中抽出，纖房花序由多數具大形苞片的花組成。
（3）花苞片桃紅至鮮紅色，花白色。
（4）原產哥倫比亞、厄瓜多爾。

5. 火輪鳳梨 *Guzmania x magnifica* **Hort.**
（1）多年生附生植物。
（2）花莖 16cm，花序苞片 20 片。
（3）花苞片猩紅色，花白色。
（4）雜交種。

6. 紫花鳳梨 *Tillandsia cyanea*（**A. Dietr.**）**Morr.**
（1）附生植物。
（2）花莖自葉中抽出，花序扁平，長卵形，由 2 列對生的粉紅色苞片組成。
（3）花深紫紅色。
（4）原產厄瓜多爾。

7. 虎紋鳳梨 *Vriesea sprendens*（**Brongn.**）**Lem.**
（1）多年生常綠草本。
（2）花莖直立不分枝，花序穗狀扁平，花排成二列。

植物認識我：簡易植物辨識法

（3）花苞片互疊，鮮紅色，花黃色。

（4）原產巴西、圭亞那。

8. **豔苞鳳梨** *Vriesea x poelmanii* **Hort.**

（1）葉淺綠色。

（2）穗狀花序扁平，花排成二列。

（3）花苞片互疊，猩紅色，頂端黃綠色。

（4）雜交種。

*17-5. 芭蕉科 Musaceae

　　本科屬巨型草本植物，植株高大，由葉鞘覆疊而成假莖（pseudostems）。真正的莖在基部，半埋在地下，從莖節上產生芽而形成分株。芭蕉之名源出《本草衍義》，《植物名實圖考》中名爲甘蕉。《群芳譜》記載芭蕉又名芭芭、天直、

綠天、扇仙等等，說：芭蕉「草類也。葉青色，最長大，首尾稍尖。菊不落花，蕉不落葉。一葉生，一葉蕉，故謂之芭蕉」。唐代之後，芭蕉在庭園林的種植逐漸普及，宋元明清時，芭蕉已經成爲庭園的重要觀賞植物。栽植芭蕉於庭前屋後，可彰顯芭蕉清雅秀麗之逸姿，與其他植物搭配種植，組合成景，如蕉竹配植最爲常見。芭蕉還可以做盆景。

　　芭蕉科植物分 3 屬，60 餘種，分爲象腿蕉（*Ensete*）、芭蕉（*Musa*）和地涌金蓮（*Musella*）三個屬，分布於亞洲及非洲的熱帶地區，印度東南亞至泰國地區種數最多，其次是印度尼西亞。

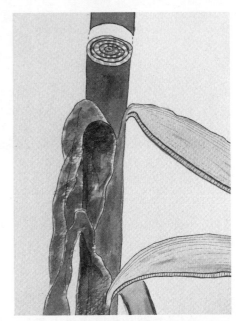

圖 17-5 芭蕉科植物由葉鞘包疊而成的假莖。

芭蕉科植物的簡明特徵：

（1）多年生巨型草本植物，一般高達 3m；葉鞘層層重疊包成假莖（圖
17-5）、（照片 17-8）；地下部長有多年生的粗大球莖。

（2）葉巨大，長圓形至橢圓形，具粗壯之中脈及多數平行之橫脈（照片
17-9）。

（3）花序頂生，由葉鞘內抽出，有苞片包被。

（4）不整齊花，單性；雄花在花序頂端，雌花於花序基部。

（5）花由2輪瓣狀花被構成；雄蕊6枚，其中1枚退化；子房下位，心皮3。

（6）果爲圓柱形的漿果。

照片 17-8 芭蕉科植物葉鞘層層重疊包成假莖，假莖下方粗大的球莖，是長新芽的真莖。

照片 17-9 芭蕉科植物爲多年生巨型草本植物，一般高達 3m。

1. 芭蕉 *Musa basjoo* **Sieb. & Zucc.**

（1）多年生草本，具匍匐莖。

（2）假莖綠或黃綠，略被白粉。

（3）穗狀花序下垂，苞片紅褐或紫。

（4）黃色肉質果實，有多數種子。

植物認識我：簡易植物辨識法

2. 香蕉 *Musa sapientum* **L.**

（1）大型多年生的草本，高可達 3-4m；葉鞘肥厚互抱成假莖。

（2）葉片大型，長橢圓形，長 40-60cm，新葉均由假莖中心抽出展開。

（3）果實爲漿果，肉質，長橢圓形，果體上彎，成熟時外果皮變爲黃色。

3. 台灣芭蕉 *Musa formosana* **（Warb.） Hayata**

（1）大形多年生草本，高約 2m，根莖着生多數肉質狀根。

（2）葉片巨大形，長橢圓形，全緣而微疏低波狀，側脈平形射出狀，長 1m 以上。

（3）葉柄長，內面溝狀，背面圓形突起，延伸至葉片末端。

（4）穗狀花序下垂；雌雄異花，外花被 3 枚，內花被 2 枚；花柱 1，子房下位。

（5）果實長條狀鈍三稜形，微彎曲，長 5-8cm，熟時土黃色；種子多數，黑色。

*17-6. 薑科 Zingiberaceae

薑科是多年生草本植物，植物體通常具有芳香，由葉鞘層層包疊而成假莖（pseudostems），唯形體均較芭蕉科者小，有匍匐的或塊狀的根莖。大部分薑科植物耐蔭，台灣原生的種類都是林下地被植物。本科植物很多種類是重要的調味料和藥用植物，如砂仁、益智、草果、草豆蔻、高良薑、薑黃、鬱金、莪朮等，爲驅風、健胃，化瘀、止痛要藥或作調味品。此外，還有許多觀賞植物，如野薑花、火炬薑、月桃等，可作盆栽或配置於庭園內。本科植物中的薑是全世界都在使用的調味料，薑黃的根莖可提取黃色染料，用於食品工業，是咖哩食材的原料，都是薑科植物著名的種類。

本科約有 49 屬，1,500 種，主要分布在熱帶地區。

薑科植物的簡明特徵：

（1）多年生草本，通常具有芳香、匍匐或塊狀的根狀莖；葉鞘形成假莖（圖 17-6）。

（2）葉排成 2 列，葉片大，披針形或橢圓形；具明顯的葉舌。

（3）花常形成頭狀、總狀或圓錐花序；花被片 6 枚，2 輪，外輪萼狀，通常合生成管，一側開裂及頂端齒裂，內輪花冠狀。

（4）有藥雄蕊 1，另 2 枚不孕性雄蕊合生成唇瓣（labellum）、（照片 17-10）；子房下位，3 室。

（5）果實為蒴果，種子常具有假種皮。

圖 17-6 薑科植物為多年生草本，由葉鞘包疊形成假莖。

照片 17-10 薑科植物之月桃，有藥雄蕊1，另2枚不孕性雄蕊合生成唇瓣。

1. 月桃 *Alpinia zerumbet*（**Pers.**）**Burtt & Smith**
　= *Alpinia speciosa*（**Wendl.**）**K. Schum.**

（1）多年生，假莖高可達 2m。

（2）葉大形，長 50-80cm，寬 10-15cm，兩面光滑。

（3）圓錐花序下垂，密被毛，下方分枝 2 朵花。

（4）蒴果，球形至橢圓形。

（5）分布全台低海拔山區。

植物認識我：簡易植物辨識法

2. 鬱金 *Curcuma domestica* **Valet**

（1）多年生，植株高 50-70cm。根狀莖黃色。

（2）葉根生，具長柄，長橢圓狀披針形。

（3）花序由莖基抽出，花粉紅色，中部黃色。

（4）原產熱帶亞洲。

3. 薑黃 *Curcuma longa* **L.**

（1）多年生草本。

（2）葉 2 列，長橢圓形，先端漸尖，基部漸狹成柄。

（3）花莖由葉鞘內抽出，花黃色。

（4）蒴果膜質，球形。

4. 薑 *Zingiber officinale* **Rosc.**

（1）根莖塊狀。

（2）葉披針形，排成二列。

（3）花序毬果狀，苞片綠色；唇瓣有紫色條紋及淡黃色斑點。

（4）原產熱帶亞洲，普遍栽種。

*17-7. 竹芋科 Marantaceae

本科植物為多年生草本，大多耐蔭，有根莖或塊莖。葉通常大，具羽狀平行脈，通常 2 列，具柄，柄的頂部增厚， 稱葉枕，葉柄下部有葉鞘。本科植竹芋屬的一些種類，葉子上有美麗的斑紋，常被栽培做室內或林下觀賞植物，斑葉竹芋（*Calathea zebrina* (Sims) Lindl.）、孔雀竹芋（*Calathea makoyana* (Morr.) Nichols.）等。葛鬱金（*Maranta arundinacea* L.），又稱粉薯、太白筍、竹芋、美人蕉、藕仔薯或金筍，根莖肉質多且具有黏性，含豐富的澱粉、碳水化合物及糖類、形狀為柱狀尾端尖，白色、有很多環節，長度介於 15 cm 至 30cm 之間。由根莖製成的澱粉稱「太白粉」，常用在餐餚之勾芡。葛鬱金很可能源

自位於巴西西北部及鄰近國家的亞馬遜河流域地區，早在西元前 8200 年以前就開始使用。

　　竹芋科約有 31 屬，550 種，原產於美洲、非洲和亞洲的熱帶地區。

竹芋科植物的簡明特徵：

（1）具塊狀根莖之多年生草本。

（2）葉通常大，具羽狀平行脈，通常排成 2 列；具長柄，有長而窄的葉鞘，抱莖（圖 17-7）。**葉片和長柄之間有短柄**（葉枕）（照片 17-11）。

（3）花序穗狀或頭狀叢生或圓錐花序，為鞘狀苞片所包。

（4）花左右對稱，花萼 3，花瓣 3；雄蕊 5 或 6，其中僅 1 有孕，花瓣狀，且花藥僅 1 室；子房下位。

（5）果為蒴果或漿果狀。

1. 葛鬱金；竹芋 *Maranta arundinacea* L.

（1）多年生草本，植株高 40-100cm；根莖肉質，紡錘形。根狀莖肉質，白色，棍棒狀有節，上端紡錘形，長 5-15cm。

（2）葉卵形至卵狀披針形，先端漸尖，基部圓。

上：圖 17-7 竹芋科植物葉通常具長柄，有長而窄的葉鞘，抱莖。

下：照片 17-11 竹芋科植物葉片和長柄之間有短柄（葉枕）

植物認識我：簡易植物辨識法

（3）總狀花序頂生，花小，白色。

（4）原產加勒比海地區，俗名叫做粉薯，其塊莖可提取澱粉。

2. 斑葉竹芋 *Calathea zebrina*（Sims）Lindl.

（1）多年生大草本，植株高 50-100cm。

（2）葉長圓狀披針形，先端鈍，基部漸尖；葉表面深綠，間以黃綠色條紋。

（3）頭狀花序頂生，花冠紫堇色或白色。

（4）原產巴西。

3. 紅羽竹芋 *Calathea ornata*（Lem.）Koern. 'Roseo-lineata'

（1）多年生大草本，高可達 3m。

（2）葉橢圓形，先急尖，基部心形；葉表面綠，間以玫瑰紅或粉紅色條紋。

（3）原產南美洲。

4. 孔雀竹芋 *Calathea makoyana*（Morr.）Nichols.

（1）葉表面有孔雀羽毛條紋。

（2）原產巴西。

5. 彩虹竹芋 *Calathea roseo-picta*（Linden）Regel

（1）多年生草本，植株高 10-50cm。

（2）葉表面有各種條紋、斑條、斑塊鑲嵌。

（3）原產巴西。

*17-8. 百合科 Liliaceae

百合科植物全球都有分布，但以溫帶和亞熱帶地區最為豐富。百合科中既有名花，又有良藥，有的還可以食用。著名藥材有黃精（*Polygonatum sibiricum* Red.）、玉竹（*Polygonatum odoratum* (Mill.) Druce）、知母（*Anemarrhena asphodeloides* Bunge）、麥冬（*Liriope spicata* (Thunb.) Lour.）、蘆薈（*Aloe vera* (L.) Webb.）、天門冬（*Asparagus cochinchinensis* (Lour.) Merr.）、貝母（*Fritillaria cirrhosa* D. Don）等。蔬菜有蔥、蒜、韭、黃花菜等。觀賞植物有玉簪（*Hosta plantaginea* (Lam.) Aschers.）、鬱金香（*Tulipa gesneriana* Linn.）、萱草（*Hemerocallis fulva* (L.) L.）、蜘蛛百合（*Hymenocallis speciosa* (L.f. *ex* Salisb.) Salisb.）等

　　百合科是大而龐雜的科。按傳統的分類系統，在單子葉植物中，凡具花冠狀花被、上位子房和 6 枚雄蕊者，均歸入百合科中。因此，傳統分類法的百合科多達 230 屬 3,500 種。但許多學者持不同的看法，如 J・哈欽森（Hutchinson）（1934）主張從百合科中分出無葉蓮科（櫻井草科）、Petrosaviaceae 科、延齡草科（Trilliaceae）、菝葜科（Smilacaceae）、假葉樹科（Ruscaceae）和 Philesiaceae 等。此外，還把蔥族（Allieae）與百子蓮族（Apa-gantheae）移至石蒜科中。塔克他間（Takhtajan）系統（1980）更將百合科細分成 16 個科。依基因分子學研究結果，大部分原百合科被移出，成立有百合科（Liliaceae）、天門冬科（Asparagaceae）、阿福花科（Asphodelaceae）、藜蘆科（Melanthiaceae）、秋水仙科（Colchicaceae）、菝葜科（Smilacaceae）等。經大幅修定後，百合科目前僅包含 17 個屬。常見的植物中，不再隸屬百合科的屬如下：原百合科的蔥屬（*Allium*）併入石蒜科，為蔥亞科（Allioideae）；萱草屬（*Hemerocallis*）併入黃脂木科，為萱草亞科（Hemerocallidoideae）等。本書仍採用傳統分類系統。

百合科植物的簡明特徵：

（1）一年至多年生草本，常具球莖、鱗莖、地下莖或膨大根球（照片 17-12）。

照片 17-12 百合科植物常具球莖、鱗莖、地下莖或膨大根球。

（2）單葉，葉形態變異大。

（3）花單生、聚繖或總狀花序，有時爲頭狀。

（4）花兩性，多數爲整齊花，花被 6 枚，2 輪，**外輪萼狀，內輪瓣狀**（圖 17-8）；雄蕊 6；雌蕊 3 枚合生心皮，子房上位。

（5）果爲蒴果或漿果。

圖 17-8 百合科植物，花被6枚，2輪，外輪萼狀，內輪瓣狀。

1. **蜘蛛抱蛋** *Aspidistra elatioa* **Blume**

（1）多年生草本，根莖匍匐。

（2）葉披針形，長約 70cm，寬約 15cm。

（3）葉色墨綠，富變化。

（4）原產中國。

2. **文珠蘭；允水蕉** *Crinum asiaticum* **L.**

（1）多年生草本，具鱗莖。

（2）葉基生，無柄，葉緣波狀，長 50-80cm。

（3）繖形花序，花白色；蒴果近球形。

3. **桔梗蘭** *Dianella ensifolia*（**L.**）**DC.**

（1）多年生草本，根莖粗厚。

（2）葉劍形，基生，近疊抱狀，長 20-55cm。

（3）圓錐花序鬆散，花淡藍色至深藍色；漿果熟時藍色。

（4）全台低海拔山區草生地。

4. 萱草 *Hemerocallis fulva*（**L.**）**L.**

（1）多年生草本，具鱗莖。

（2）葉無柄，基部抱莖，線形至披針線形，長 8-20cm。

（3）花數朵，花漏斗形，花色有紅、黃、橙、粉紅等。

（4）原產中國，夏季花卉。

5. 蜘蛛百合；蜘蛛蘭 *Hymenocallis speciosa*（**L.f. *ex* Salisb.**）**Salisb.**

（1）多年生草本，株高 1-2m，叢生，具鱗莖。

（2）葉基生，劍狀披針形，質厚，葉背中肋突出。

（3）花莖粗大，繖形花序，花 4-10 朵。

（4）花筒狀，白色，芳香；花瓣 6，細長；副花冠皿形；雄蕊細長突出。

（5）原產西印度。

6. 細葉麥門冬 *Liriope graminifolia*（**L.**）**Baker**

（1）多年生草本，具匍匐莖。

（2）葉基生，線形，長 10-40cm，寬 0.2-0.4mm。

（3）花 2 至 4 朵簇生，花白色。

（4）生低海拔山區林下、潮濕陰涼處。

7. 麥門冬 *Liriope spicata*（**Thunb.**）**Lour.**

（1）多年生草本，具匍匐莖。

（2）葉基生，線形，長 25-50cm，寬 0.4-0.8mm。

（3）花序長 10-25cm，花 3-5 朵簇生，花白色。

（4）低、中海拔山區草生地、森林內。

8. 闊葉麥門冬 *Liriope platyphylla* **Wang & Tang**

（1）葉線形，長 25-60cm，寬 0.8-1.8mm。

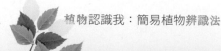

植物認識我：簡易植物辨識法

（2）花序長 8-30cm，花 3-6 朵簇生。

（3）低海拔山區林下、潮濕陰涼處。

9. **沿階草** *Ophiopogon japonicus*（**Thunb.**）**Ker Gawl.**

（1）多年生草本，具匍匐莖。

（2）葉叢生，無柄，窄線形，墨綠色，革質。

（3）狀花序，夏季開白色或淡藍色花。

（4）全台低海拔山區草生地、森林內。

9a. **玉龍草** *Ophiopogon japonicus*（**Thunb.**）**Ker Gawl.** 'Nanus'

特別矮性，葉短而茂密，簇生成盤狀。

9b. **銀紋沿階草** *Ophiopogon japonicus*（**Thunb.**）**Ker Gawl.** 'Argenteo-marginatus'

葉面有白色條紋沿葉面縱走。

10. **蔥蘭** *Zephranthes candida* **Herb.**

（1）多年生球根植物，具鱗莖。

（2）葉叢生，狹線形，肉厚，長 20-30cm。

（3）花梗自葉叢抽出，高約 10cm。

（4）花漏斗狀，白色；雄蕊 6，花藥黃色。

（5）原產阿根廷、秘魯。

11. **韭蘭** *Zephyranthes grandiflora* **Lindl.**

（1）多年生球根植物，具鱗莖。

（2）葉 5-7 枚，線形，扁平似韭葉。

（3）花梗自葉叢抽出，高約 15cm。

（4）花漏斗狀，桃紅色。

（5）原產牙買加、古巴、墨西哥、瓜地馬拉。

*17-9. 鳶尾科 Iridaceae

鳶尾科植物以花大、鮮艷、花形奇特而著稱，主要用於觀賞。本科的許多植物栽培歷史悠久，園藝品種及人工雜交種很多，花型及色澤變化也很大，深爲各國園藝界所喜愛。世界著名的鳶尾科花卉如唐菖蒲、射干和鳶尾屬的許多種植物，在各地庭園中常見栽培。有些種類可以作爲藥用，如射干、番紅花、馬藺等，均爲傳統中藥；番紅花的花柱可提取紅色染料，爲食用色素。

全世界約有 90 屬，2,000 餘種。廣布於全世界熱帶、亞熱帶及溫帶地區，分布中心在非洲南部及美洲熱帶，其中又以南非種類最多。傳統的植物分類系統，例如郝欽森（Hutchinson）系統將鳶尾科置於鳶尾部，克朗奎斯特（Cronquist）系統將鳶尾科放在百合部下；而最近的 APG 系統（1998 年、2003 年）則是將鳶尾科分在天門冬部下。

鳶尾科植物的簡明特徵：

（1）多年生草本，常具地下莖；莖呈葉狀。

（2）葉細長，線形，排成 2 列，中肋部分兩面膨大（照片 17-13）；基部成鞘狀，互相套迭。

照片 17-13 鳶尾科植物葉中肋部分兩面膨大。

（3）花排列成圓錐或聚繖花序；花
色鮮艷美麗（照片 17-14），
花被片 6，2 輪，內外輪均花
瓣狀（圖 17-9）；雄蕊 3，花
絲生於花被筒上；子房 3 室，
子房下位。

（4）蒴果；種子多數。

1. 射干 *Belamcanda chinensis*（**L.**）**DC.**

（1）多年生草本，具肉質地下莖。

（2）葉線形，排成 2 列，邊緣半透
明狀。

（3）花基部深紅色，表面橘紅色，
上分布深紅色斑點。

（4）原產中國。

2. 鳶尾 *Iris tectoru* **Maxim.**

（1）多年生宿根性草本，高 30-
50cm。

（2）葉為漸尖狀劍形，淡綠色，呈
二縱列互生，基部互相包疊。

（3）花冠紫色，徑約 10cm，外花
被有深紫斑點。

（4）蒴果長橢圓形，有 6 稜。

3. 蝴蝶花 *Iris japonica* **Thunb.**

（1）多年生草本，具根狀莖。

（2）葉基生，暗綠色，有光澤。

上：照片 17-14 鳶尾科植物花色鮮艷
美麗。

下：圖 17-9 鳶尾科植物的葉細長、線
形排成2列，花被片6、2輪、內外輪均
花瓣狀。

（3）頂生稀疏總狀聚傘花序；苞片葉狀，3-5枚，花白色或淡紫白色。

（4）蒴果橢圓狀柱形，無喙，6條縱肋明顯；種子黑褐色。

（5）分布日本和中國。

*17-10. 蘭科 Orchidaceae

蘭科植物都是多年生草本，有地生蘭、附生蘭和腐生蘭，也有少數為攀緣藤本；單葉互生，有葉鞘；假鱗莖是蘭科植物特有的器官，主要見於附生蘭。蘭花由於花的所有特徵，都充分表現對昆蟲授粉的高度適應性，花瓣為因應昆蟲的授粉而特化出唇瓣；植物根部並有菌根菌共生，故常被認為是植物演化的頂點。有些種類的花朵大型而美麗，有些種類花不大但具香氣，都栽培作為觀賞花卉。常見的栽培品種有蕙蘭、春蘭、寒蘭、建蘭、墨蘭、石斛蘭、兜蘭、蝴蝶蘭、萬代蘭、文心蘭與嘉德麗雅蘭等，而常見野生蘭花包括綬草、石豆蘭、石斛蘭、兜蘭、春蘭、萬代蘭、杓蘭、貝母蘭、獨蒜蘭、石仙桃、鶴頂蘭、蝦脊蘭、指甲蘭等，中藥中天麻、石斛、白及等都來自蘭科。

蘭科現有 870 屬，大約有 28,000 種，和另外 100,000 餘個園藝家培養的交配種和變種，臺灣有 104 屬 478 種。是開花植物中最多樣、分布最廣泛的科之一，與菊科是兩個最大的科。除了南北兩極外，蘭科植物廣泛分布於全世界，尤以亞洲和南美洲的熱帶地區的物種最為豐富。

蘭科植物的簡明特徵：

（1）多年生草本，常為著生植物（epiphites），有時為地生或腐生。

（2）葉莖生或基生，螺旋著生或互生排成二列（圖17-10）；葉基常加厚膨大成假球莖，略帶綠色或黃色。

圖 17-10 蘭科植物葉莖生或基生，常互生排成二列。

植物認識我：簡易植物辨識法

（3）花序頂生或側生，穗狀、總狀或圓錐狀，或花單生；花兩性，不整齊花，花萼3，花瓣3（照片17-15），中間的花瓣有不同形狀，通常3裂，延生成爪，稱為唇瓣。

照片 17-15 蘭科植物花兩性，花萼3，花瓣3，中間的花瓣通常3裂，延生成爪，稱為唇瓣。

（4）雄蕊1或2，附在花柱上，花粉常形成花粉塊。

（5）蒴果，種子細小。

A. 蕙蘭屬 *Cymbidium* Sw.

（1）附生或地生草本，通常具假鱗莖。

（2）葉帶狀或倒披針形至狹橢圓形，基部一般有寬闊的鞘。

（3）總狀花序具數花或多花；唇瓣3裂；蕊柱較長；花粉團2個。

（4）全屬約48種，分布於亞洲熱帶與亞熱帶地區，向南到達新幾內亞島和澳大利亞。台灣有9種。

1. 鳳蘭 *Cymbidium dayanum* Reichb.f

（1）附生蘭。

（2）葉線形，長可達50cm，寬1cm。

（3）花序總狀，下垂，長30cm，具許多疏鬆排列之花朵。

（4）花被白色，中肋有紅褐色帶，無香味。

（5）零星分布中海拔山區。

2. 寒蘭 *Cymbidium kanran* **Makino**

（1）地生蘭。

（2）葉線形，近全緣，長可達 100cm，寬 1cm，深綠色。

（3）花序總狀，長 60cm，具 5-12 疏鬆排列之花朵。

（4）花被綠色，有紅褐色條紋，略香。

（5）分布：中國、韓國、日本，台灣則產 900-1,400m 海拔山區。

3. 報歲蘭 *Cymbidium sinense* **Willd.**

（1）地生蘭。

（2）葉線形，長 40-80cm，寬 2-3.5cm，深綠色。

（3）花序總狀，長 30-50cm，具 5-15 疏鬆排列之花朵。

（4）花被暗紅褐色，有深色條紋，有香氣。

（5）分布：中國、日本、中南半島，台灣則零星分布於 200-1,200m 海拔山區。

B. 石斛屬 *Dendrobium* **Sw.**

（1）附生草本。

（2）莖叢生，直立或下垂，圓柱形或扁三棱形，肉質。

（3）葉互生，扁平，圓柱狀或兩側壓扁，先端不裂或 2 淺裂，基部有關節和通常具抱莖的鞘。

（3）總狀花序或有時繖形花序，生於莖的中部以上節上，具少數至多數花；唇瓣 3 裂或不裂；蕊柱粗短；花粉團蠟質，卵形或長圓形，4 個。

（4）約 1,000 種，廣泛分布於亞洲熱帶和亞熱帶地區至大洋洲。台灣有 12 種。

4. 石斛 *Dendrobium moniliforme* **Sw.**

（1）附生蘭，具根莖；莖直立或懸垂。

 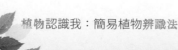

（2）葉披針形，銳頭，長 4-8cm，寬 0.7-1.5cm。

（3）花自已落葉之節長出，通常 2 朵。

（4）花被白色，帶有紫暈，花徑 2-4cm。

（5）分布 800-2,500m 中海拔山區。

5. 蝴蝶蘭 *Phalaenopsis aphrodite* **Reichb. F.**

僅產蘭嶼、恆春半島、台東海岸山脈，幾乎絕跡。

6. 雜交蝴蝶蘭 *Phalaenopsis x hybrida* **Hort.**

（1）附生蘭，氣生根肉質。

（2）葉長橢圓形，厚革質。

（3）總狀花序，花莖自葉腋間抽出，花多數。

（4）花粉紅、紫紅、白色等，側瓣 2 枚寬圓，唇瓣 3 裂。

第十八章　藤本單子葉植物

藤本單子葉植物種類和科數都比較少，主要有3科，3科間的簡易區別如下：

*18-1 **百部科**：葉對生或輪生，三至多出脈；單花或聚繖花序。
*18-2 **菝葜科**：葉柄常有鞘及捲鬚，葉3-5出脈；繖形花序。
*18-3 **薯蕷科**：葉心形，或掌狀裂；花常排列成穗狀。

此外，百合科少數植物，如天門冬（*Asparagus cochinchinensis* (Lour.) Merr.）；天南星科有些植物，如拎樹藤（*Epiperemnum pinnatum* (L.) Engl.）、柚葉藤（*Pothos chinensis* (Rof.) Merr.）、合果芋（*Syngonium podophyllum* Engler）等，也是藤本植物。

主要藤本單子葉植物科的敍述：

*18-1. 百部科 Stemonaceae

百部科包括4屬約25-35種，分布於東亞、東南亞和大洋洲北部。其中的百部（*Stemona japonica* (Blume) Miq.）塊根肉質，成簇，常呈長圓狀紡錘形，含多種生物鹼，如百部鹼、百部定鹼、百部寧鹼等，爲常用中藥。百部外用作殺蟲、止癢、滅虱藥；內服作潤肺、止咳、袪痰之用。

1981年的克朗奎斯特（Cronquist）系統，百部科列在百合部中，1998年根據基因親緣關係分類的APG分類法認爲應該劃入露兜樹部。台灣原生的有1屬1種。

百部科植物的簡明特徵：
（1）攀緣藤本或多年生草本。

（2）葉單葉對生或輪生，三至多出脈（圖 18-1），弧形脈，主脈之間有平行的閉鎖小脈（照片 18-1）。

（3）花腋生，單花或數花成聚繖形或繖形排列。

（4）花被花瓣狀，4 裂，排成二列；雄蕊 4。

（5）蒴果 2 裂瓣。

圖 18-1 百部科植物主脈之間有平行的閉鎖小脈。　照片 18-1 百部科植物主脈之間有平行的閉鎖小脈。

1. 百部 *Stemona japonica*（**Blume**）**Miq.**

（1）多年生草本，地下簇生紡錘狀肉質塊根，莖上部攀援它物上升。

（2）葉卵形，2-4 片輪生節上。

（3）初春開淡綠色花，花梗貼生於葉主脈上。

（4）分布日本以及中國大陸的江西、安徽、浙江、江蘇等地。

2. 對葉百部 *Stemona tuberosa* **Lour.**

（1）多年生攀援性藤本，長可達 5m 以上，塊根多數簇生。

（2）單葉，對生或稀互生，具明顯葉柄，主脈間有細網脈；葉寬卵狀心形。

（3）花腋生，單一或成聚繖形或繖形聚集，自花柄處關節性掉落；花被片 2＋2，離生，黃綠色；雄蕊 2＋2。

（4）蒴果倒卵形而稍扁，橢圓形。

（5）台灣全境郊野，南部及東部中低海拔林下、路旁及溪旁。

*18-2. 菝葜科 Smilaceae

菝葜（音拔掐）科植物世界有 3 屬，約 370 種，主要分布於熱帶地區。台灣有菝葜屬（*Smilax*）和土茯苓屬（*Heterosmilax*）。菝葜屬約有 20 種，其中僅有 2 種的莖爲草質，其餘 18 種的莖爲木質；土茯苓屬在台灣有 3 種，莖均爲草質。根狀莖可以提取澱粉和栲膠，或用來釀酒。也作藥用，有祛風活血作用。可在棚架、山石旁進行種植，亦可作爲綠籬使用。

菝葜科植物的簡明特徵：
（1）攀緣或蔓性木質藤本，莖常具刺。
（2）葉互生，葉柄常有鞘及捲鬚（圖 18-2），葉 3-5 出脈，弧形脈。
（3）花序多爲繖形（照片 18-2），有時爲總狀或穗狀；單性花，雌雄異株。
（4）花被片 6，雄蕊 6，花藥 1 室。

上：圖 18-2 菝葜科植物，葉柄常有鞘及捲鬚，葉3-5出脈。
下：照片 18-2 菝葜科植物花序多爲繖形。

（5）子房上位，3 室，每室 1-2 胚珠。

（6）漿果。

1. 土茯苓 *Heterosmilax indica* **D. DC.**

（1）葉卵形至卵狀長橢圓形，長 5-10cm，先端尾狀漸尖，基部圓至淺心形，5-7 出脈。

（2）葉柄有翅，長 2-3cm。

（3）花序具花 10-30 朵。雄花筒長 5-6mm，先端開口 3 齒裂；雄蕊 3。

（4）成熟果暗紅色。

2. 菝葜 *Smilax china* **L.**

（1）攀緣有刺藤本，粗硬，刺稀疏，稍具稜。

（2）葉革質，圓形、卵形至橢圓形，基圓，先端圓或淺凹，微凸頭，表面綠，背面蒼綠或有白粉。

（3）果徑 0.8-1.0cm，熟時紅色，被白粉。

（4）產海濱至 2,000m 山區，生態幅度大。

*18-3. 薯蕷科 Dioscoreaceae

　　薯蕷科中的薯蕷屬植物含有多種甾體皂素配基，是合成藥用激素的重要原料。薯蕷屬很多種的根莖可提供澱粉食用、藥用和釀酒等用途。山藥是主要食用種類，又可補脾養胃、生津益肺、補腎澀精；有些種類的塊莖含薯蕷膠可作粘合劑，稱龍膠，是供制牙膏膠的重要原料。薯莨，又稱薯榔（*Dioscorea matsudai* Hayata），塊莖肥大，多鬚根，表面粗糙且常有疣狀突起，其肉質呈棕紅或紫紅，富含單寧酸及膠質，染色之後能加強纖維韌性，並防止海水腐蝕魚網纖維。古時用作染料，用於染魚網，也用來染繩索、布料。

　　薯蕷科植物廣泛分布在全世界的熱帶和亞熱帶地區，而以美洲熱帶地區種類最多，全世界 9 屬約 750 種，台灣產 1 屬 15 種。克朗奎斯特（Cronquist）

系統將本科列入百合部，1998 年的 APG 分類法將其單獨劃分爲一個部，
2003 年經過改進的 APG II 分類將蒟蒻薯科（Taccaceae）和毛柄花科（
Trichopodaceae）合併到本科中。

薯蕷科植物的簡明特徵：

（1）多年生纏繞草本或藤本，有塊狀或根狀莖。

（2）**葉心形**，全緣或掌狀裂，互生或對生；葉脈由葉基生出，呈掌狀（圖 18-3），弧形脈，脈間有網脈聯繫（照片 18-3）。

（3）花排成總狀、圓錐花序，或穗狀花序；花單性，雌雄異株。

（4）花被 6 呈二輪排列，雄蕊 6；子房下位，三稜。

（5）果爲蒴果，常具 3 翅，開裂爲 3 個果瓣（照片 18-4）。

圖 18-3 薯蕷科植物，葉心形，全緣或掌狀裂，互生或對生。

照片 18-3 薯蕷科之諸蕷，葉心形，全緣，葉脈由葉基生出，脈間有網脈聯繫。

照片 18-4 薯蕷科植物，果爲蒴果，常具3翅。

植物認識我：簡易植物辨識法

1. 山藥 *Dioscorea batatas* **Decne.**

（1）多年生纏繞性草質藤本。地下有球形或圓筒形的塊莖。

（2）單葉互生，中部以上葉對生，心形或卵狀心形，先端銳尖，全緣，
主脈 7-11 條。

（3）葉腋間常生有珠芽。

（4）花雌雄異株，夏天開乳白色小花。雄花序腋出，雄蕊 6；雌花序下垂。

（5）蒴果具 3 翅，內有圓翼形狀的種子。

2. 日本山藥；野山藥 *Dioscorea japonica* **Thunb.**

（1）纏繞草質藤本。塊莖長圓柱形，垂直生長，斷面白色，或淡紫紅色。

（2）單葉，在莖下部的互生，中部以上的對生；葉片紙質，變異大，通
常為三角狀披針形，基部心形至箭形或戟形，全緣。

（3）葉腋內有各種大小形狀不等的珠芽。

（4）雌雄異株。雄花序穗狀，花綠白色或淡黃色；雌花序亦穗狀，1-3 個
著生於葉腋。

（5）蒴果三稜狀扁圓形或三稜狀圓形；種子四周有膜質翅。

3. 薯莨；藷榔 *Dioscorea matsudai* **Hayata**

（1）多年生宿根性纏繞藤本植物，莖甚堅韌，基部長有堅硬的棘刺，上
部多分枝，蔓延甚長，常攀附在喬木或灌木叢中。

（2）葉互生或對生，革質，長橢圓形至長披針形，表面綠色，背面粉綠。

（3）花單性，數多形小，雄花序圓錐狀，雌花序穗狀，腋生。

（4）蒴果三翅狀，徑約 2.5-3cm。

（5）塊莖肥大，為優良的紅褐色染料。

植物專有名詞中文索引

五劃

植物認識我：簡易植物辨識法

植物認識我：簡易植物辨識法

植物認識我：簡易植物辨識法

植物認識我：簡易植物辨識法

植物認識我：簡易植物辨識法

植物認識我：簡易植物辨識法

植物認識我：簡易植物辨識法

十五劃

植物認識我：簡易植物辨識法

二十三劃

植物專有名詞英文索引

植物認識我：簡易植物辨識法

植物認識我：簡易植物辨識法

植物認識我：簡易植物辨識法

植物認識我：簡易植物辨識法

植物認識我：簡易植物辨識法

植物認識我：簡易植物辨識法

植物認識我：簡易植物辨識法

植物科別中文索引

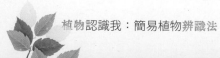 植物認識我：簡易植物辨識法

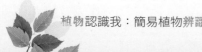 植物認識我：簡易植物辨識法

植物科別英文索引

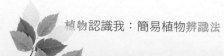
植物認識我：簡易植物辨識法

植物認識我：簡易植物辨識法

Z

國家圖書館出版品預行編目資料

植物認識我: 簡易植物辨識法 / 潘富俊著. --初
版.--臺中市: 尚禾田股份有限公司，2023.1
　　面；　公分.
ISBN 978-986-06638-2-2（平裝）
1.CST: 植物學
370　　　　　　　　　111015161

植物認識我：簡易植物辨識法

作　　　者　潘富俊
手 繪 圖　楊麗瑛、曲璽齡、楊佳穎
校　　　對　潘富俊、吳怡萱
發 行 人　梁心怡
出　　　版　尚禾田股份有限公司
　　　　　　401台中市東區東光園路24號
　　　　　　Mail：sunherbsfield@gmail.com
設計編印　白象文化事業有限公司
　　　　　　專案主編：陳逸儒　經紀人：徐錦淳
經銷代理　白象文化事業有限公司
　　　　　　412台中市大里區科技路1號8樓之2（台中軟體園區）
　　　　　　出版專線：（04）2496-5995　　傳真：（04）2496-9901
　　　　　　401台中市東區和平街228巷44號（經銷部）
　　　　　　購書專線：（04）2220-8589　　傳真：（04）2220-8505
印　　　刷　基盛印刷工場
初版一刷　2023年1月
定　　　價　650元

缺頁或破損請寄回更換
版權歸作者所有，內容權責由作者自負